TDD全视角

认知、实践、工程化与AI融合

袁金松 刘煌 刘玉龙 ◎ 著

机械工业出版社
CHINA MACHINE PRESS

图书在版编目（CIP）数据

TDD 全视角：认知、实践、工程化与 AI 融合 / 袁金松，刘煌，刘玉龙著. -- 北京：机械工业出版社，2025．7．--（中兴通讯技术丛书）．-- ISBN 978-7-111-78423-4

Ⅰ．TN929．532

中国国家版本馆 CIP 数据核字第 2025YF6317 号

机械工业出版社（北京市百万庄大街 22 号　邮政编码 100037）
策划编辑：李梦娜　　　　　　　　　　　责任编辑：李梦娜
责任校对：颜梦璐　马荣华　景　飞　　　责任印制：常天培
北京联兴盛业印刷股份有限公司印刷
2025 年 7 月第 1 版第 1 次印刷
186mm×240mm・14 印张・311 千字
标准书号：ISBN 978-7-111-78423-4
定价：89.00 元

电话服务　　　　　　　　网络服务
客服电话：010-88361066　机　工　官　网：www.cmpbook.com
　　　　　010-88379833　机　工　官　博：weibo.com/cmp1952
　　　　　010-68326294　金　书　网：www.golden-book.com
封底无防伪标均为盗版　机工教育服务网：www.cmpedu.com

Foreword 序 1

在当今瞬息万变的软件开发领域，提升质量和效率已成为企业维持核心竞争力的关键。测试驱动开发（TDD）作为先进方法，不仅能有效提高软件质量，还能显著提升开发效率，已成为众多优秀团队的首选实践。

TDD 倡导"测试先行"的理念，要求开发者先编写测试用例，再以此驱动代码的编写和重构。这种方式看似增加工作量，实则能从根本上保证代码质量，降低后期维护成本，提升产品的稳定性和可靠性。然而，在大型项目和团队中落地 TDD 仍面临诸多挑战。复杂业务逻辑、庞大代码规模和团队协作等因素，都为 TDD 实施带来阻力。如何克服这些困难，将 TDD 的优势应用于实际项目并实现规模化推广，成为摆在我们面前的难题。

本书作者均为一线资深工程师，对 TDD 有着深刻理解并积累了丰富的实战经验。他们结合多年实践探索和在公司内部推广 TDD 的宝贵经验，撰写了这本全面、深入、实用的 TDD 实践指南，旨在为开发人员和管理者提供可靠参考。

本书内容翔实、层次分明，涵盖 TDD 的各个方面。在技术体系层面，从基本概念、核心原则到具体实践方法，从价值体现、常见问题到规模化推广方案，本书均进行了深入浅出的讲解，并结合大量实例和案例，帮助读者把握 TDD 精髓。在技术细节层面，作为 TDD 入门指南和实战宝典，本书详述了测试用例设计、测试替身使用、代码重构等核心技术，并通过完整的端到端案例，展示 TDD 在实际项目中的应用全景。我相信，无论是新手还是资深工程师，都会从本书中获益匪浅。它不仅能提升个人编程技能和软件设计能力，更能帮助企业提高软件质量和开发效率，打造优秀工程师文化。

值此新书问世之际，我谨代表公司向各位作者致以衷心感谢！感谢他们为推广 TDD 和提升公司软件开发水平做出了卓越贡献！希望这本书能成为开发者和管理者在 TDD 道路上的良师益友，为读者提供宝贵指导。让我们携手，通过 TDD 提升软件质量，推动企业技术创新和持续发展。

施 嵘

中兴通讯股份有限公司无线及算力研究院院长

序 2 Foreword

非常荣幸能向大家推荐由我们研发团队精心撰写的这本关于 TDD 实践的全方位指导书。

在全球化竞争日益激烈的今天，企业的长足发展离不开技术创新和研发效能的提升。TDD 作为一种备受推崇的开发方法，正被越来越多的企业采纳。本书为企业组织实施 TDD 提供了全面指导，不仅能助力提升软件质量，还有利于培育工程师文化并促进团队持续成长。

作为致力于技术创新的企业，我们深谙技术变革对企业发展的重要性。得知同事们即将出版这部 TDD 著作，我倍感欣喜。这不仅是他们多年高质量软件研发经验的结晶，还是对 TDD 理念和实践的深刻洞察。本书不只是一本技术手册，更是引领读者探索 TDD 世界的指南，旨在帮助广大开发者和团队精进 TDD 实践。

本书详述了 TDD 的基本概念、原则和方法，深入探讨了在大型项目中应用 TDD 所面临的挑战与解决方案。本书内容涵盖认知、实践、工程化和拓展四篇，一方面引导读者从理论到实践，再到规模化落地，全方位掌握 TDD；另一方面前瞻性地探讨了 AI 大模型对软件开发的影响，以及 AI 技术如何辅助 TDD 实践，展望软件开发新方向。本书体现了我们对前沿 AI 技术应用的持续探索和思考，也为读者提供了宝贵的未来洞见。

作为研发负责人，我深知推动新开发方法落地是一项非常艰巨的任务，需要技术创新、管理支持和文化变革等多方协同。书中提出的 TDD 规模化落地方案，包括成熟度评估模型、实践效果评估方法和推广最佳实践，为组织内的 TDD 应用提供系统性的方法论，有助于大家在组织层面更好地推进 TDD 实践，快速提升团队研发质量和研发效率。

我坚信，无论你是软件开发工程师、软件项目经理还是技术主管，都能从本书中获益。对于 TDD 初学者，本书可助你快速掌握核心理念和基本技能；对于 TDD 实践者，书中的高级技巧和大规模落地经验将助你更上一层楼；对于有志于推广 TDD 的技术管理者，这里的管理洞见和实施策略将为你提供宝贵的参考。

衷心感谢本书的各位作者。他们不仅在工作中孜孜不倦地实践创新，通过 TDD 完成高质量产品研发，还能将自己的经验和最佳实践系统性地凝练成书，与同行分享。这种开放的视野、共享的精神是推动国内软件行业持续进步的动力。

最后，诚挚希望本书能助力更多开发者和团队提升软件开发能力，为打造高质量、高效率的软件开发生态贡献力量。让我们携手拥抱 TDD，共同推动软件开发事业的高质量发展！

赵少伟

中兴通讯股份有限公司无线及算力研究院副院长、网络智能化研发中心主任

前　　言 Preface

欢迎来到**测试驱动开发**（Test-Driven Development，TDD）的世界！

软件质量是当今软件开发中至关重要的一环，而 TDD 则是一种高效、实用的软件开发方法，能够帮助开发者更高效、更负责地进行软件开发。它不仅可以有效提高软件开发的效率和质量，还可以让开发者更加自信地面对软件开发和未来软件演进的挑战。

尽管 TDD 在许多项目中被广泛采用，但在大型项目中实施 TDD 仍存在一些挑战和困难。比如说，在大型项目中落地 TDD 时可能会遇到以下难点：

- **复杂性**：大型项目通常在业务和技术上比较复杂，涉及多个子业务、子系统、模块和组件之间的相互作用。这种复杂性使得编写和维护大量的测试用例变得更加困难。TDD 要求在编写开发代码之前先编写测试代码，但在复杂项目中，编写准确且全面的测试用例可能非常耗时和复杂。
- **测试依赖**：在大型项目中，各个模块之间通常存在强依赖关系。如果一个模块的功能依赖另一个模块的完成，那么在开发过程中可能会出现依赖不可用的情况。这会导致测试无法通过或无法编写有效的测试用例。此外，某些模块可能由外部系统或第三方服务提供，这些依赖项可能无法在测试环境中被模拟或替代。
- **测试数据管理**：大型项目通常需要大量的测试数据来覆盖各种测试场景，管理和维护这些测试数据可能非常复杂。测试数据的创建、准备和清理可能需要额外的时间与资源，特别是当测试数据涉及复杂的依赖关系或外部系统交互时，管理成本将进一步增加。
- **技术挑战**：大型项目可能涉及多种技术和平台，包括多种编程语言、框架和工具。在这种情况下，确保所有技术栈都能支持 TDD 可能是具有挑战性的。某些技术栈可能缺乏良好的测试工具或支持，或者在实践 TDD 时可能会遇到技术限制。
- **自动化测试**：TDD 鼓励编写自动化测试用例，以确保代码质量和功能稳定性。在大型项目中，确保测试用例的自动化可能是一项挑战。自动化测试需要适当的测试框架、工具和基础设施来支持，并且可能需要投入额外的时间和资源来编写及维护测试脚本。
- **时间和资源限制**：在大型项目中，时间和资源通常是很紧张的。TDD 强调在编写实际代码之前先编写测试用例，这可能会增加项目的初始开发时间。此外，编写和维护大量的测试用例可能需要更多的开发人员和测试人员参与，这会增加项目的开销和资源需求。
- **团队协作**：在大型项目中，通常有多个开发人员同时进行开发工作，可能导致测试用例的一致性和质量难以保证。因为不同的开发人员可能有不同的理解和实现方式，进而导致测试用例的不一致性和冲突。此外，测试用例的编写和维护可能需要更多的时间和资源，这可能需要整个团队共同努力。
- **文化和管理层支持**：在大型项目中，组织的文化和管理层的支持至关重要。如果组织对 TDD 或测试文化没有足够的认可和支持，那么在项目中推行 TDD 可能会面临困难。管理层的决策和优先级设置也可能影响开发团队能否充分投入到 TDD 实践中。

尽管面临诸多挑战，但 TDD 在大型项目中的推广并非无解。我们在实际工作中针对上述难点做了很多探索和实践，并取得了较好的效果。相信这些实践经验的总结，能够帮助开发者和企业克服上述难点，在组织中实现 TDD 的规模化推广。相比于个人的自发使用，在组织内推进 TDD 实践的规模化落地会带来更大的效能提升。

在内容方面，本书将深入探讨 TDD 的本质及收益，分析如何克服在实践过程中的常见困难，如何将 TDD 与现有研发流程进行有机结合，以及如何在组织中有效推广 TDD，并通过完整的端到端案例，向读者展示 TDD 实践的全景图。

面向读者

本书主要面向**软件开发人员**以及**软件开发管理人员**，可以作为个人软件开发者、团队、项目组及部门甚至大型组织进行 TDD 实践落地的指导书。

本书以 Java 语言为例，读者只需要具备 Java 编程、JUnit 测试技术的基础知识即可。

内容简介

本书系统阐述了 TDD 的理论基础、实践路径、工程化推广策略，以及在 AI 影响下的演进方向，旨在帮助软件开发者和管理者构建高质量、可维护的代码，并提升研发效率。全书分为四篇。

- **认知篇（第 1～2 章）**：详细介绍 TDD 的历史背景、核心原则和要点，以及本质，并且通过第一性原理探讨 TDD 的真正价值和作用，帮助读者建立全面的 TDD 认知。

- **实践篇（第 3 ～ 9 章）**：围绕 TDD 的实施流程和方法展开，从正确的操作步骤、用例拆分与 Todolist 设计，到黑盒 / 白盒测试、测试分层、测试数据管理及测试替身技术（如 Fake 和 Mock），提供了丰富的实践经验和应对策略。同时，本篇以"DD 送货"项目为案例，展示了 TDD 在微服务架构下的实践全景图。
- **工程化篇（第 10 ～ 11 章）**：探讨如何推动 TDD 在大型组织中的规模化落地，包括 TDD 规模化落地的价值、难点和方案，提出了一系列最佳实践和成熟度评估方法，帮助企业实现 TDD 的长期稳定运作。
- **拓展篇（第 12 ～ 13 章）**：聚焦于大模型对软件开发的深远影响，分析大模型如何改变软件工程范式，以及程序员如何拥抱 AI 技术。本篇还探讨了大模型辅助 TDD 开发的"双轮驱动"模式，并详细介绍了相关的 Prompt 技巧、模板及 AutoTDD 工具的技术架构和实践应用。

总之，本书从理论到实践，再到工程推广和未来拓展，为读者提供了全方位的 TDD 知识体系和实战经验，既适用于个人技能提升，也能为团队和企业级软件的 TDD 开发提供系统化的指导。

勘误和支持

虽然我们在本书写作时斟酌再三、反复核对，但书中仍难免存在疏漏，欢迎各位读者提出意见或建议，请通过电子邮箱 chinayuans@163.com 来联系我们。

致谢

在过去两年多的时间里，我们一起经历了一次充满创造和感恩的旅程，本书是我们集体智慧的结晶。尽管这本书只有薄薄的几百页，但它承载了我们百余个日日夜夜的思考和探索。通过将这些思想化为文字、撰写成书，我们希望能与更多从事 TDD 实践的同行分享，共同推动 TDD 发展和软件开发行业的进步。

在完成本书的过程中，我们获得了许多人的支持和鼓励，在这里要衷心感谢所有在这段旅程中给予我们帮助和支持的人。希望本书不辜负大家对我们的期望和深厚的喜爱之情！

本书的完成离不开中兴通讯智能化三部的谭芳部长、孙云山部长以及丁辉教练的大力支持。同时，本书也受益于公司学习社区莫高窟学院的实践经验。并且，梁帅、巢宽宏、王利、刘斌、周子健等优秀工程师也为我们提供了素材和宝贵建议。在此，我们表达最诚挚的感谢之情！

袁金松

Contents 目 录

序 1
序 2
前言

认知篇

第 1 章 TDD 是什么 ·················· 2
1.1 TDD 的前世今生 ·················· 2
    1.1.1 TDD 的历史及现状 ·············· 2
    1.1.2 TDD 的作用 ··················· 3
1.2 TDD 的原则和要点 ··············· 5
    1.2.1 TDD 三原则 ··················· 6
    1.2.2 "红–绿–重构"三部曲 ········· 6
1.3 TDD 的本质 ······················· 7
    1.3.1 基于第一性原理探讨 TDD 本质 ······················· 7
    1.3.2 TDD 的本质是什么 ············ 8

第 2 章 TDD 的价值 ················ 10
2.1 TDD 与研发效能的关系 ········ 10
2.2 TDD 提升软件工程能力 ······· 11
    2.2.1 TDD 让编程更专业 ··········· 11

    2.2.2 TDD 改善代码质量 ··········· 11
    2.2.3 TDD 有助于实现意图导向编程 ··························· 12
    2.2.4 TDD 是实现测试左移的重要手段 ························· 13
    2.2.5 TDD 能降低测试成本 ········ 16
    2.2.6 TDD 能降低知识获取成本 ··· 19
2.3 TDD 提升人员能力 ············· 20
    2.3.1 TDD 提升程序员的业务和测试能力 ····················· 20
    2.3.2 TDD 促进团队协作 ··········· 21
2.4 TDD 提升研发效能是持续性的 ···· 23
2.5 TDD 有助于打造工程师文化 ······ 24

实践篇

第 3 章 实施 TDD 的正确姿势 ········ 28
3.1 TDD 的动作要领 ················ 28
    3.1.1 TDD 的操作步骤 ············· 28
    3.1.2 选取用例的基本原则 ········ 29
    3.1.3 推进 TDD 的 4 条建议 ······ 30
    3.1.4 关注点分离 ··················· 30

3.2 TDD 在研发流程中的定位 ………… 30
　　3.2.1 TDD 在研发流程中的位置 …… 30
　　3.2.2 TDD 的精简流程 ……………… 31

第 4 章　TDD 的 Todolist ………… 32

4.1 如何理解 Todolist …………………… 32
4.2 如何输出 Todolist …………………… 34
　　4.2.1 场景分析法 ……………………… 34
　　4.2.2 用例设计方法 …………………… 36
4.3 如何保证 Todolist 的质量 …………… 40

第 5 章　TDD 测试用例 …………… 41

5.1 TDD 实践中的黑盒 / 白盒测试 …… 41
　　5.1.1 多数情况下采用黑盒测试 …… 42
　　5.1.2 特定情况下采用白盒测试 …… 43
5.2 TDD 实践与测试分层的关系 ……… 45
　　5.2.1 微服务架构中的 4 个测试
　　　　　层级 ……………………………… 45
　　5.2.2 在 TDD 实践中应用测试
　　　　　分层 ……………………………… 47
5.3 测试用例的质量 ……………………… 48
　　5.3.1 善用用例设计方法，提高测试
　　　　　开发效率 ………………………… 48
　　5.3.2 使用 Given-When-Then，提升
　　　　　测试用例可读性 ………………… 48
　　5.3.3 遵循 AIR 原则，确保测试用例
　　　　　质量 ……………………………… 52
　　5.3.4 对测试用例分类分级，实现
　　　　　降本与提效 ……………………… 54
5.4 测试数据的管理 ……………………… 57
　　5.4.1 定义清晰的测试数据需求 …… 57

　　5.4.2 建立测试数据仓库 ……………… 57
　　5.4.3 使用数据生成工具 ……………… 58
　　5.4.4 使用参数化测试方法 …………… 64

第 6 章　测试替身及 ZFake 框架 …… 70

6.1 测试替身 ……………………………… 70
　　6.1.1 Dummy …………………………… 71
　　6.1.2 Stub ……………………………… 72
　　6.1.3 Mock ……………………………… 72
　　6.1.4 Spy ……………………………… 73
　　6.1.5 Fake ……………………………… 74
　　6.1.6 Fake 与 Mock 的比较 ………… 77
　　6.1.7 如何合理地使用测试
　　　　　替身 ……………………………… 78
6.2 自研 ZFake 仿真框架的价值 ……… 78
6.3 ZFake-J 框架的实现原理 …………… 79
6.4 ZFake-J 框架的使用方法 …………… 81
　　6.4.1 制品库 …………………………… 81
　　6.4.2 如何在 Spring Boot 工程中
　　　　　使用 ZFake-J …………………… 81

第 7 章　TDD 优化软件设计 ……… 94

7.1 TDD 如何驱动设计 ………………… 94
　　7.1.1 红阶段 …………………………… 94
　　7.1.2 绿阶段 …………………………… 95
　　7.1.3 重构阶段 ………………………… 95
　　7.1.4 TDD 的优势 …………………… 95
7.2 TDD 与重构 ………………………… 96
　　7.2.1 TDD 与重构的关系 …………… 96
　　7.2.2 常见的 5 种消除重复的
　　　　　方法 ……………………………… 97

第 8 章　TDD 的实践路径与评估方法 ·········· 104

- 8.1 保证测试先行 ·········· 104
  - 8.1.1 保证测试先行的实践流程 ······ 104
  - 8.1.2 保证测试先行的评估方法 ······ 105
- 8.2 "小步快走"地实现 TDD ·········· 105
  - 8.2.1 "小步快走"模式的核心价值 ·········· 105
  - 8.2.2 "小步快走"模式的实践流程 ·········· 106
- 8.3 开发异步场景下的测试用例 ······ 107
- 8.4 TDD 实践的学派之争 ·········· 109
  - 8.4.1 芝加哥学派 ·········· 109
  - 8.4.2 伦敦学派 ·········· 110
  - 8.4.3 TDD 实践中如何应用两种学派的思路 ·········· 111
- 8.5 改善 TDD 实践的局限性 ·········· 111

第 9 章　一个完整的 TDD 实践案例 ·········· 114

- 9.1 需求分析 ·········· 114
  - 9.1.1 需求及背景介绍 ·········· 114
  - 9.1.2 需求实例化 ·········· 115
- 9.2 方案设计 ·········· 119
  - 9.2.1 分层架构 ·········· 120
  - 9.2.2 数据库表设计 ·········· 121
  - 9.2.3 表的详情设计 ·········· 121
  - 9.2.4 REST API 设计 ·········· 124
- 9.3 输出 Todolist ·········· 131
- 9.4 TDD 开发实现 ·········· 134
  - 9.4.1 使用 ZFake 实现货单详情查询 ·········· 134
  - 9.4.2 使用内存数据库实现对外部数据库的 Fake ·········· 136
  - 9.4.3 实现对外部 REST API 的 Fake ·········· 138
  - 9.4.4 测试数据构造 ·········· 142
  - 9.4.5 关键字封装 ·········· 146

工程化篇

第 10 章　推动 TDD 规模化落地 ·········· 152

- 10.1 TDD 规模化落地的价值 ·········· 152
  - 10.1.1 显著提升软件产品的整体质量 ·········· 152
  - 10.1.2 打造紧密"抱团"的社区生态 ·········· 153
  - 10.1.3 提升软件开发链路的整体协同效率 ·········· 153
- 10.2 TDD 规模化落地的难点 ·········· 154
  - 10.2.1 个人层面的实践难点 ·········· 154
  - 10.2.2 组织层面的推广难点 ·········· 156
- 10.3 如何应对规模化落地的难点 ······ 156

第 11 章　TDD 规模化落地的方案 ·········· 159

- 11.1 TDD 落地范式 ·········· 159
  - 11.1.1 组织层面的 TDD 推进策略 ·········· 159
  - 11.1.2 实践层面的 TDD 落地举措 ·········· 160

11.2 TDD 成熟度评估 · · · · · · · · · · · · · · 164
11.2.1 为何要进行 TDD 成熟度评估 · 164
11.2.2 TDD 能力成熟度模型 · · · · · · · 165
11.3 TDD 实践效果评估 · · · · · · · · · · · · · · 170
11.3.1 TDD 实践评估模型 · · · · · · · · · 170
11.3.2 对于质量的评估 · · · · · · · · · · · · · 171
11.3.3 对于效率的评估 · · · · · · · · · · · · · 173
11.4 TDD 推广的最佳实践 · · · · · · · · · · · 176
11.4.1 以点带面 · 176
11.4.2 标杆先行 · 177
11.4.3 刻意练习 · 178
11.4.4 结对编程 · 180

拓展篇

第 12 章 大模型对软件开发的影响 · 184

12.1 大模型将改变软件工程范式 · · · · · 184
12.1.1 软件工程范式的发展 · · · · · · · · 184
12.1.2 AI 时代的软件工程范式 · · · · 185
12.1.3 大模型应用于软件工程的限制 · 187
12.2 程序员如何拥抱大模型 · · · · · · · · · · · 189
12.2.1 大模型对程序员工作方式的冲击 · 189
12.2.2 与大模型共生 · · · · · · · · · · · · · · · · · · 190
12.2.3 与 AI 分工协作 · · · · · · · · · · · · · · · 191
12.2.4 提升关键的大模型能力 · · · · · 193
12.2.5 在组织中推广 AI 文化 · · · · · · 195

第 13 章 大模型辅助 TDD 开发 · · · · · · 198

13.1 TDD 的"双轮驱动"思路 · · · · · · · · 198
13.2 Prompt 技巧与模板 · · · · · · · · · · · · · · · 200
13.3 双轮驱动工具 AutoTDD · · · · · · · · · 201
13.3.1 AutoTDD 业务流程 · · · · · · · · · 201
13.3.2 AutoTDD 知识库 · · · · · · · · · · · · 203
13.3.3 AutoTDD 的技术架构 · · · · · · 204
13.3.4 AutoTDD 工具安装与使用 · 204

附录 缩略语与术语 · 209

认　知　篇

- 第 1 章　TDD 是什么
- 第 2 章　TDD 的价值

第 1 章

TDD 是什么

TDD（Test-Driven Development，测试驱动开发）是一种软件开发方法，遵循"先测试，后实现"的原则。它强调在编写程序实现代码之前，开发人员应**先编写测试用例**来定义预期的程序行为，**然后编写实现代码**，使测试用例通过，从而确保代码的正确性和可测试性。

本章将介绍 TDD 的起源、发展历程、原则和要点、本质等内容。

1.1 TDD 的前世今生

1.1.1 TDD 的历史及现状

TDD 的历史可以追溯到 20 世纪 70 年代，当时软件开发主要采用**瀑布模型**，即按序进行需求分析、设计、开发、测试和维护等阶段。然而，瀑布模型的低效性和缺乏灵活性逐渐显现，促使人们探索新的开发方式。

在 20 世纪 80 年代，**极限编程**（Extreme Programming，XP）方法被提出，其中包含了 TDD 的核心思想——在编写代码之前先编写测试用例，然后根据测试用例编写代码，以确保代码的质量和可测试性。

在 21 世纪初期，TDD 开始受到广泛关注，并逐渐成为软件开发的重要实践之一。随着敏捷开发方法的普及，TDD 被越来越多的开发团队所采用。

近年来，TDD 已经成为软件开发领域中的一个热门话题，并且在许多领域得到了广泛应用，如 Web 开发、移动应用开发、游戏开发等。同时，TDD 也在不断发展和改进，出现了许多新的工具和技术，如 BDD（Behavior-Driven Development，行为驱动开发）、ATDD（Acceptance Test-Driven Development，验收测试驱动开发）等。

目前，越来越多的组织将 TDD 作为其开发流程的一部分。许多软件公司、技术团队和项目组已经采用了 TDD 作为它们的软件开发实践之一。一些组织甚至将是否掌握 TDD 作为招聘和面试的评估标准，以确保它们能招聘到具备良好测试习惯和技能的开发人员。

总的来说，TDD 以其独特的开发方式和持续的迭代优化，使得软件开发更加专注于质量、稳定性，从而维持至今并得到了广大软件开发者的肯定。

有几项调查报告可以反映 TDD 当前的普及情况：

① 2022 年的"State of Testing"报告显示，在被调查企业中，已采用 TDD 的企业占比从 2020 年的 38% 上升到了 2022 年的 48%，受益最大的三个方面是代码质量、软件设计和生产效率。

② 2023 年的一项研究引用了诺基亚西门子网络团队的长期案例（2006—2009 年），发现其 TDD 团队在 3 年后的代码维护效率提高 40%。

③ 根据 2024 年的 JavaScript 生态报告，在使用 Jest 或 Cypress 的开发者中，有 72% 尝试过 TDD，其中 38% 仍在长期坚持。此外，工具链的改进（如快照测试、并行执行）使 TDD 在 2023 年的平均实施效率提升了 25%。

④ StackOverflow 的年度调查显示，大约 30% 的开发者会一直或频繁使用 TDD，40% 偶尔使用，30% 从不使用。

⑤ PayPal 和 Microsoft 等大型企业的案例显示，实践 TDD 后单元测试覆盖率可达 90% 以上，代码缺陷检测率提高 60% 以上。

综合而言，在 30%～40% 的软件团队中，TDD 已经成为标准实践流程的一部分。代码质量和生产效率提升、测试自动化是其主要收益。

尽管 TDD 已被广泛认可和应用，但它并不能适用于所有项目和场景。并且，实施 TDD 需要经历一定的学习和适应过程，同时也依赖团队成员之间的紧密协作。

然而，整体来看，TDD 在业界已得到广泛普及，并成为提升软件质量和开发效率的重要工具。随着以 LLM（大语言模型）为代表的 AI 2.0 时代的到来，LLM + TDD 成为热门研究方向。如果能将 TDD 的复杂流程融入 LLM 驱动的工具中，则会大幅降低 TDD 的门槛，有望使其真正实现普及。

1.1.2　TDD 的作用

要理解 TDD 解决了什么问题，需要回顾其历史背景。TDD 起源于极限编程，体现了敏捷开发的核心原则。

极限编程提供了一整套以人为本、高效协作的软件开发实践体系，核心思想是快速反馈与持续优化，确保系统能够稳定实现增量交付。极限编程的实践路径如图 1-1 所示。

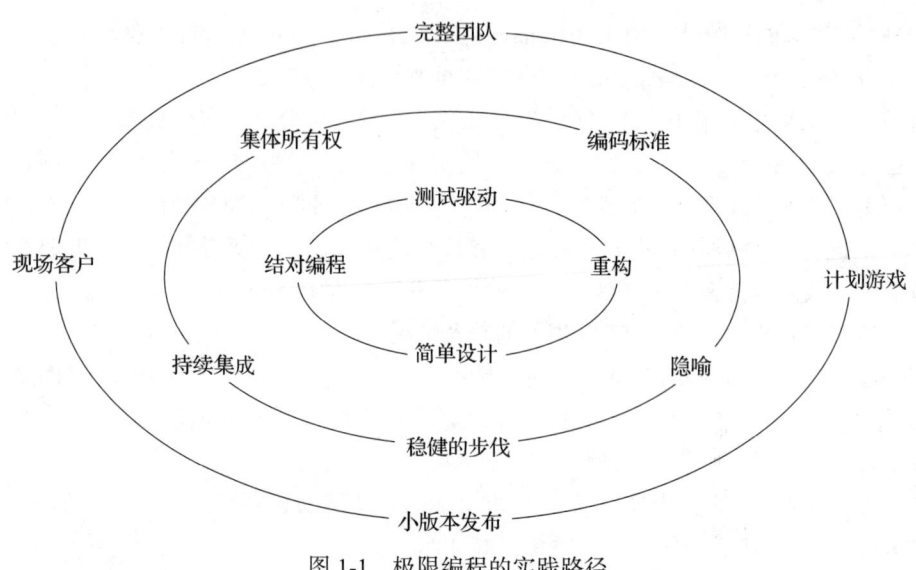

```
                    完整团队
              集体所有权      编码标准
                    测试驱动
    现场客户   结对编程      重构    计划游戏
              持续集成  简单设计  隐喻
                    稳健的步伐
                    小版本发布
```

图 1-1 极限编程的实践路径

1. 极限编程的作用

极限编程系统性地解决了瀑布模型的核心痛点，大幅提升了敏捷团队的开发效率和系统质量，成为敏捷运动崛起的起点，并产生了深远影响。

首先，我们来看极限编程旨在解决哪些问题：

①瀑布模型和传统软件工程的低效率问题。过度规划和烦琐的文档导致响应迟缓，难以快速适应需求变化。

②简单轻量级流程无法可靠交付大型复杂项目，需要系统化的工程实践来支撑。

③客户需求难以提前准确确定，需要在开发过程中持续整合客户反馈。

④代码质量难以保证，出错成本高。

⑤传统方法中的分析、设计、编程相分离，导致风险累积，影响项目稳定性。

⑥团队内部沟通与协作效率低下，阻碍开发进度，影响最终交付质量。

那么，极限编程是如何解决这些问题的呢？主要通过以下核心实践，解决传统软件开发中的痛点：

①提出 TDD 的思想，确保代码质量并提升反馈速度。

②倡导需求迭代和增量交付，而非预设稳定需求，从而提高灵活性。

③引入结对编程，解决分析、设计与编程脱节的问题。

④提出重构实践，持续优化代码质量，保持系统健壮性。

⑤采用代码集体所有权与动态任务分配，降低协作成本，提高团队效率。

⑥主张系统简单设计，避免过度设计带来的复杂性和维护负担。

⑦引入持续集成（CI），快速发现并修正错误，保持系统稳定。

⑧制定编程规范，统一代码风格，提升协作效率。

⑨推行元测试、小版本发布等配套实践，构建闭环流程，确保系统稳定演进。

通过这一整套工程实践，极限编程贯穿整个软件开发生命周期，成功解决瀑布模型和轻量级流程的核心痛点，为敏捷开发奠定坚实的基础。

2. TDD 解决的问题

TDD 的提出，主要是为了解决以下几个方面的问题。

（1）代码质量问题

传统的软件开发方法通常在完成一段代码后才进行测试，这可能导致问题在较晚的阶段才被发现，从而增加修复这些问题的难度和成本。TDD 通过在编写代码之前先写测试用例，保证所有的代码都能被测试覆盖，并在代码编写的早期阶段就发现潜在的问题。

（2）设计问题

TDD 鼓励开发者先思考代码的功能需求，然后编写代码，这有助于创建更加清晰和可维护的设计方案。因为测试是在编写代码之前就定义的，所以它们可以作为代码的规格说明，帮助开发者理解和沟通代码的设计逻辑。

（3）维护和回归问题

随着软件的变化和演进，确保新的改动没有破坏现有的功能是一项挑战。TDD 通过创建自动化、可重复执行的测试，使开发者能够在每次修改后快速运行测试用例，及时发现并避免回归问题。

3. TDD 在 XP 体系中的杠杆作用

TDD 与极限编程体系中其他技术实践的关系如下：

①与结对编程配合：TDD 提供用例驱动开发，结对编程提供快速反馈和解耦机制。

②与重构配合：重构活跃于每一个红绿循环，使设计能够持续优化。

③与集体所有权配合：代码集体所有制可以降低 TDD 的实施难度。

④与持续集成配合：TDD 编写自动化测试，使得持续集成成为可能。

⑤与小版本发布配合：TDD 使得每次增量迭代都能新增可测试、可运行的小版本功能。

⑥与简单设计配合：TDD 仅实现通过测试所需的最小设计。

⑦与元测试和小版本发布配合：TDD 便于追踪测试质量和覆盖指标。

所以，在极限编程体系中，TDD 是一项具有杠杆作用的核心实践，可以与其他技术实践相辅相成，共同支撑软件的质量和开发效率。而许多技术实践在没有 TDD 测试保护的情况下，也难以顺利实施。所以说，在一个成熟的极限编程团队中，没有 TDD 就很难实现其他技术实践，而如果其他技术实践出现问题，也应首先检查 TDD 是否落实到位。

1.2 TDD 的原则和要点

TDD 的三原则与"红 – 绿 – 重构"三部曲共同构成了 TDD 的核心基础。

1.2.1 TDD 三原则

（1）原则一：不写任何生产代码，除非是为了让一个失败的单元通过测试

该原则强调，开发者不能在没有测试的情况下编写生产代码，只有当某个单元的测试无法通过时，才允许编写生产代码来让测试通过。这个原则旨在确保所有生产代码都有相应的测试覆盖，以此保障代码的质量和正确性。该原则还鼓励开发者在编写代码前，先明确代码的功能需求，再通过测试引导代码的实现。

（2）原则二：只写必要的测试，以让代码失败

该原则推动开发者编写最小化、必要的测试，以验证代码的正确性。这不仅避免了测试用例过于复杂，还能保持测试的专注和简洁。

（3）原则三：只写足够的代码，让失败的测试通过

该原则鼓励开发者专注于让测试通过，而不是过早进行优化，并建议在代码功能实现后再考虑重构和优化。遵循这一原则，有助于确保代码的简洁性和可读性。

1.2.2 "红-绿-重构"三部曲

TDD 通常遵循一个快速、重复的过程，被称为"红-绿-重构"（Red-Green-Refactor）三部曲：

① 红（Red）：首先编写一个会失败的测试，明确待实现的功能。
② 绿（Green）：接着编写最少的、仅够通过测试的代码。
③ 重构（Refactor）：最后改进代码，使其更清晰、易于维护，同时确保所有测试仍然能通过。

1. TDD 实施步骤

围绕"红-绿-重构"三部曲，TDD 的实施通常包括以下 6 个步骤：

① 编写测试用例：TDD 的第一步是编写测试用例。这些用例描述了代码完成后应该如何运行，通常包括输入数据、预期输出和执行条件。
② 测试用例首次失败：在测试用例编写完成后，由于代码尚未实现，测试用例应该在首次运行时失败。这验证了测试用例确实能够检测未实现的功能。
③ 编写足够的代码：接下来，编写满足测试用例需求的最低限度的代码，可能包括创建新的函数、类或修改现有代码。
④ 使测试用例通过：运行测试用例，确保它们通过，这意味着功能已实现。
⑤ 重构代码：在测试通过后，优化代码的结构和可读性，同时确保功能不变。
⑥ 重复执行：重复以上步骤，为下一个功能或模块编写新的测试用例，然后编写代码使这些用例通过，逐步构建完整应用。

2. TDD 实施要点

在 TDD 的实施过程中，需要关注以下几个关键方面。

（1）测试驱动方面
- **需求分析**：在编写测试用例前，充分分析需求，明确需要实现的功能。
- **自动化测试**：所有测试应尽可能自动化，确保能够频繁运行测试并保持代码质量。
- **测试驱动开发**：测试用例应引导开发流程，先测试再编写实际代码，而非先写代码再测试。

（2）代码实现方面
- **简单设计**：只实现当前通过测试所需的最小功能，避免过早设计。
- **单一职责原则**：每个函数或类应具备单一职责，从而更易于测试和维护。
- **可重复性**：TDD 确保代码可以反复被测试，以验证其正确性。

（3）优化迭代方面

TDD 的推进应保持"小步快走"的节奏，以持续优化代码。
- **持续集成**：TDD 通常与持续集成工具结合，确保代码能够进行频繁集成和测试。
- **小步前进**：通过小步迭代的方式，在编程–测试循环中前进，保证每次改动的可控性，便于维护。
- **重构优化**：TDD 强调持续重构，而非一次性设计，以逐步提升代码的质量和可维护性。
- **快速反馈**：每次修改代码后进行测试，以及时发现潜在问题并迅速修复。

通过这些关键步骤和要点，TDD 能够帮助开发者保持代码的高质量与高可维护性，同时促进快速反馈与持续优化。

1.3 TDD 的本质

本节通过对 TDD 本质进行探讨，帮助读者进一步思考并理解 TDD 的核心理念。

1.3.1 基于第一性原理探讨 TDD 本质

深化认知是坚定行动的基石，唯有深刻理解，方能实现知行合一。如果仅凭表面的理解盲目追随 TDD，或者轻易做出决策，那么面对挑战时往往难以坚持，甚至执行不力，使 TDD 开发流于形式。只有深入理解 TDD 的本质，才能真正掌握并灵活应用 TDD，使其发挥最大价值。

TDD 并非一套固定的动作，更像是一种"内功心法"，外在的实践只是表现形式。只有掌握其核心理念，才能因地制宜，在不同环境中灵活应对，找到适合自身的实践方式，做到"万变不离其宗"。

我们将采用**第一性原理**（First Principle）的方法来探讨 TDD 的本质。首先，简单介绍什么是第一性原理。

亚里士多德在他的哲学著作中描述了第一性原理，尤其在《形而上学》中进行了深入探讨。他认为第一性原理是理解和解释世界的最基本且最根本的原理。对此，亚里士多德有一些关键描述：
- **最基本的起源**：第一性原理是所有知识和存在的最根本起点，是理解任何复杂现象的基础。
- **不可推导性**：它无法再被归结为更基本的原理，不能依赖其他理论或假设来解释。
- **自明性**：这些原理是自明的，或可以通过理性直觉被直接认知。
- **普遍性**：第一性原理具有普遍性，适用于所有事物和现象，并不局限于某一特定领域，而是贯穿于整个自然界和所有学科。
- **基础性**：第一性原理是研究的核心，为其他科学知识提供基础。

所以说，通过第一性原理，我们可以摒弃现有理论的限制，回归本质，从最基本的事实出发来理解事物。

1.3.2 TDD 的本质是什么

基于第一性原理，我们可以归纳出软件开发质量的几个基本事实：
- **软件质量**：软件的核心目标是实现其预期功能，并且在实现过程中尽量减少错误和缺陷。
- **反馈循环**：开发过程中，及时的反馈可以帮助开发者迅速发现和修正错误。
- **可维护性**：代码的可维护性和可扩展性是长期软件项目成功的关键。
- **自动化**：自动化可以提高效率，减少人为错误。

下面来分析 TDD 如何支撑这些基本事实。

（1）基本事实：软件必须正确地实现其功能

在 TDD 中，开发者首先编写测试用例，这些测试用例定义了软件的预期功能。只有通过所有测试的代码才被认为是正确的。

即，TDD 通过先编写测试用例来确保功能的正确性。

（2）基本事实：及时的反馈有助于迅速发现和修正错误

在 TDD 中，每次修改代码后立即运行测试，开发者可以快速得到反馈，判断修改过程中是否引入了新的错误。

即，TDD 提供了一个快速反馈循环，有助于提高开发效率和代码质量。

（3）基本事实：良好的设计有助于提升代码的可维护性和可扩展性

通过先编写测试，开发者被迫从使用者的角度来设计接口和功能。这通常会促使代码设计变得更简洁、更清晰。

即，TDD 促进了从使用者角度出发的代码设计，提高了代码的可维护性。

（4）基本事实：自动化可以提高效率，减少人为错误

TDD 本质上是一种自动化测试方法。开发者通过编写自动化测试用例，可以在每次修改代码后迅速运行测试，确保代码质量。

即，TDD 通过自动化测试提高了开发效率和代码的可靠性。

综合以上分析，TDD 的本质可以归纳为以下 4 个核心要点：

- **测试先行**：通过先编写测试用例来定义预期功能，确保代码实现符合预期。
- **快速反馈**：每次代码修改后立即运行测试，及时发现并修正错误。
- **驱动设计**：从使用者角度出发设计接口和功能，促进良好的代码设计。
- **自动化**：通过自动化测试提高开发效率和代码可靠性。

也就是说，TDD 的本质在于通过一系列系统化、自动化的方法，确保软件功能的正确性、设计的合理性，以及开发过程的高效性。

借助第一性原理分析，我们现在可以更深刻地理解 TDD 为何能够有效提高软件开发的质量和效率，从而更加坚定实施 TDD 开发的信心和决心。遇到困难不要轻易放弃，而是回归 TDD 的本质去思考：我们的具体做法是否存在问题？有没有更好的方式来践行 TDD？

只有不断回归本质、优化方法，才能真正发挥 TDD 的价值，实现高质量软件开发。

第 2 章

TDD 的价值

本章将首先介绍 TDD 能带来哪些收益,以及为什么能带来这些收益,其次讲解如何培养 TDD 文化,帮助我们长期实践 TDD 并持续受益。

2.1 TDD 与研发效能的关系

软件研发效能是一种持续"多快好省"地交付价值的能力。它通过持续快速交付高价值、高质量的需求,通过支持高频试错来加速创新,是企业的核心竞争力之一。

从概念层面来讲,"效能"具有高价值、高响应、高质量、低浪费四个特点。也就是说,注重效能意味着交付正确的价值,快速交付和快速反馈,实现高质量的交付,有效减少成本、资源和流程上的浪费。

"效率"通常是指单纯提升业务响应能力、提高吞吐、降低成本。与之相比,"效能"往往用来衡量产品的经济绩效。具体来说,研发效能本质上是一种软件工程力,包括软件工程能力、人员能力和工具能力,三者相互结合决定了研发效能的高低,如图 2-1 所示。

在分析研发效能的过程中,我们需要注意以下几个方面:

首先,在当今竞争激烈的市场环境中,快速、准确地交付价值是至关重要的。这不仅体现了团队的专业性,还是企业竞争力的重要体现。

其次,高效能的前提是高质量,这不仅需要精湛的技能和专业知识,还需要对细节的关注和对工作的热情。只有高质量的工作,才能赢得客户的信任和市场的认可。

最后,在现代工作中,个人的力量是有限的,只有通过团队协作,才能实现高效、高质量的工作成果。

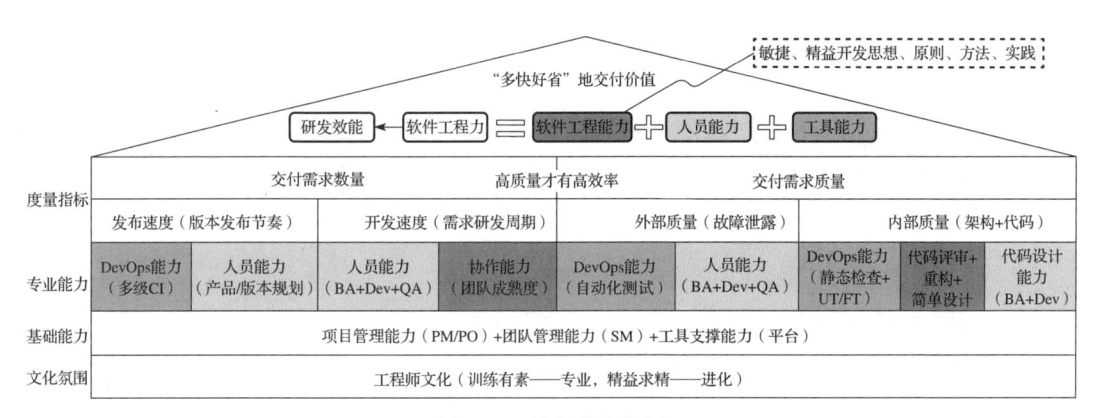

图 2-1 研发效能分析

TDD 在研发效能的软件工程能力和人员能力两个方面都能发挥不小的作用，下面将详细描述。

2.2 TDD 提升软件工程能力

2.2.1 TDD 让编程更专业

TDD 是如何让我们的编程过程更加专业的呢？

首先，TDD 可以做到价值交付。因为 TDD 强调测试先行，开发的起点是 Todolist，而 Todolist 可以看作需求分析和方案设计之后的功能描述。一切开发活动都围绕实现 Todolist 展开，确保了价值导向。

其次，TDD 可以做到快速反馈。因为 TDD 强调测试驱动，典型特点就是"小步快走"，背后的思想是快速反馈。每次进行小的改动都会测试，从而及时发现并修复代码缺陷，确保每次修改的正确性，也就保证了外部质量。

再次，TDD 可以实现简单设计。TDD 的三原则确保我们不会进行过度开发和设计，这也是简单设计的要求。并且，TDD 的"红 – 绿 – 重构"三部曲可以提醒我们及时进行重构，而重构是实现简单设计的必要方式。

最后，TDD 可以输出高质量的用例。因为 TDD 的开发方式确保了测试用例的有效性，而高质量的用例可以对代码修改进行质量守护，这也在某种程度上鼓励了重构。

2.2.2 TDD 改善代码质量

1. TDD 通过频繁重构改善代码的可读性、可维护性

在每次成功通过测试后，TDD 鼓励进行重构和改进代码的质量，使其更具可读性和可维护性。通过不断优化代码结构和设计，开发人员可以降低代码的复杂性、减少技术债务，并提高代码的可维护性。

2. TDD 提高代码可测试性

TDD 要求在编写代码之前先编写测试用例，这促使开发人员编写可测试的代码。可测试的代码具有清晰的接口、模块化和低耦合性，这使得测试更容易实施。通过提高代码的可测试性，开发人员可以更快速地编写和运行测试用例，从而加快反馈循环并提高开发效率。

3. TDD 避免过度工程和不必要的复杂性

TDD 鼓励开发人员在编写代码之前思考和规划，特别是在编写测试用例时。这促使开发人员更加关注代码的设计和结构，以满足测试的要求。TDD 要求仅编写通过当前失败测试所必需的代码量，这有助于减少过度设计和避免冗余代码的产生，使得开发过程更加专注于实际需求。

TDD 的迭代反馈特性也使得开发人员能够逐步改进设计，快速识别并修正设计与实现上的缺陷，避免过度工程和不必要的复杂性。

4. TDD 可以提高代码重用性

开发人员在编写任何实现代码之前先编写测试，这迫使他们从客户端代码的角度考虑接口。一个设计良好的接口，意味着代码更容易被其他部分的系统复用。为了让测试更易于编写和维护，TDD 倾向于鼓励更小、更聚焦的类和方法。这种模块化方法自然地促进了代码的可重用性，因为小的、定义清晰的模块更容易在不同的上下文中使用。

2.2.3　TDD 有助于实现意图导向编程

1. 意图导向编程的优势

意图导向编程（Intent-Driven Programming）是一种以用户的需求和意图为中心的软件开发方法。它倡导开发者在编程时首先明确软件需要实现的目标，而非立即投入到代码的具体实现中。这种方法的核心在于从用户的需求出发来引导整个开发过程，力求在满足用户期望和需求的同时，提升软件的可用性和用户满意度。

意图导向编程的一个显著优势是对用户体验和需求的重视。这种以客户价值为导向的方法，确保了软件解决方案能够更准确地符合用户的实际使用场景和需求。

TDD 是一种实践意图导向编程的有效方法。它通过先编写测试用例来定义应用程序所期望的行为，再编写代码来通过这些测试。这种方法可帮助程序员集中关注应用程序的意图，而不被具体的技术实现所束缚。这样的做法不仅提高了编程的效率和准确性，还通过持续更新和维护测试用例，保持代码与应用预期行为的一致性，确保了代码的可理解性和可维护性。

2. TDD 如何促进意图导向编程的实现

下面详细描述 TDD 是如何帮助实现意图导向编程的。

(1）明确用户需求和意图

在 TDD 中，开发工作应始于定义软件应该实现的目标，即用户故事或基于功能需求的测试用例。这些测试用例是从用户的角度出发编写的，它们描述了软件在特定条件下应该如何操作。这种做法确保了开发的起点是用户的需求和意图，而不是技术实现。

(2）小步快走，频繁反馈

TDD 鼓励开发者采取"小步快走"的开发方式，不断迭代。每写一个最小的测试用例，都要编写代码以满足该测试，然后重构代码以改进设计。这种快速的反馈和循环，保证开发工作紧密围绕用户的需求开展，每次代码的提交都是为了通过一个具体表达用户意图的测试。

(3）保证实现符合预期

通过先写测试，开发人员必须清晰地理解并定义应用程序要如何响应各种输入和情况，这确保了实现的功能正好满足用户的意图。测试是围绕用户如何使用系统来设计的，因此代码的实现将自然地与用户的预期对齐。

(4）改善设计和可维护性

TDD 的重构步骤鼓励开发者持续优化代码设计，这不仅提升了代码质量，还使得技术实现可以更清晰地表达用户的意图。代码的可读性和可维护性直接影响软件能否持续适应用户需求的变化。

(5）减少实现细节上的过度设计

TDD 要求代码仅仅满足当前的测试用例，避免了过度设计。这意味着开发者不会引入不必要的实现细节，而是专注于完成用户实际需要的功能。因此，代码库会更加紧凑，更能体现用户的意图。

(6）持续验证用户意图

随着项目的推进，新的测试将被添加，旧的测试将被维护和更新，以反映用户需求的变化。这个过程确保软件始终以用户的意图为中心，即使在长期的项目开发过程中也不会偏离。

总结来说，TDD 通过先写测试来明确用户的需求和意图，以此为核心引导代码的编写。这样的方法可以系统地将用户的视角和需求融入开发流程中，确保软件的实现始终遵循意图导向编程的原则。

2.2.4　TDD 是实现测试左移的重要手段

1. 需求质量呼唤测试左移

随着软件生态的发展，软件需求越来越复杂多变，需求的有效性和传递效率也备受挑战。需求阶段引入的缺陷会对软件的研发成本造成较大的影响。同时，软件的研发过程越来越成为一个需要高效协作的整体，各角色之间的界限也变得相对模糊。

为了让质量理念更早地介入软件研发的过程，也为了降低缺陷修复的成本、减少不必要的返工，需求质量就变得尤为重要。测试左移因此而生，需求分析人员与测试人员需要协同工作，共同保证需求的质量。

如图 2-2 所示，在理想条件下，对于缺陷修复的成本，我们容易得出以下结论：
① 缺陷从需求阶段就开始引入，一直到开发阶段达到峰值，然后趋于平缓。
② 缺陷从需求阶段就开始陆续被发现，到测试阶段达到峰值，然后趋于平缓。
③ 从需求阶段到开发阶段初期，缺陷修复的成本极低。
④ 从开发阶段后期到上线，缺陷修复成本一路攀升至高点。
⑤ 缺陷发现的数量小于引入的数量，但在上线前后，缺陷发现数量大于引入数量。

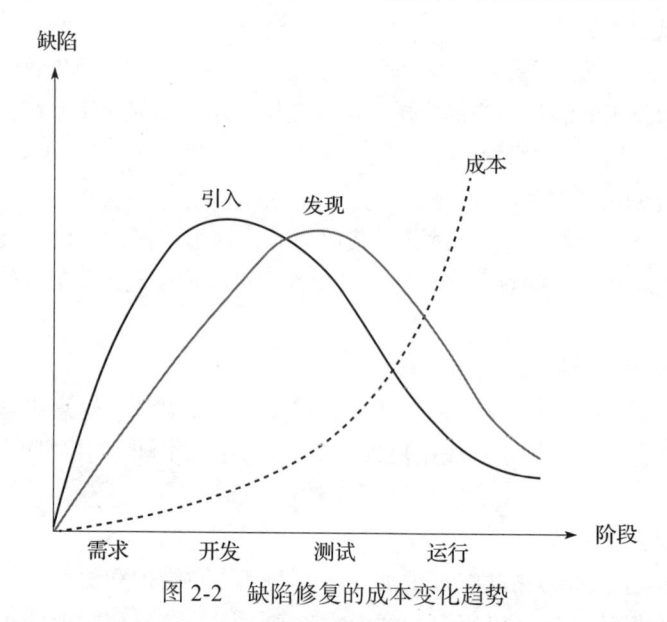

图 2-2　缺陷修复的成本变化趋势

因此，为了获得更合理的资源投入产出比，应该在需求阶段和开发阶段初期尽早地发现缺陷，从而减少修复成本和返工，这正是测试左移的价值所在。

测试左移之所以重要，是因为我们要在缺陷引入的最初阶段发现问题，将其"扼杀在摇篮里"，而不是任由它像雪球一样越滚越大。这里需要注意，测试左移要求测试活动尽早介入，这不单是把测试人员进行左移。因此，团队里的每个成员都需要具备测试左移的思想，从一开始就绷紧质量这根弦，确保每个人的工件质量。

而在需求质量保证活动中，测试人员也需要时不时"换帽子"，有时是终端用户，有时是产品经理，有时则是产品负责人。不管戴什么帽子，其核心目标始终是保证各个工件的质量，并确保其顺畅集成。这都是测试人员需要重点关注的工作。

2. TDD 如何实现测试左移

TDD 是一种强调测试先行的开发方式，其优势在于在编写任何函数或修改代码时，能够通过编写单元测试用例来明确代码的预期功能。测试用例本身就是对需求的代码化表达，而随着测试用例的不断积累，它们可以有效保障开发过程的质量，并为后续的重构和演进提供可靠支持。

如果将这一思想延伸到 ATDD（验收测试驱动开发），则可以实现全流程的端到端测试驱动，确保从需求到实现的每个环节都受到测试的严格约束。ATDD 与 TDD 的关系如图 2-3 所示。

在软件开发过程中，TDD 与测试左移的关系如图 2-4 所示。

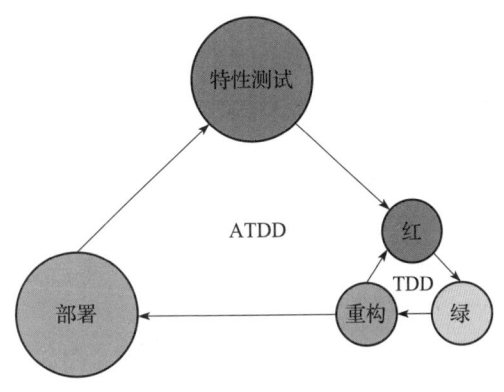

图 2-3　ATDD 与 TDD 的关系

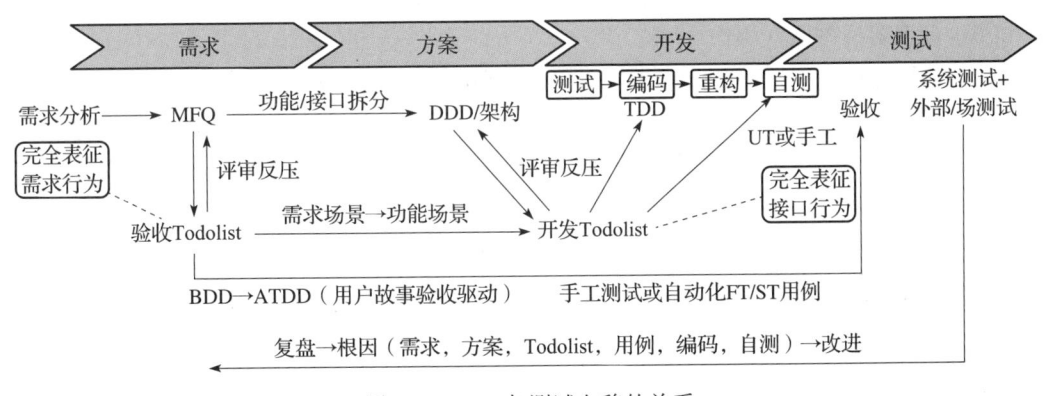

图 2-4　TDD 与测试左移的关系

为了确保开发出符合用户需求的高质量产品，从需求分析到测试验收的每个环节都至关重要。整个软件开发过程涉及多个阶段，包括需求分析、需求实例化（MFQ）、验收测试驱动开发（ATDD）、领域驱动设计（DDD）和测试驱动开发（TDD），充分体现了测试左移的思想。以下是对各阶段的梳理与详细说明。

（1）需求分析

初始阶段，团队需要对收集到的用户和系统需求进行分析和整理。这一阶段旨在充分理解用户的需求和期望，确保开发出的产品能够符合用户的实际需要。

需求分析阶段完成时需要输出高层次的需求规格说明。

（2）需求实例化

在这一阶段，将需求分析阶段输出的高层次需求规格说明转换为低层次的需求规格说明，使抽象的需求描述变得更加具体、可验证、可测试。

需求实例化阶段为 ATDD 及后续方案设计打下基础。

（3）ATDD

这一阶段将实例化后的低层次需求规格说明转化为一系列可验收的测试用例。这些用例既可作为系统测试的端到端验收清单，也可作为指导开发的任务清单。

ATDD 阶段的目标是确保开发的功能满足业务需求。

（4）DDD

DDD 是一种领域建模的方法，属于方案设计的一部分。这一阶段旨在帮助方案设计人员深入理解领域概念、业务规则和流程。

通过 DDD 阶段，系统架构设计、模块设计可以更好地与领域模型融合。

（5）TDD

TDD 在开发实现的环节展开。在 TDD 阶段，基于方案和 ATDD 的验收用例，输出开发的 Todolist，并通过 Todolist 驱动功能代码的实现。

与 ATDD 相比，TDD 的用例粒度更小，更侧重于某个具体模块。

（6）项目落地与团队协作

在实际执行过程中，需要梳理各种适配要素和条件，如研发流程、组织架构、角色能力和资源环境。这一过程强调以团队为核心，加强协作，并充分利用 BA（业务分析师）、QA（质量保证人员）和 TSE（测试系统工程师）等角色的专业能力以及 DevOps 的工程能力。

（7）测试分层与沟通

测试左移的思想推动了测试的分层，避免重复测试。例如，Dev（开发工程师）主要负责不依赖环境的单元测试（UT）和功能测试（FT），而 QA 团队则负责依赖环境的功能测试和系统测试。

通过 BA 的评审，以及 QA 和开发人员之间的充分沟通，可以形成一个统一的测试用例列表，用于指导开发和测试验收。这一过程的关键是推动 BA、Dev 和 QA 这几方人员之间的及时沟通，确保各方对需求方案和质量标准有一致的理解，并通过 Todolist 进行固化。

（8）质量内建与团队责任

团队应对自身交付的质量负责，践行质量内建的理念，减少对 QA 测试的依赖，从而真正实现测试左移。在此理念下，Todolist 不单是传统 TDD 中的任务清单，更是一个全景式的开发验收指导工具。

2.2.5　TDD 能降低测试成本

1. TDD 通过频繁测试降低缺陷发现和修复的成本

众所周知，软件开发中的缺陷会带来极高的代价，修复缺陷同样如此。而且，缺陷发现得越晚，修复成本就越高，这正是"缺陷成本递增率"（Defect Cost Increase，DCI）理论所揭示的规律。早期发现缺陷所需的成本较低，而如果能在缺陷产生的瞬间就检测到它，那么修复成本将降至最低。图 2-5 展示了各个开发阶段的缺陷分布情况。

图 2-5　缺陷在各个开发阶段的分布情况

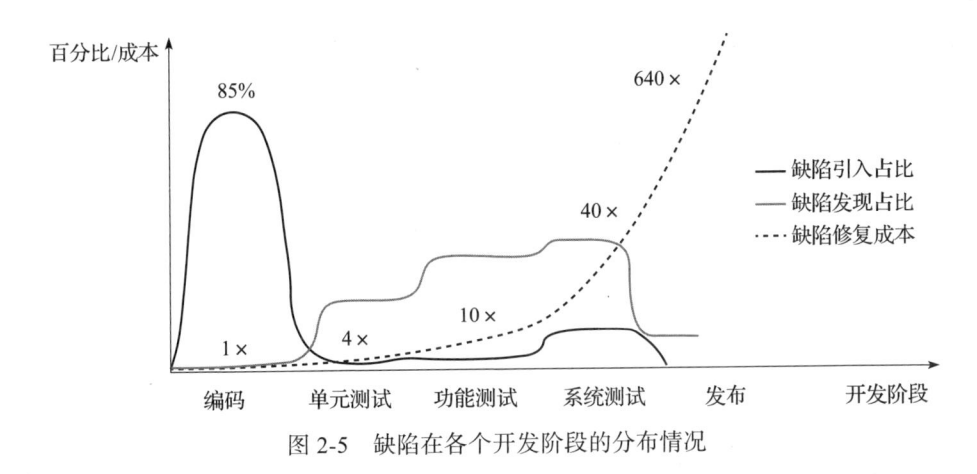

DCI 还意味着，反馈回路较长的软件开发成本较高。因为发现和修复缺陷的代价越大，最终遗留在部署代码中的缺陷也就越多。而采用 TDD 之后，开发者可以在编程内部循环中引入自动化测试，从而更快、更经济地发现并修复缺陷。TDD 模式下的反馈回路如图 2-6 所示。

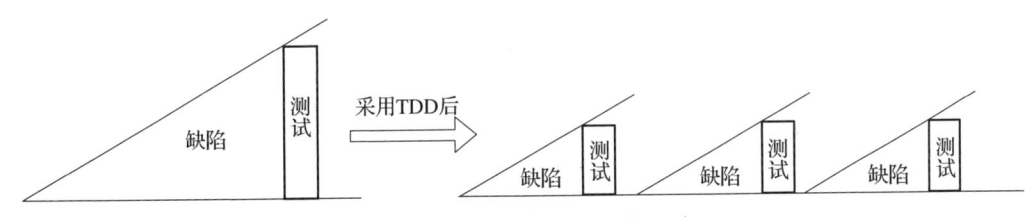

图 2-6　采用 TDD 后的反馈回路

此外，在传统开发模式下，发现问题、解决问题和定位问题的效率较低。例如，发现问题主要依赖手工测试或覆盖不全的自动化测试，导致发现问题变得困难且低效。而当通过测试发现问题时，定位问题的过程也往往较为烦琐，通常只能依赖增加日志或使用调试工具进行分析。对此，TDD 提供了一种更高效的方式：开发者只需要添加相应的测试用例，即可迅速缩小问题范围，从而加快缺陷修复过程。

总的来说，TDD 能够显著提升问题发现、定位和解决的效率。

2. TDD 通过测试分层减少测试工作量

（1）降低开发阶段测试的成本

采用 TDD，开发初期就能积累自动化测试用例，避免传统开发模式中后期大量手工测试带来的高成本。自动化测试不仅减少了重复测试的工作量，还能节省时间，使开发人员能够专注于编程，而不是花费大量时间进行手动测试。

尽管有些开发者认为编写自动化测试用例会增加初期的开发成本，但从长远来看，TDD 能够降低功能持续开发和维护的成本。软件系统通常需要长期维护和不断迭代，在这一过程中，TDD 可显著降低平均开发成本。

（2）降低系统测试的成本

TDD 能通过测试分层减少系统测试阶段的工作量。在许多项目中，我们遵循的是"冰淇淋蛋卷模型"，如图 2-7 所示。其中，系统测试大量依赖手工或自动化测试，这些测试用例的数量通常远超过开发阶段的单元测试和功能测试。此外，系统测试用例与开发阶段测试用例大量重复，增加了很多不必要的自动化测试用例开发工作。通过 TDD，我们可以优化测试分层，减少重复劳动，从而降低成本。

我们知道，底层测试的成本通常低于高层测试，后者不仅成本更高，实现自动化也更加困难。底层测试关注的范围较小，反馈周期短，相对容易管理。而高层测试关注的范围广泛，反馈周期长，难度更大。因此，底层测试相对容易执行。

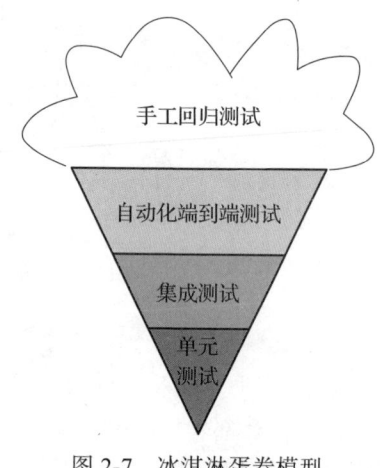

图 2-7 冰淇淋蛋卷模型

在采用 TDD 的开发模式时，若不充分利用开发阶段积累的测试用例，而是在系统测试阶段独立编写全部测试用例，则 TDD 所能发挥的价值就会大打折扣。因此，在开发和测试团队之间应该实现良好的协作，通过测试分层减少系统测试阶段的重复用例数量，遵循"金字塔模型"，如图 2-8 所示。

图 2-8 金字塔模型

（3）及时建立测试防护网，实现高效测试

如果将软件开发比作建房子，TDD 中的测试可以看作施工时使用的脚手架。在建筑过程中，脚手架为施工提供了一个安全和稳定的结构，允许工人在建造过程中进行精确和安全的施工。同样，在软件开发中，TDD 通过建立一个测试防护网，实现了高效、安全的代码构建。

随着建筑施工的推进，脚手架可能需要调整或移动，以适应新的建设阶段。同样，在软件开发过程中，TDD 是一个持续的迭代过程，开发者不断地添加新的测试用例和功能代码，以适应需求的变化和项目的进展。

在构建软件的过程中，我们通过测试来确保功能符合预期。一旦检测到错误，我们就用调试（debug）来定位问题的原因，并重复此过程，直至所有功能按要求完成。测试与调试贯穿了整个软件构造的过程，形成了开发流程的骨架，而功能开发则填充在测试之间，像血肌肉填充在骨架上。

在日常开发中，发现问题、定位问题、修复问题虽然不是最根本的复杂性工作，但确实占据了开发者的大量时间，甚至可能消耗一半以上的有效工作时间。因此，高效完成这些非根本的复杂性工作，对于提升整体开发效率至关重要。TDD 通过构建测试防护网，能够快速发现并精准定位错误，使得问题修复更加高效。

在 TDD 研发过程中，我们至少可以确保拥有以下两点：
- **可工作的代码**：每个功能模块都经过测试验证，确保代码的可靠性。
- **可用于问题定位的测试**：在发现问题后，我们可以迅速通过已有测试用例进行排查，锁定问题范围。

如果说发现问题的测试工作可以外包或后置，那么定位问题的测试则必须由开发者亲自完成。TDD 的核心逻辑在于，通过测试驱动的方式，及时建立测试防护网，保障代码质量和开发效率，从而实现高效的测试和开发。

2.2.6 TDD 能降低知识获取成本

软件开发本质上是一个知识转换的过程，涉及多个环节，包括知识的获取、整合和应用。在这一过程中，开发人员需要掌握广泛的知识类型，包括业务知识、技术知识和工具使用。开发人员将这些多方面的知识进行整合和应用，转化为软件设计和代码实现。最终，这些代码被编译成二进制格式，在计算机上运行，实现预期功能。因此，软件开发人员是典型的知识工作者，他们通过不断学习和创新推动技术进步与业务发展。

1. 知识工作者的挑战

彼得·德鲁克指出，传统管理实践主要针对体力劳动，而现代管理则须应对知识工作者的挑战。这主要体现在两个方面：
- **知识工作不被直观看到**：知识工作者的产出是知识，而非直接可见的工作成果。知识只有在被消费时才有价值。例如，业务分析只有在被理解和应用时才有意义。因此，知识工作者的效率依赖团队的协同效应，彼此理解能大幅提高工作效率。

- **效率与有效性不可分**：知识工作者需要在确保高效率的同时，注重有效性。只关注效率可能导致无用的工作成果，而只关注有效性则可能导致效率低下。两者的平衡至关重要。

2. 知识消费与传递

有效管理知识工作者需要关注知识的产生和消费。知识分为如下三类：
- **显性知识**：可记录和传递的知识。
- **隐性知识**：可通过表达转化为显性知识。
- **不可言说知识**：难以通过言语传递的知识，需要通过实践和观察来学习。

3. 敏捷开发中的知识获取

敏捷开发通过社交化活动（如站会、结对编程和持续沟通）来传递隐性和不可言说的知识。敏捷方法强调以下几个方面：
- **频繁交流**：功能迭代开始前通过确认需求、展示 showcase、站会等活动促进知识共享。
- **结对编程**：两人共同编写代码，确保一人的知识能立即被另一人理解和消费。

4. TDD 在知识获取中的作用

TDD 通过以下方式降低知识获取的成本：
- **明确需求**：在编写代码前先编写测试，确保开发人员理解需求，从而避免无效开发。开发人员如果无法编写测试，则说明对需求的理解不足。另外，TDD 简化了判断开发人员是否理解需求的过程。通过检查编写的测试用例，可以快速评估开发人员对需求的理解程度，降低管理成本。
- **即时反馈**：通过测试检测代码，及时发现并修复问题，促进知识的即时消费。如果团队难以编写测试，则可能表明需求难以通过工程化的方式实现。TDD 帮助团队判断何时需要进入探索模式，减少无效劳动，及时止损。
- **达成架构共识**：帮助团队达成架构共识，更好地适应需求变化，预防架构腐化。如果团队成员对相同功能点的拆分方式一致，则说明他们对架构有一致的理解。这降低了判断团队是否理解架构的成本，并有助于维护架构的清晰性。TDD 支持需求的演进，帮助团队发现并适应难以实现的需求，避免强行适配导致的架构问题。
- **提高代码质量**：通过不断测试和改进，确保代码易于理解和维护。

2.3 TDD 提升人员能力

2.3.1 TDD 提升程序员的业务和测试能力

1. 程序员为什么要提升业务和测试能力

尽管程序员们普遍认识到代码的正确性是编程的核心，但在实际操作中，他们往往疏忽了编写测试。这种行为上的矛盾被行业里的一则笑话揭示：程序员在修复或修改代码时，总是期盼着有现成的测试来验证改动的效果，但在编写新代码时，却往往不愿主动去创建测试。

这反映了软件开发过程中常见的认知与行动之间的差距，即对测试重要性的认识与实际行动中编写测试的意愿之间存在矛盾。这可能源于对测试编写技能的不自信或对时间成本的考量。由于对测试编写不甚熟悉，不少程序员倾向于逃避这项工作。

2. TDD 如何提升程序员的业务和测试能力

（1）TDD 让开发人员拥有业务视角

程序员往往专注于技术实现而忽视业务视角。TDD 要求他们从测试的角度拆分业务用例，并掌握测试设计技能，如黑盒测试。这使得开发人员必须理解业务需求，从而编写出更有效的测试和更高质量的代码。

在实施 TDD 时，在质量复盘过程中经常会发现，许多质量缺陷源于对业务需求的理解不足。Todolist 的不完整覆盖是一个常见问题，而提高 Todolist 质量的过程，本质上是加深对业务需求理解的过程。因此，TDD 成为提升开发人员业务理解能力的工具。

（2）TDD 让开发人员具备测试思维

要有效设计测试，开发人员不仅需要具备业务视角，还需要深入理解如何创建测试场景。这些测试场景往往暴露出程序员与测试人员之间的思维差距。测试人员通常会考虑到程序员遗漏的测试场景，而这些场景的遗漏往往导致测试不够全面。

在设计测试时，开发人员应努力识别并覆盖尽可能多的测试场景和异常情况。例如，在开发用户注册功能时，不仅要测试正常流程，还需要考虑特殊符号用户名、极端长字符串等边缘情况。尽管无法预见所有可能的场景，但多考虑一些边缘情况能够显著提升软件质量。

（3）程序员写测试，测试人员怎么办？

在许多团队中，测试人员的潜力未被充分发挥，因为他们被迫将大部分时间消耗在基础的功能验证上。如果程序员在开发阶段就编写完善的测试，测试人员就能从重复的基础测试中解放出来，专注于更高价值的测试任务，如探索性测试。

探索性测试要求测试人员全面而深入地评估系统，但在实践中，许多测试人员的时间被简单的 bug 识别工作所占据。如果程序员能够在编码阶段正确执行测试，那么许多潜在问题可在早期发现并解决，从而使测试人员能够聚焦于更复杂的测试工作，提高团队效率和软件质量。

2.3.2　TDD 促进团队协作

TDD 不仅是一种编程实践，还能显著改善团队成员之间的沟通与协作，包括开发人员、测试人员、产品经理、业务分析师以及其他参与软件开发过程的角色。

（1）促进清晰沟通

TDD 的起点是编写测试用例，通常基于用户故事或需求规格说明实现。这要求团队成员（包括产品经理、业务分析师和开发人员）就需求细节进行深入讨论。编写测试用例如同制定契约，确保所有成员对软件的行为有统一的理解。

（2）明确需求和预期

测试用例定义了软件的行为预期，为开发人员提供了明确的目标，并为测试人员提供了验证点。产品经理和业务分析师可以通过测试用例确保功能符合业务需求，而测试人员则可使用这些测试进行额外验证。

（3）提升跨职能团队的协作

在 TDD 中，测试用例的创建通常是一个跨职能的活动，涉及不同角色的专业知识。测试人员可以帮助编写高质量的测试用例，产品经理可以验证这些测试是否满足业务需求，而开发人员则确保代码能够实现测试定义的功能。

（4）减少误解和错误

由于 TDD 要求先编写能够表达用户意图的测试用例，从而减少了需求理解的歧义。开发人员在编程前就有明确的目标，从而减少了实现过程中的误解和错误。

（5）促进即时反馈

TDD 的快速迭代循环（红 – 绿 – 重构）提供了即时反馈，意味着未满足的需求或错误能够被迅速识别和修正。团队成员可以更快地响应变化，从而更高效地协作解决问题。

（6）改进质量保证流程

测试人员不必等到软件开发完成后才开始工作。在 TDD 中，测试是开发过程的一部分，测试人员可以持续参与测试用例的编写和优化，更早地发现潜在的质量问题。

（7）加强团队成员的责任感

TDD 通过测试用例定义软件行为，使团队成员对产品质量共同负责。开发人员负责编写通过测试的代码，而测试人员确保测试覆盖所有关键业务场景。

（8）支持可持续的开发节奏

TDD 循环自然契合敏捷开发的节奏，使团队能够通过迭代方式持续交付增量价值。这有助于维持稳定的工作节奏，提高整体工作质量。

（9）促进知识共享

当团队成员共同编写测试用例时，他们也在分享和传递知识。新成员可以通过查看测试用例快速理解项目的业务逻辑和技术细节，加速融入团队。

（10）支持持续集成和部署

TDD 与持续集成/持续部署（CI/CD）流程无缝结合，因为自动化测试是 CI/CD 的核心组成部分。TDD 确保有稳定的测试套件来验证每次的代码提交，使团队能够更自信地持续集成和部署新代码，降低集成和发布的风险。

更重要的是，在这一过程中，团队氛围得以改善，甚至形成独特的团队文化。在实践

TDD 的标杆团队中，协作精神、质量意识和团队凝聚力通常更强，能力提升也更快。

总的来说，TDD 通过提供一个共同的、基于测试的沟通框架，促进团队成员间的协作，确保软件开发过程中的每个人都紧密对齐于共同目标——交付满足用户需求且质量可靠的软件产品。

2.4 TDD 提升研发效能是持续性的

1. 个人研发效能

通常来说，影响个人研发效能的因素可分为两类：
- **内部因素**：技能水平、业务熟悉程度、个人积极性。
- **外部因素**：交互压力、任务难易程度、团队氛围和外部支持。

其中，技能水平在很大程度上决定了研发效能，而开发方式也是技能水平的一部分。采用 TDD，可以通过提升技能水平来提高个人研发效能。但这种提升是一个过程，涉及大量学习和实践。因此，TDD 的学习与应用是一个非线性的过程，在初期可能会导致研发效能下降。

只有当 TDD 相较于现有开发方式展现出显著优势时，个人才会持续地学习和实践 TDD，从而逐步提升研发效能。对于新员工而言，直接学习并使用 TDD 有助于提高研发效能，因为他们从无到有地构建自己的开发习惯。而对于有经验的老员工，他们已经形成了一套适合自己的高效开发模式，向 TDD 迁移可能会在短期内降低效能，具体效果取决于现有开发模式与 TDD 的契合程度。

2. 团队研发效能

团队的研发效能主要由成员的平均效能决定，而不是由最高效的个人决定。推行 TDD 可能会降低团队中最优秀成员的效能，但可以显著提升整体的平均效能，原因在于以下几方面：
- **统一的开发模式**：降低团队成员间的沟通成本，提高新员工的学习效率。
- **更好的支持**：在部门或公司范围内推行 TDD，可以获得更多支持，如 TDD 框架、优秀的 TDD 文章和工具等，从而降低上手难度。

TDD 与研发效能的关系如图 2-9 所示。

3. 提升研发效能的路径

尽管 TDD 是业界认可的开发方法，许多人从中受益，但也存在质疑。我们应避免同温层效应和幸存者偏差，用辩证的眼光看待和实践 TDD。TDD 的价值不仅在于其方法本身，还在于它能推动各种优秀技术实践的落地，并通过实践探索高效研发的方法。

提升研发效能的关键路径包括：

① **掌握 TDD**：深入学习并掌握 TDD，避免浅尝辄止。

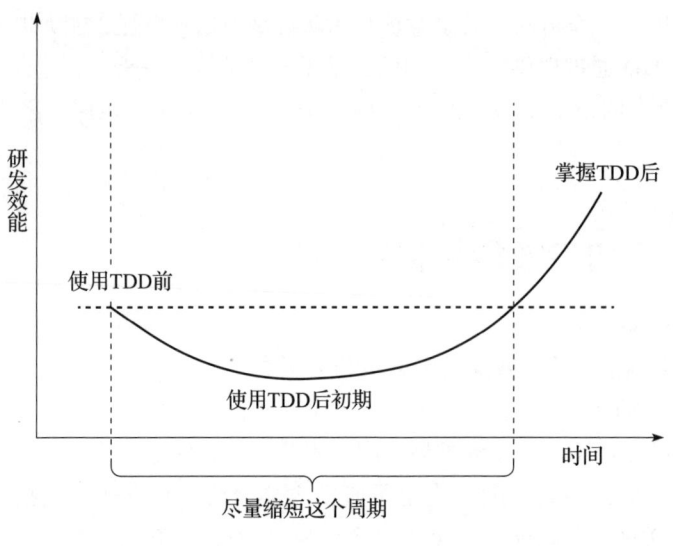

图 2-9　TDD 与研发效能的关系

②**结合实际**：在工作中真正应用 TDD，根据个人和公司的实际情况进行个性化调整，使其适应自身需求。

③**反思与改进**：即便 TDD 不能直接提升效能，也能带来有价值的实践经验，帮助优化现有的开发方式。

总之，实践是检验真理的唯一标准。要评估 TDD 是否能提升研发效能，就必须在实际工作中应用 TDD，并对其进行个性化调整。即便 TDD 未能直接提高效能，也能促使现有的开发方式得到改进，从而提升整体研发效能。

在选择开发方法时，我们的初心是提升研发效能。尽管 TDD 被广泛认可，但其效果取决于具体应用场景。理论上可行的方案，在实践中可能面临各种约束。因此，不能为了 TDD 而实施 TDD。在某些开发场景或对某些人而言，TDD 可能并非唯一或最佳的方法。

2.5　TDD 有助于打造工程师文化

研发效能的文化基础在于对专业性和卓越的追求。工程师文化意味着对技术和创新的重视，以及对问题解决和持续改进的执着。

1. 什么是工程师文化

工程师文化是指在一个组织或团队中，工程师们共同遵循和传承的一种价值观、态度和行为方式。它强调团队合作、创新、质量意识和持续学习等核心理念。

工程师文化的一些典型特征包括：

❑ 强调质量意识，追求卓越。

- 倡导团队合作，共同成长。
- 重视用户需求，采用敏捷开发方式。
- 持续学习新技术，不断提升能力。
- 高度自动化和标准化。
- 注重代码的可读性、可维护性和扩展性。

简单来说，工程师文化体现为对代码、测试用例、方案设计等方面的交付质量和细节的高度重视。

2. TDD 如何助力打造工程师文化

从长远来看，TDD 不仅是一种开发方法，还是培养工程师文化的有效手段。TDD 与工程师文化的关系如图 2-10 所示。

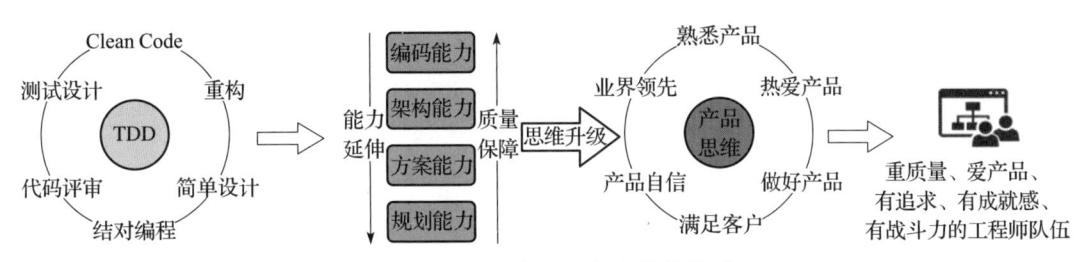

图 2-10 TDD 与工程师文化的关系

TDD 作为一种具有杠杆作用的核心技术实践，可以推动其他多种技术实践的落地，如清洁代码（Clean Code）、重构、简单设计、结对编程、代码评审、测试设计等。它不仅能从根本上提升代码质量（基于"需求理解准确 + 场景拆分合理 + 代码实现正确 + 代码可读性与可维护性良好"实现），更重要的是，它还能够提升工程师的编码能力、架构能力、方案能力、规划能力和产品思维。通过 TDD 的实践，团队可以逐步打造重质量、爱产品、有追求的工程师文化，而这样一支队伍，才具备持续打胜仗的基础。

以下是 TDD 在团队中推动工程师文化建设的几种方式：

- **培养质量意识**：TDD 强调编写测试用例来验证代码的正确性，促使工程师更加关注代码质量。
- **提高代码质量**：通过频繁运行测试，工程师可以及早发现并修正问题，减少 bug，提升代码质量并降低维护成本。
- **增强团队协作**：TDD 鼓励团队在编写代码前讨论需求和预期行为，促进团队成员之间的沟通与协作。
- **加速迭代和交付**：TDD 的快速测试与开发循环，使团队能够更快迭代并交付功能，满足客户需求，同时保持敏捷性。

- ❏ **推动持续学习**：TDD 促使工程师在每次重构过程中学习和改进，提升个人技能与成长空间。
- ❏ **促进创新与灵活性**：TDD 鼓励迭代开发与快速反馈，使工程师能够快速尝试新想法和解决方案，推动创新和灵活性。

总之，TDD 作为核心技术实践，具有杠杆作用，能够推动清洁代码等其他技术实践的落地。它不仅提升了代码的质量和可维护性，还提高了工程师的多种能力和产品思维。

当然，TDD 的有效性和影响力取决于组织的理解与推进策略。在理想情况下，TDD 的实施应当是水到渠成的，而非强制推行的。

实 践 篇

- 第 3 章　实施 TDD 的正确姿势
- 第 4 章　TDD 的 Todolist
- 第 5 章　TDD 测试用例
- 第 6 章　测试替身及 ZFake 框架
- 第 7 章　TDD 优化软件设计
- 第 8 章　TDD 的实践路径与评估方法
- 第 9 章　一个完整的 TDD 实践案例

Chapter 3 第 3 章

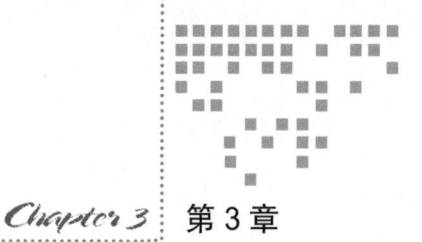

实施 TDD 的正确姿势

TDD 是由 Kent Beck 在 XP 体系中提出的，是 XP 众多实践中的一种，也是程序界一直在追求的一种开发境界。市面上有非常多的 TDD 书籍以及相关培训课程，对 TDD 的标准动作、流程、规范也讲得很多，本章将基于笔者自己的经验和理解，详细说明 TDD 的基本动作要领及在研发流程中的定位。

3.1 TDD 的动作要领

3.1.1 TDD 的操作步骤

TDD 的操作步骤如图 3-1 所示。

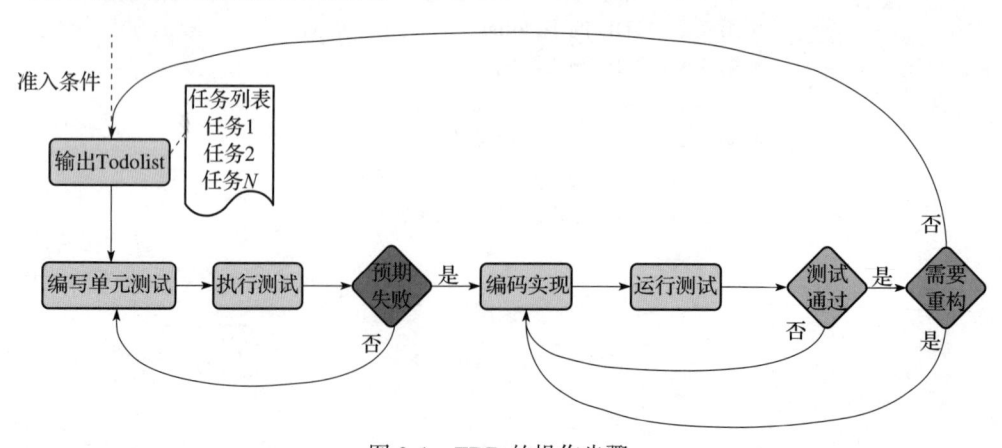

图 3-1 TDD 的操作步骤

在 TDD 实施过程中，Todolist 的编写和评审是关键的准入条件。Todolist 既是 TDD 的输入，也是确保高质量执行的关键环节。在进入"红 – 绿 – 重构"流程之前，必须完成 Todolist 的编写和评审工作。

TDD 的基本操作过程即从 Todolist 中逐一选取用例，并重复执行以下步骤：

① **编写一个失败的测试用例**：从 Todolist 中选择一个用例，实现对应的测试用例。

② **执行测试并预期失败**：运行新编写的测试用例，预期结果应为失败，甚至可能无法通过编译，因为代码尚未实现。

③ **编写代码使测试通过**：根据测试需求编写最少量的产品代码，使测试通过，避免额外设计或过度实现。

④ **运行测试并验证通过**：重新运行测试，确保新增代码通过，同时回归所有先前用例，验证新代码未影响已有功能。

⑤ **重构代码**：识别代码中的"坏味道"，进行重构，并确保所有测试用例仍然通过，以保持代码的整洁性和可维护性。

⑥ **重复执行**：重复上述步骤，直至所有测试用例通过，且代码完全满足需求。

3.1.2 选取用例的基本原则

TDD 能否成功、实现小步快走，关键在于用例的选取顺序。对此，应遵循以下基本原则：

❑ 原则一：先选取简单的周边行为用例，如"输入参数判断"等较为简单的用例。

❑ 原则二：避免过早解决复杂或核心的流程问题，以免步伐过大，影响后续进展。如果发现选取的用例导致步骤跨度过大，则应及时调整，重新选择其他更合适的用例。

下面通过一个具体的例子来说明用例选取的原则。假设我们需要实现一个整数栈，用例描述如表 3-1 所示。

表 3-1 用例描述

序号	用例描述
1	创建一个空栈，栈为空
2	创建一个空栈，并往栈里面压入（push）一个元素，栈不为空
3	创建一个空栈，往里面压入一个元素，然后弹出（pop）一个元素，此时栈为空
4	创建一个空栈，往栈里面压入一个元素，栈的大小应该为 1
5	创建一个空栈，往栈里面压入一个元素，之后再压入一个元素，此时栈的大小应该为 2
6	创建一个空栈，对空栈进行弹出操作，应抛出异常
7	创建一个空栈，然后往里面按顺序压入 X 和 Y，对栈进行弹出操作，此时先取出的为 Y，然后是 X，即栈应该先进后出（LIFO）

根据原则一，我们可以按顺序先实现用例 1～5，因为栈是否为空、栈的大小判断属于栈的周边行为，且用例相对简单。

而根据原则二，不应该在初期就选取用例7，因为用例7属于栈的难点和核心功能，如果刚开始就实现用例7，就会导致步骤跨度过大。

3.1.3 推进TDD的4条建议

结合项目实践经验，推进TDD时应遵循以下四条建议：

①在编写生产代码之前，必须先编写测试代码（这里的测试是指那些因缺少生产代码而注定失败的测试）。

②仅编写刚好能解决当前测试失败问题的生产代码，切勿过度开发或添加不必要的功能，以免引入新的、未被测试覆盖的问题。

③仅编写刚好能解决当前测试失败问题的生产代码，避免额外实现。

④当测试通过后，如发现代码存在"坏味道"，应立即重构，并确保重构后测试仍然通过。

3.1.4 关注点分离

TDD实施过程中应做到分离关注点，即"一次只戴一顶帽子"。

①**红**：写一个失败的测试，它是对一个小需求的描述，只需要关心输入/输出，这个时候根本不用关心如何实现。

②**绿**：专注于用最快的方式实现当前这个小需求，不用关心其他需求，也不要考虑代码的质量是多么惨不忍睹。

③**重构**：既不用思考需求，也没有实现的压力，只需要找出代码中的"坏味道"，并通过重构让代码变成整洁的代码。

3.2 TDD在研发流程中的定位

前面详细介绍了TDD的动作要领，包括TDD的准入条件、详细步骤、用例选取原则（重点是小步快走）、推进建议，以及关注点分离，这些既是TDD的精髓所在，也是其实施难点。可见，在项目中成功落地TDD，并不是一件容易的事。接下来，笔者将结合自身项目的实际研发流程，说明TDD在研发流程中的位置，以及实际项目中进行TDD开发时应注意的事项。

3.2.1 TDD在研发流程中的位置

TDD在研发流程中的位置如图3-2所示。

项目的研发流程，主要分为**需求分析**、**方案设计**、**开发**、**测试**四个阶段，而TDD主要处于开发阶段，由Dev团队（敏捷开发角色）负责。从Todolist用例的生成，到用例驱动完整需求代码的实现，整个开发过程需要严格遵循TDD的动作要领。

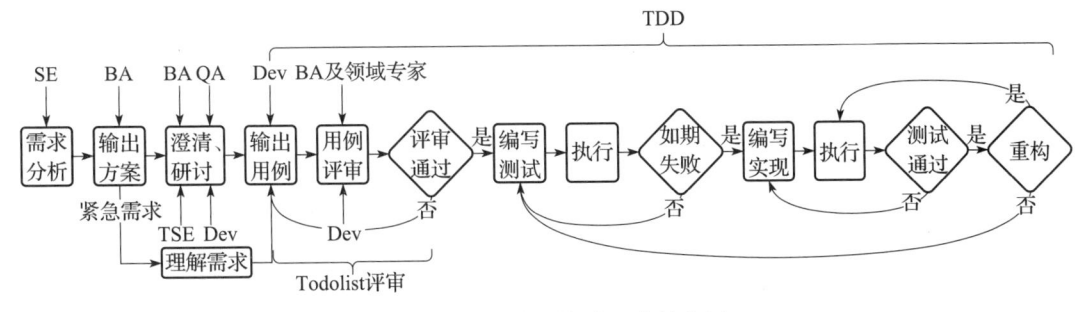

图 3-2 TDD 在研发流程中的位置

而在实际项目中，TDD 的落地不仅仅依赖于其动作要领，还需要重点关注以下几点：
- **Todolist 用例正确**：用例如果出错，即使后续 TDD 步骤执行得再好，也无法满足用户的期望，因此需要保证需求验收通过。
- **多方协作**：尽管 Todolist 由 Dev 侧负责输出，但其正确性需要多方参与。首先，BA 需要组织开发人员和系统测试人员共同进行方案澄清。然后，系统测试人员会同步输出测试策略，并结合对方案的理解、功能点要求和测试策略，输出 TDD 的 Todolist。
- **Todolist 完成后评审**：在 Todolist 完成后，开发人员需要组织 BA 和系统测试团队一起评审，只有在所有人达成一致后，才能启动 TDD 开发。

3.2.2 TDD 的精简流程

在需求非常紧急且时间很短的情况下，应该如何实施 TDD 呢？

首先必须理解"紧急需求"的含义。紧急需求是指无法按照现有的严格研发流程交付的需求，方案设计、开发和测试可能都由开发人员自己完成。因此，在进行 TDD 开发时，我们需要精简研发流程：

①**缩减方案流程**：将方案简化为一页纸或者是一个脑图的内容，基于这一简化方案快速完成 Todolist 的设计。

②**精简 Todolist 的格式**：例如，Given-When-Then 的严格规范可以放宽，只要能够描述具体业务场景，功能点能够覆盖用户需求，不遗漏关键点即可。但 Todolist 的评审不能省略，必须与相关领域专家一起评审通过，才能启动后续开发。

③**增加单次实现用例**：在可控的前提下，TDD 开发的步伐可以迈得稍微大点，比如一次多实现几个用例。但是，注意避免实现 Todolist 以外的功能点，所有用例都应该是 FT 级别（端到端）的用例，优先实现正常场景下的用例。

Chapter 4 第 4 章

TDD 的 Todolist

Todolist 是 TDD 实践的基础，对 TDD 实践质量至关重要。本章详细介绍了 Todolist 的概念、在 TDD 中如何编写 Todolist，并提供了一个 Todolist 模板，帮助读者更好地实践 TDD。

4.1 如何理解 Todolist

TDD 强调一次性做好每件事，而在整个 TDD 开发过程中，最为关键的就是 Todolist 的编写。BA 完成方案澄清后，开发人员需要根据 BA 的方案理解并输出 Todolist。那么，Todolist 究竟是什么呢？根据实际项目经验，笔者的理解包括以下几个方面：

- Todolist 是 BA（业务分析师）、TSE（测试系统工程师）、QA（质量保证人员）、Dev（开发工程师）和 TL（团队负责人）思想碰撞的杠杆点。
- Todolist 是开发之前必须完成的任务清单。
- Todolist 类似于详细设计，但它更轻量级。
- Todolist 的内容可以根据团队实际情况进行删减或增加。

综上所述，Todolist 非常重要，代表着正确的事情。发人员在编写 Todolist 时，应反复与 BA、TSE、QA 和 TL 讨论，避免出现场景遗漏。只有在 Todolist 经评审通过并确认没有问题后，才能启动 TDD 开发，确保一次性能将每一项工作都做好。

图 4-1 是网上经典的 TDD 练习题"镶金玫瑰"项目中输出的 Todolist，供读者参考。

第 4 章 TDD 的 Todolist

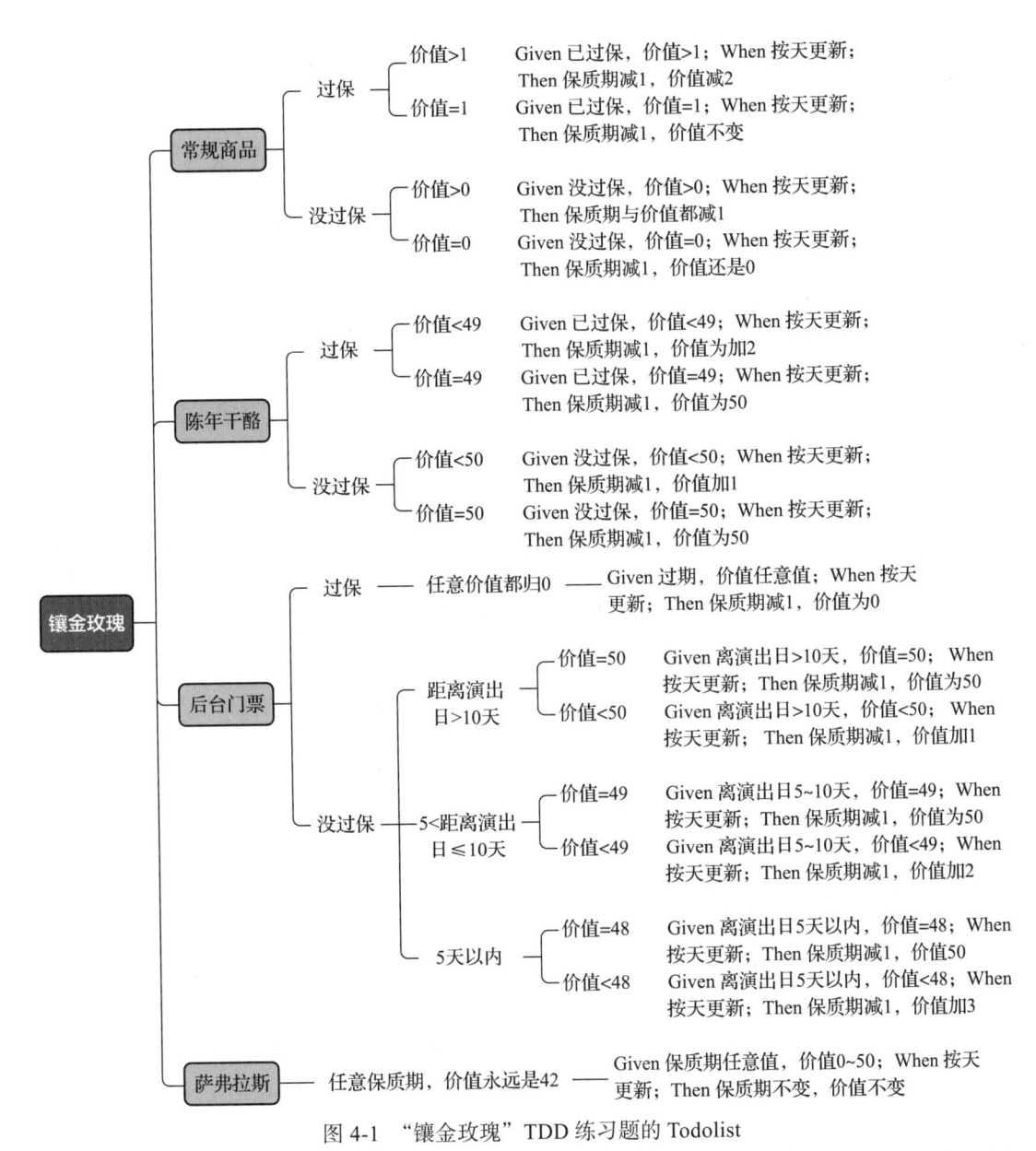

```
镶金玫瑰
├── 常规商品
│   ├── 过保
│   │   ├── 价值>1 ── Given 已过保，价值>1；When 按天更新；Then 保质期减1，价值减2
│   │   └── 价值=1 ── Given 已过保，价值=1；When 按天更新；Then 保质期减1，价值不变
│   └── 没过保
│       ├── 价值>0 ── Given 没过保，价值>0；When 按天更新；Then 保质期与价值都减1
│       └── 价值=0 ── Given 没过保，价值=0；When 按天更新；Then 保质期减1，价值还是0
├── 陈年干酪
│   ├── 过保
│   │   ├── 价值<49 ── Given 已过保，价值<49；When 按天更新；Then 保质期减1，价值为加2
│   │   └── 价值=49 ── Given 已过保，价值=49；When 按天更新；Then 保质期减1，价值为50
│   └── 没过保
│       ├── 价值<50 ── Given 没过保，价值<50；When 按天更新；Then 保质期减1，价值加1
│       └── 价值=50 ── Given 没过保，价值=50；When 按天更新；Then 保质期减1，价值为50
├── 后台门票
│   ├── 过保 ── 任意价值都归0 ── Given 过期，价值任意值；When 按天更新；Then 保质期减1，价值为0
│   └── 没过保
│       ├── 距离演出日>10天
│       │   ├── 价值=50 ── Given 离演出日>10天，价值=50；When 按天更新；Then 保质期减1，价值为50
│       │   └── 价值<50 ── Given 离演出日>10天，价值<50；When 按天更新；Then 保质期减1，价值加1
│       ├── 5<距离演出日≤10天
│       │   ├── 价值=49 ── Given 离演出日5~10天，价值=49；When 按天更新；Then 保质期减1，价值为50
│       │   └── 价值<49 ── Given 离演出日5~10天，价值<49；When 按天更新；Then 保质期减1，价值加2
│       └── 5天以内
│           ├── 价值=48 ── Given 离演出日5天以内，价值=48；When 按天更新；Then 保质期减1，价值50
│           └── 价值<48 ── Given 离演出日5天以内，价值<48；When 按天更新；Then 保质期减1，价值加3
└── 萨弗拉斯 ── 任意保质期，价值永远是42 ── Given 保质期任意值，价值0~50；When 按天更新；Then 保质期不变，价值不变
```

图 4-1 "镶金玫瑰" TDD 练习题的 Todolist

注："镶金玫瑰"是"魔兽世界"里的一家小商店，其中出售的常规商品都是高质量的，但不妙的是，随着商品逐渐接近保质期，它们的质量不断下滑。"陈年干酪"是一种特殊的商品，放得越久，价值反而越高。"萨弗拉斯"是一种传奇商品，没有保质期的概念，质量也不会下滑，永远是80。"后台门票"和"陈年干酪"有相似之处，只是一旦过了演出日，价值就马上变成0。

可以看到，上述 Todolist 采用了 Given-When-Then 的描述方式。这种方式具有极强的业务表现力，也是实际项目开发中高频使用的方法。然而，对 Todolist 的清晰描述仅是基础能力的一部分，更关键的是如何用更少的用例实现完整覆盖。

4.2 如何输出 Todolist

如图 4-2 所示，开发人员输出 Todolist 的步骤如下：
①根据方案场景梳理功能点。
②使用场景分析法拆分场景。
③使用测试设计方法拆分用例。

图 4-2 输出 Todolist 的步骤

按照上述流程，可以确保用例覆盖完整、设计合理。其中，一个功能点可以对应一个或多个场景，而一个场景也可能对应一个或多个用例。Todolist 的结构示例如图 4-3 所示。

在输出 Todolist 的过程中，功能点的拆分相对简单，主要遵循**单一职责原则**。每个功能可以作为独立的模块，并对外提供清晰的接口。因此，操作重点应放在场景拆分和用例设计上，其中场景拆分主要依靠场景分析法来完成。

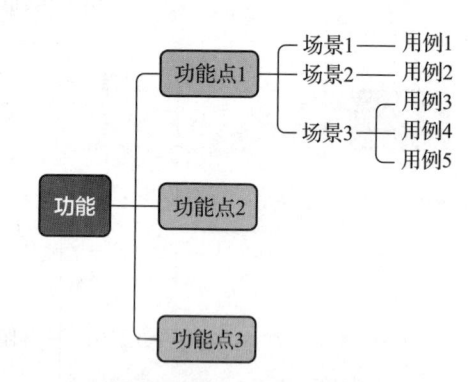

图 4-3 Todolist 结构示例

4.2.1 场景分析法

场景分析法是一种通过场景对系统功能点或业务流程进行描述，从而提升测试效果的方法。通常，场景分析法包含**基本流**和**备选流**。简单来说，基本流是最核心、最主要的业务流程，即正常场景。备选流则是业务执行过程中出现异常情况的分支，即异常场景。

1. 场景分析法的基本思路

场景分析法的基本思路就是以业务的正常流程为主线（基本流），梳理出在正常流程执行过程中各个节点分叉产生的所有分支（备选流），然后组合基本流及备选流来确定不同的场景，进而输出测试用例。

以 "DD 送货" App 为例，货主可以在 App 上发布货物配送需求，由骑手进行配送。目前需要实现用户注册的接口。用户注册时需要输入用户名、密码、手机号、姓名、身份证号，所有信息符合要求才能注册成功。注册要求如下：

❑ 用户名不存在：需查询数据库确保用户名未被占用。
❑ 密码符合要求：密码长度为 8～20 位，且只能包含字母、数字、下划线。

- 手机号符合要求。
- 姓名与身份证相匹配：需要在第三方服务的公安系统查询姓名与身份证是否匹配。
- 若上述注册信息不符合要求，则操作失败并给出相应提示。
- 在通过第三方服务的公安系统查询姓名与身份证是否匹配时，如果出现接口调用失败或超，则注册为临时账号，由后台继续重复调用查询接口。

2. 业务流程图的梳理

在梳理业务流程时，我们不应该关注具体实现，仅需要关注业务流程。

以"用户名是否已存在"这个场景为例。在业务流程中，该场景只有两种情况，会产生不同的流程：用户名不存在，继续注册；用户名已存在，提示用户更换用户名。至于如何识别用户名，这属于具体实现，不应出现在业务流程中，除非它会引发新的业务流程。例如，在具体实现时需要在数据库中查询用户名是否存在，若数据库查询发生异常，则系统可能需要发送告警或采取其他措施，就产生了新的流程分支，这时就需要在业务流程梳理时考虑这一分支。

类似地，针对"密码是否符合要求"的场景，业务流程仅需要区分"符合要求"和"不符合要求"两种情况。至于不符合要求的具体原因（长度不足、包含非法字符等），也不需要在流程图中细化，否则会导致流程图过于复杂。这些细节应该放在 Todolist 拆分的第三步，使用测试设计方法将场景细化成用例。

"DD 送货"App 示例的最终业务流程图见 4-4。

（1）确定基本流（正常场景）

输入注册信息→用户名不存在→密码符合要求→手机号符合要求→姓名与身份证相匹配→注册成功。

（2）确定备选流（异常场景）

- 备选流 1：输入注册信息→用户名已存在→提示"用户名已存在"。
- 备选流 2：输入注册信息→用户名不存在→密码不符合要求→提示"密码不符合要求"。
- 备选流 3：输入注册信息→用户名不存在→密码符合要求→手机号不符合要求→提示"手机号不符合要求"。
- 备选流 4：输入注册信息→用户名不存在→密码符合要求→手机号符合要求→姓名与身份证不匹配→提示"姓名与身份证不匹配"。
- 备选流 5：输入注册信息→用户名不存在→密码符合要求→手机号符合要求→调用查询接口失败→注册为临时账号。

（3）组合基本流、备选流输出用例

至此，我们已梳理出所有场景，包括 1 个正常场景和 5 个异常场景。接下来，可以运用各种测试设计方法，将这些场景进一步细化为具体的测试用例。

图 4-4　业务流程图

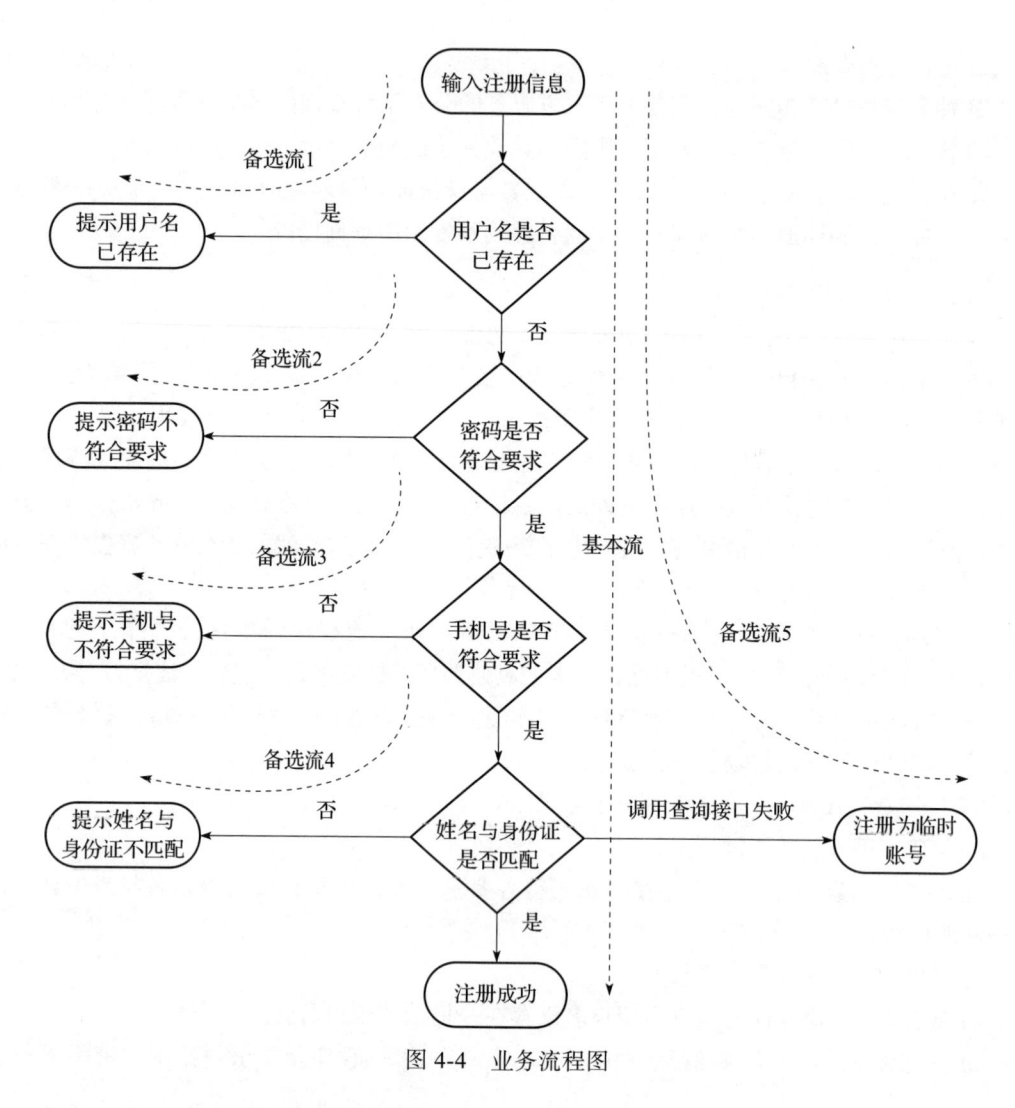

在下一节，我们将学习多种测试设计方法，以确保用例拆分得更加完善、合理。

4.2.2　用例设计方法

常见的测试设计方法有等价类划分、边界值法、正交法、因果图判定表。

1. 等价类划分

等价类是指某个输入域的子集合。在该子集合中，各个输入数据对于暴露程序中的错误都是等效的。我们可以合理地假定，测试某个等价类的代表值就等于对这个子集中其他值的测试。因此，可以把全部输入数据合理划分为若干等价类，在每一个等价类中取一个数据作为测试输入条件，用少量有代表性的测试数据取得较好的测试结果。

等价类划分有两种不同的情况：
- **有效等价类**：指符合程序规格说明的、合理且有意义的输入数据集合。测试有效等价类可用于验证程序是否正确实现了规格说明中规定的功能和性能。
- **无效等价类**：指不符合程序规格说明、不合理或无意义的输入数据集合，主要用于测试程序对异常输入的处理能力。对于具体问题，无效等价类应至少有一个，可能会有多个。

划分等价类的原则是完备、无冗余，具体说明如下：
- **集合的划分**：划分等价类时重要的是划分为等价的一组子集，每个子集中的元素具有相同或相似的处理逻辑。
- 子集的并集是整个输入集合：保证数据的完备性。
- 子集之间互不相交，即不存在交集：保证数据的无冗余性。
- 同一个等价类中选择一个测试用例：对于同一等价类中的元素，往往处理逻辑相同。

等价类的划分方法如下：
- 在输入条件规定了取值范围或值个数的情况下，可以确立 1 个有效等价类和 2 个无效等价类。例如：输入值是学生成绩，那么 1 个有效等价类是 [0, 100]；2 个无效等价类分别为 $x < 0$ 和 $x > 100$（x 代表成绩）。
- 在输入条件规定了输入值的集合或者规定了"必须如何"的情况下，可确立 1 个有效等价类和 1 个无效等价类。例如：若输入条件要求招标企业的注册资本必须在 100 万元以上，那么 1 个有效等价类是 $x \geq 100$ 万元，1 个无效等价类是 $x < 100$ 万元（x 代表注册资本）。
- 在输入条件是一个布尔类型的情况下，可确定 1 个有效等价类（true）和 1 个无效等价类（false）。
- 在规定了输入数据的一组值（假定 n 个），并且程序要对每一个输入值进行分别处理的情况下，可确立 n 个有效等价类和 1 个无效等价类。例如：输入条件说明学历可为专科、本科、硕士、博士四种，则分别取这四种输入作为 4 个有效等价类，另外把除此之外的输入作为无效等价类。
- 在规定了输入数据必须遵守某规则的情况下，可确立 1 个有效等价类（符合规则）和若干个无效等价类（从不同角度违反规则）。
- 在明确已划分的等价类中各元素在程序中的处理方式不同的情况下，应再将该等价类进一步划分为更小的等价类。

在确立了等价类后，可建立等价类表，列出所有划分出的等价类输入条件，包括有效等价类、无效等价类，然后从划分出的等价类中按以下三个原则设计测试用例：
- 为每一个等价类设定一个唯一的编号。
- 设计一个测试用例，使其尽可能覆盖尚未被覆盖的**有效等价类**。重复这一步，直到所有的有效等价类都被覆盖为止。

❏ 设计一个测试用例，使其仅覆盖一个尚未被覆盖的无效等价类。重复这一步，直到所有的无效等价类都被覆盖为止。

2. 边界值法

由于边界值经常是导致错误的原因之一，因此测试人员应该将边界值作为测试用例的重点。例如，如果一个函数要求输入一个介于 1 和 100 之间的整数，那么测试人员应该选择以下测试用例：

输入值为 1
输入值为 2
输入值为 99
输入值为 100
输入值为 101

这些测试用例覆盖了输入值的边界情况，有助于发现一些潜在的错误。例如，当输入值为 1 时，函数的行为与输入值为 2 时不同，那么利用边界值法就能够发现这个错误。

边界值法可以用于各种类型的输入值，如数值、字符串、日期等。它也可以与其他测试设计技术结合使用，如等价类划分等，以提高测试用例的质量和效率。比如，"DD 送货"App 中要求密码符合要求。如果密码要求长度至少有 8 个字符，那么根据边界值法，就可以细化出密码长度为 7、密码长度为 8、密码长度为 9 的测试用例。

3. 正交法

正交法（Orthogonal Array Testing）是一种测试设计技术，它通过选择一组正交的输入参数及其取值范围，来构建测试用例集合，以尽可能地发现系统中的错误。

正交法的基本思想是，测试人员应该尽可能减少测试用例的数量，同时保证测试用例能够覆盖系统中的各种情况。为了实现这个目标，正交法选择一组正交的输入参数及其取值范围，以确保每个参数的每个取值都至少被测试了一次。这样，测试人员就可以使用相对较少的测试用例来发现尽可能多的错误。

正交设计包括如下一些基本概念：

❏ 因素：在一项试验中，将欲测试的变量称为因素。
❏ 水平：在试验范围内，因素被测试的值称为水平。
❏ 水平数：任何单个因素能够取得的值的最大个数。

基于上述概念，使用正交法的测试实验次数的公式为：

$$实验次数 = 因素数 \times (水平数 - 1) + 1$$

例如，某一软件的运行受到操作系统和数据库的影响，因此影响其运行是否成功的因素有"操作系统、数据库"2 个，而操作系统有"Windows、Linux、Unix"这 3 个取值，数据库有"PostgreSQL、MySQL、MongoDB、Oracle"这 4 个取值，因此"操作系统"的因素状态为 3，"数据库"的因素状态为 4。据此构造该软件运行功能的因素 – 状态表，如表 4-1 所示。

表 4-1　因素 – 状态表

因素	因素状态			
操作系统	Windows	Linux	Unix	/
数据库	PostgreSQL	MySQL	MongoDB	Oracle

结合前面的公式可以得出实验次数：$2 \times (4-1) + 1 = 7$。如表 4-2 所示，正交表包含了 7 个测试用例，每个因素的每个水平都至少被测试了一次。测试人员只需要运行这 7 个测试用例，就可以发现大部分潜在的错误。

表 4-2　正交表

	操作系统	数据库
1	Windows	PostgreSQL
2	Windows	MySQL
3	Windows	MongoDB
4	Windows	Oracle
5	Linux	PostgreSQL
6	Unix	PostgreSQL
7	Unix	Oracle

如果不使用正交设计法，而是采用全因素水平组合的方法来生成测试用例，则需要生成 $3 \times 4 = 12$ 个测试用例。

4. 因果图判定表

因果图判定表是一种用于设计测试用例的逻辑分析方法，常用于复杂业务规则或系统行为的测试设计。它通过建立系统输入条件（因）和输出结果（果）之间的关系，生成覆盖所有可能输入条件组合的测试用例。这种方法特别适用于多输入条件的系统，因为它有助于识别隐藏的条件依赖或冲突。

使用因果图判定表的关键步骤如下：

①**确定输入条件和输出结果**：列出系统中所有可能影响结果的输入条件（因）和对应的预期输出结果（果）。每个输入条件可以是布尔值（真/假），也可以是多个离散的值。

②**构建因果图**：通过分析输入条件之间的关系，画出因果图，表示输入与输出之间的逻辑关系（如"与"关系、"或"关系等）。这些关系可以通过线条、逻辑符号来表示。

③**构建判定表**：通过因果图，将所有可能的输入组合和对应的输出结果以表格的形式列出。判定表有助于识别每种输入组合下的预期输出。

④**生成测试用例**：根据判定表中的每一个输入组合，设计对应的测试用例，确保测试覆盖所有可能的输入条件组合。

因果图判定表的优点包括：

- ❑ **系统化设计**：因果图和判定表提供了系统化的方式来分析复杂条件组合，避免遗漏边界情况。

- ❏ 清晰逻辑关系：能清楚地描述输入条件间的依赖和组合情况，有助于测试用例的完整性和准确性。
- ❏ 减少冗余测试：通过厘清逻辑关系，减少不必要的测试用例，提升测试效率。

因果图判定表适用于逻辑复杂、条件组合多的系统或功能测试，尤其是在处理多个输入条件时，这种方法有助于系统化地设计测试用例，避免遗漏或冗余。

4.3 如何保证 Todolist 的质量

一个好的 Todolist，用例拆分是完善、正确、简洁、独立的。为了确保 Todolist 的质量，可以从以下几个方面入手：

①**明确测试目标**：在编写测试用例前，确保清楚了解待测试的功能或行为，以便在拆分用例时保持专注，避免遗漏关键内容。对于开发人员而言，只有深入理解方案，才能确保用例的正确性与完整性。

②**单一职责原则**：每个测试用例应仅验证一个特定的功能或行为，确保测试用例简洁、易于理解。

③**采用场景分析法拆分用例**：遵循"需求 – 功能点 – 场景 – 用例"的格式，做到逻辑清晰、可读性高，便于用例拆分和检查是否存在遗漏。

④**遵循三段式（Given-When-Then）结构**：一个高质量的测试用例应该遵循三段式结构，即条件（Given）、做什么（When）、结果（Then）。这种结构有助于确保测试用例的逻辑清晰并易于理解。

⑤**独立性**：确保每个测试用例相互独立，不依赖其他测试用例的执行结果，以确保测试结果的准确性，便于识别根源问题。

⑥**避免冗余**：避免编写重复的测试用例。如果存在两个或多个测试用例验证相同的功能或行为，则可以考虑合并它们。可以使用正交测试设计方法对用例进行精简。

⑦**边界条件和异常情况**：确保测试用例涵盖重要的边界条件和异常情况。

⑧**持续重构和优化**：在整个开发过程中，定期检查并优化测试用例。随着开发推进，对需求的理解逐步深入，可能会发现新的测试场景，需要调整、合并、删除部分用例。

⑨**代码覆盖率**：使用代码覆盖率工具检查测试用例是否覆盖关键功能和行为。若覆盖率过低，则可能意味着测试用例拆分不够完善。

⑩**用例评审**：邀请团队成员、业务代表等参与用例评审，以确保用例的准确性、完整性和可行性。

第 5 章 Chapter 5

TDD 测试用例

本章将探讨测试用例编写的两种主要方式：**黑盒测试**和**白盒测试**。我们将辨析它们之间的差异，并深入研究 TDD 与测试分层之间的关系。此外，我们还将讨论如何确保测试用例的质量，以及在测试用例中如何有效地管理测试数据。

通过对这些内容的探讨，本章将为读者提供全面的视角，帮助他们在实践中做出明智的选择，确保其测试工作达到最佳的效果。

5.1 TDD 实践中的黑盒 / 白盒测试

当涉及测试用例编写时，两种主要的方法是黑盒测试和白盒测试。黑盒测试是一种基于功能需求的测试方法，测试人员仅关注输入和输出，而不考虑内部实现细节。也就是说，测试人员只关注软件系统的输入和输出，并验证其是否符合预期。在黑盒测试中，测试人员对软件系统内部的代码或设计没有任何了解，只根据软件系统的文档或者用户手册进行测试。

与之相比，白盒测试是一种基于内部代码结构和逻辑的测试方法。测试人员关注被测试的软件系统的内部实现和工作方式，即测试人员了解软件系统的代码和设计。在白盒测试中，测试人员使用代码分析、代码覆盖率等技术和指标，编写测试用例以覆盖不同的路径和条件，检验软件系统的内部逻辑是否正确，并验证代码是否符合标准和规范。白盒测试通常被用于测试软件系统的各个模块之间的交互，以确保它们能够正确地协同工作。这种方法可以发现代码中的错误、漏洞和潜在问题，有助于提高代码的质量。白盒测试的优点在于可以更全面地检查代码，并且可以更好地定位和修复问题。

总的来说，黑盒测试着重于验证软件系统的功能和需求是否符合预期，而白盒测试则着重于验证软件系统的内部逻辑是否正确，代码是否符合标准和规范。

5.1.1　多数情况下采用黑盒测试

首先，在推行 TDD 实践时要考虑收益率，遵循"低投入高收益"的原则。通常，我们希望用较少的测试代码覆盖更多的产品代码，以提高产品代码与测试代码的比例，并尽可能增加产品代码的分支覆盖率，使其维持在 80% 以上的高水平。如果无法有效控制产品代码和测试代码的比例，那么推行 TDD 的实践将会面临困难。

其次，要确保测试用例的稳定性。频繁变动的测试用例会增加开发、调试和维护成本，不利于坚持 TDD 实践。鉴于这些因素，我们建议将测试用例编写在功能边界上，以提高产品代码与测试代码的比例，减少内部实现频繁变更的影响，保持测试用例的相对稳定性。功能边界上的接口代表外部功能需求，我们可以基于这些接口设计和开发测试用例，这意味着测试用例是一种可靠的黑盒测试。

需要注意的是，TDD 实践并不追求针对产品代码的覆盖率和完整性，而是注重在功能变更或故障修复时，尽可能全面地回归测试已有功能。在大型项目中，关注的重点应是产品代码与测试代码的比例，尽量进行端到端的黑盒测试，以确保收益率和回归测试的完整性。

进一步来说，黑盒测试能帮助我们从用户角度进行测试，去思考需求、测试功能，保证软件系统能够满足用户的需求，避免开发的功能偏离需求。同时，黑盒测试驱动的测试用例采用的是业务描述语言，而不是代码逻辑语言。这样的语言简单有效、沟通便利，更有助于我们对测试代码的理解和维护，从而保护好产品代码的业务价值。

反之，采用白盒方式的单元测试则可能给我们带来如下不利影响：

①基于类和方法的单元测试，主要关注软件系统的内部实现，看重程序实现上的逻辑处理关系，容易让人陷入代码的具体实现细节中，这可能导致忽略用户需求，开发的测试用例复杂且令人难以理解。

②如果对产品代码的实现逻辑进行调整，那么此前开发的白盒测试用例就会很难维护，要么修改白盒测试用例保证其通过，要么就重新写测试用例，这会给开发人员带来沉重的后期维护负担。

③类和方法级别的白盒单元测试会造成更多测试用例的出现以及测试用例的不稳定，不利于测试用例的维护。实际上，同一个需求的代码实现方法有多种，因此不同的程序员会采用不同的实现方法，导致采用白盒单元测试编写的测试用例也多种多样，难以保证其稳定性。相比之下，针对某个稳定的需求，开发出来的测试用例也是稳定的，有利于对测试用例进行维护和管理。如果需求发生变化导致测试用例不稳定，这实际上是需求管理和分析层面上的问题，而不是开发层面上的问题。因此，在进行单元测试时，应该尽量避免采用类和方法级别的白盒测试方法，而采用基于需求的黑盒测试方法，以确保测试用例的简洁性、可读性和可维护性。

综上所述，黑盒测试相比白盒测试更有利于 TDD 的开展，所以我们所实践的 TDD 大多数是基于黑盒方式的端到端测试。

5.1.2 特定情况下采用白盒测试

虽然在大多数情况下，TDD 实践采用黑盒测试方法，但在某些特定情境下，白盒测试更为适用。当某段逻辑具备以下特征时，采用白盒测试的 TDD 实践尤为合适：

- **公共**：多个业务模块都使用这段处理逻辑。
- **独立**：业务变更不会影响这段处理逻辑。
- **众多场景**：这段逻辑包含多个场景，如果使用黑盒测试的用例去覆盖，那成本太高。

例如，通用算法（如日期时间以及夏令时计算、排序、链表操作、最近使用算法等）、基础设施（适配层等）、技术框架（如 JDBC 的 CRUD 封装）等，使用白盒测试更合适。

接下来分别提供一个白盒测试和黑盒测试的例子，方便我们进行比较。

1. 白盒下的 TDD 实践

以下是一个白盒单元测试用例，用于获取本地机器上不是 loopback 地址的多个 IP 地址的表达形式。这是一个偏向于基础设施和技术框架的 TDD 实践，它基于对功能、设计的了解和分析，设计相应的测试用例。

```java
public class IPUtilTest {
    @Test
    public void getLocalHostIpList() {
        List<String> ipList = IPUtil.getLocalHostIpList();

        assertThat( ipList, not(hasItem(startsWith("localhost"))));
        assertThat( ipList, not(hasItem(startsWith("127.0.0.1"))));
        assertThat( ipList, not(hasItem(startsWith("::1"))));
    }}
```

根据以上测试用例，实现一个简单的产品代码类如下：

```java
public class IPUtil {
    //获取本机所有IP地址（多网卡）：包含IPV4和IPV6地址，
    //但是除去loopback地址（127.0.0.1和[0:0:0:0:0:0:0:1 | ::1]）
    public static List<String> getLocalHostIpList() {
        List<String> ipList = new ArrayList<String>();
        try {
            //获取多个网卡
            Enumeration<NetworkInterface> nis = NetworkInterface.
                getNetworkInterfaces();
            InetAddress ia = null;
            while (nis.hasMoreElements()) {
                NetworkInterface ni = nis.nextElement();
                //获取某个网卡上的多个IP地址
```

```
                Enumeration<InetAddress> ias = ni.getInetAddresses();
                while (ias.hasMoreElements()) {
                    ia = ias.nextElement();
                    if (!ia.isLoopbackAddress()) {
                        ipList.add(ia.getHostAddress());
                    }
                }
            }
        } catch (SocketException e) {
            throw new RuntimeException(e);
        }
        return ipList;
}}
```

2. 黑盒下的 TDD 实践

下面是一个简单的黑盒测试用例：

```
class HelloControllerTest {
    @Autowired
    private MockMvc mvc;
    @Test
    void then_say_hello_when_request_given_url_is_hello() throws Exception {
        // Given:
        String requestUrl = "/hello";
        // When: 发起 REST API 请求
        ResultActions result = mvc.perform(MockMvcRequestBuilders.get(requestUrl));

        // Then: 请求执行结果是仿真值
        result.andExpect(MockMvcResultMatchers.status().isOk())
              .andExpect(MockMvcResultMatchers.content().string("hello"));
    }

    @Test
    void then_say_world_when_request_given_url_is_world() throws Exception {
        // Given:
        String requestUrl = "/world";
        // When: 发起 REST API 请求
        ResultActions result = mvc.perform(MockMvcRequestBuilders.get(requestUrl));
        // Then: 请求执行结果是仿真值
        result.andExpect(MockMvcResultMatchers.status().isOk())
              .andExpect(MockMvcResultMatchers.content().string("world"));
}}
```

根据以上测试用例，编写一个简单的产品代码，实现对来自外部客户端的 REST API 请求的处理：

```
public class HelloController {
    @GetMapping("/hello")
```

```
public String sayHello(){
    return "hello";
}

@GetMapping("/world")
public String sayWorld(){
    return "world";
}}
```

这是一个更关注用户需求的 TDD 实践，它基于对微服务功能（通过 RESTful 接口对外提供服务）的了解和分析，设计相应的黑盒测试用例。

总的来说，无论是黑盒测试还是白盒测试，只要能够降低测试用例的实现和维护成本，都可以视为有效的 TDD 实践。根据我们的项目实践经验，在大多数情况下会选择在功能测试中使用黑盒 TDD，而在特定情况下会选择在单元测试中使用白盒 TDD。

5.2 TDD 实践与测试分层的关系

测试分层是一种将测试按照不同的层次进行组织和管理的方法，每个层次的测试都有不同的目标和范围，本节将探讨 TDD 实践与测试分层的关系，以确保全面覆盖软件系统的各个方面。

TDD 给大家的初步印象是特指单元测试驱动开发。一般来讲，单元测试就是针对类（Class）和类的函数展开的测试，是一种白盒测试。其实，这是一种对 TDD 的误解。

TDD 既有单元测试又有非单元测试，既有白盒测试又有黑盒测试。我们在实际项目中，多数情况下倾向于采用黑盒方式的非单元测试，少数情况下也会用到白盒方式的单元测试。准确地说，在微服务架构中的 TDD 实践更多是通过"组件级黑盒测试"实现的。下面介绍微服务架构中的测试分层以及组件级的黑盒测试。

5.2.1 微服务架构中的 4 个测试层级

在 Chris Richardson 的《微服务架构设计模式》一书中，关于"微服务架构中的测试策略"的部分提到，测试在微服务架构中是分层的，包括单元测试、集成测试、组件测试和端到端测试，如图 5-1 所示。组件测试是其中一个层级，可以简单理解为功能测试，它在 TDD 实践中是我们最常推荐和使用的一个层级。

1. 单元测试

单元测试是粒度最小（数量最多）的测试形

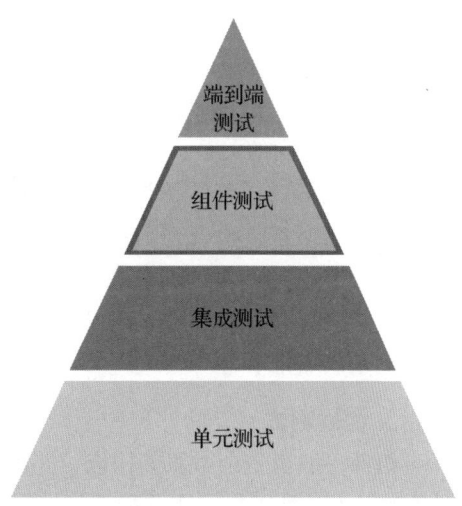

图 5-1　测试金字塔

式。单元由一个类、一个函数方法或者多个联系密切的类或函数方法组成。与单体架构相比，微服务架构中的单元测试可能需要通过网络调用来完成其功能。这意味着我们可能会面临延迟和不确定性。为了解决这个问题，我们可以使用测试替身来模拟外部服务的调用。

因此，我们有两种处理微服务依赖的单元测试方法：
- **独立单元测试**：如果我们想要测试结果始终是确定的，就应该使用这种测试方法，通过 Mock 或 Stub 来隔离要测试的代码和外部依赖。
- **社交单元测试**：社交单元测试允许调用其他服务。在这种模式下，我们把测试的复杂性转移到了测试环境或过渡环境中。社交单元测试是非确定性的，但如果测试通过，我们对结果会更有信心。

一般我们所说的单元测试多数是指独立单元测试，而较少指社交单元测试。

2. 集成测试

微服务架构的集成测试与其他架构的略有不同，其目标是通过与第三方微服务交互来识别接口缺陷，仅测试自身微服务与另一个微服务交互的代码部分，不需要在环境上启动微服务。集成测试的特点是既不启动微服务，也不关注服务的行为或业务逻辑。集成测试是为了确保某个微服务可以与其他微服务以及自己的数据库进行交互。

集成测试分为以下两种策略：
- 对微服务中与外部第三方对接的**适配层类**测试。
- 对微服务中与外部第三方对接的**契约接口**测试。

我们更多关注契约接口，希望通过相应的集成测试来发现类似 HTTP 头缺失、请求/响应对不匹配这样的问题。因此，集成测试通常在接口层实现。当两个服务通过接口耦合时，契约就形成了。契约详细列出了所有可能的输入、输出及其数据结构和副作用。服务的消费者和生产者必须遵守契约描述的规则才能进行通信。契约接口测试可以保证微服务遵守契约。它们不会全面测试服务的行为，只确保输入和输出具备期望的特性，以及服务执行时间和性能都在可接受的范围内。

契约接口测试可以由生产者运行，也可以由消费者运行，还可以由两者共同运行，这取决于服务之间的关系：
- 消费者端的契约测试由下游团队编写并执行。测试时，微服务连接到生产者服务的模拟版本，检查它是否可以消费其 API。
- 生产者端的契约测试在上游服务中运行。这类测试会模拟客户端可以发起的各种请求，验证生产者是否符合契约。生产者端测试让开发人员知道他们什么时候会破坏消费者兼容性。

3. 组件测试

组件一般由一个微服务构成，并承担一项职责。组件测试用来单独验证这个微服务（组件）的行为，处于集成测试和端到端测试之间，是验收测试的一种。可以简单将其理解为对某个微服务的功能测试。它使用 Fake 或 Mock 方法来替换该组件依赖的外部微服务,并且可能使用内存版本的基础设施服务,比如数据库、Redis 等。因此,组件测试比集成测试更全面,既会测试正常路径,也会测试异常路径。例如,它会测试组件如何响应模拟网络中断或恶意请求。

我们希望验证组件是否能满足消费者的需求,这与验收测试或端到端测试的目标类似。组件测试实际上是对微服务执行端到端的测试,对于超出该组件范围的服务则使用 Fake 或 Mock 方法进行替代。在执行组件测试时,通常有两种方法:进程内组件测试和进程外组件测试。

(1)进程内组件测试

在组件测试中,测试代码与组件产品代码在相同的进程内,所有对外的微服务依赖是使用常驻内存的 Fake 和 Mock 进行替换的,这让我们无需网络就可以运行测试。也就是说,测试时在适配器中注入一个模拟服务,以模拟与其他组件的交互。

乍看之下,组件测试与端到端测试或验收测试非常类似,因为它会对组件进行全面的测试,以验证组件是否确实提供了用户或消费者需要的功能。它们的区别是组件测试只选取系统的一部分(组件),并将其与其余部分隔离开来。

(2)进程外组件测试

在进程外测试中,组件被部署在一个测试环境中,所有的外部依赖都使用真实的基础设施服务,如数据库和消息中间件。更现实的做法是将组件打包为生产环境就绪的格式,将其作为单独进程运行,例如将组件打包为 Docker 容器镜像。

我们一般所说的组件测试都是指进程内组件测试。

4. 端到端测试

单元测试是针对微服务的类和函数的测试,集成测试是针对微服务与外部系统进行交互的适配类或接口的测试,组件测试是验证微服务的行为,只有测试金字塔最顶端的端对端测试才是对整个系统进行测试。

端到端(E2E)测试用于确保系统可以满足用户需求并实现其业务目标。E2E 测试套件应该覆盖应用程序的所有微服务,通常搭配 UI 和 API 测试。应用程序的运行环境应尽量接近生产环境。在理想情况下,测试环境中应包含应用程序通常需要的所有第三方服务,但有时候为了降低成本或防止滥用,也可以采用模拟的第三方服务。端到端测试是模拟用户交互的自动化测试,只有外部第三方服务可以是模拟的。

5.2.2 在 TDD 实践中应用测试分层

前面我们详细介绍了微服务架构下的 4 个测试层级,并强调了每个层级的目标、范围和测试特点。现在,让我们探讨这种测试分层如何应用于 TDD 实践。

根据我们的项目实践经验,在实践 TDD 开发时,通常倾向于使用黑盒测试,主要用于进程内组件测试。这是因为在大多数情况下,黑盒测试更适合微服务架构。然而,在特定场景下，我们可能会选择白盒测试，即进行独立的单元测试。这种选择取决于具体需求，以确保测试覆盖率与代码质量之间的平衡。

总的来说，不同的测试层级各有其适用场景。在微服务架构中，合理地选择和应用测试方法，有助于提高测试效率和软件质量。

5.3 测试用例的质量

测试用例是软件开发过程中至关重要的一环，其质量对于提高测试效率、准确性和软件质量起着至关重要的作用。本节将探讨测试用例质量的重要性，并分析如何通过高质量的测试用例促进测试用例的开发、维护，同时提升产品代码的质量。

5.3.1 善用用例设计方法，提高测试开发效率

在进行需求分析时，需要将需求拆分成各种功能、各种场景，再将这些场景细化成各个测试用例，这涉及测试用例设计。测试用例设计的目的是确保需求的完整性和准确性，避免因遗漏而导致需求无法满足。为了避免遗漏需求，我们可以使用一些相关的设计方法进行系统性的需求分析。

结合 5.2.2 节的内容，通过等价类划分、边界值法、正交法、因果图判定表 4 种设计方法，对需求进行合理的分析，设计出满足需求的测试用例清单，从而避免因遗漏导致需求无法满足的后果。

在实际的项目应用过程中，我们发现等价类法的使用频率最高，其次是边界值法、正交法，最后是因果图判定表。最重要的是根据不同需求，选择最合适的设计方法。而针对复杂需求，也存在混合使用多种设计方法的情况。

5.3.2 使用 Given-When-Then，提升测试用例可读性

在项目的早期阶段，采用 TDD 往往会显著提升工作效率。由于有测试用例的"护航"，开发人员能够更自信地提交代码并添加新功能。然而，随着功能特性的不断增加，工作效率可能会逐渐下降，开发速度也会减慢，因为维护大量的测试用例变成了一种负担。

在这种情况下，继续坚持 TDD 是关键，而增强测试用例代码的可读性则变得至关重要。我们需要认识到，测试用例代码的可读性和产品代码的可读性同样重要。尽管两者都需要给予足够的关注，但关注的重点有所不同，因为它们的目的不同。

- **测试用例代码**：应清楚地描述产品代码的预期行为，即产品代码应该做什么。测试用例需要提供具体的值，精确表达对产品代码执行结果的期望。
- **产品代码**：应关注如何完成任务，而不是具体的操作值。产品代码应实现抽象化处理且具备通用性，以实现可复用的功能。它需要关注如何编织对象之间的交互和依赖，构建一个可工作的系统。

因此，测试用例代码更关注如何表达针对目标代码的意图和结果，而不关心对象之间的依赖和交互。相比之下，产品代码更注重处理对象间的交互逻辑和依赖关系。因此，我们对测试用例代码的要求是具有良好的可读性和强大的表现力，以准确表达对产品代码的预期。

根据测试用例设计实现测试用例代码时，我们推荐使用 Given-When-Then 表达式。这是因为它能从用户角度清晰地表达测试用例的意图，提升测试用例代码的可读性和表现力。同时，这种在项目内一致的测试用例表达风格，能让开发人员快速地理解功能特性和意图，加快沟通速度。此外，这种风格代码最终可以生成产品功能特性描述文档，实现代码即文档的目的。

Given-When-Then 是一种表示用户故事（User Story）或用例（Use Case）测试的方式。这是由 Daniel Terhorst-North 和 Chris Matts 提出的一种方法，作为 BDD（行为驱动开发）的一部分，它通过结构化的形式来定义和描述测试情境。

① Given：用于描述上下文和测试的预设条件，即测试前的前置条件和环境准备。通常，这部分是测试中最长、最复杂的，涉及数据准备以及对外部依赖的模拟（如使用 Fake、Mock 等）。

② When：用于描述执行的一系列操作，指的是测试中的实际执行动作。通常在测试用例中，这部分是最简短的，专注于核心行为的触发。

③ Then：验证可观察的结果，并进行断言。通过将预期结果与实际结果进行匹配，来检验系统的行为是否符合预期。通常，这部分包括对测试结果的详细检查，可能会涉及多个断言来验证各个环节。

我们通过下面几个例子，来看看如何具体地用 Given-When-Then 表达式来描述测试用例。

首先，以 12306 网站退高铁票为例，Given-When-Then 描述如下：

❏ Given：我已经支付 600 元人民币购买了一张 1 周后从长沙前往深圳的高铁火车票。
❏ When：我在高铁发车前 1 天取消了该行程。
❏ Then：我应该得到这张高铁票购买价格 90% 的退款（540 元）。

其次，以登录网站为例，Given-When-Then 描述分为正常场景和异常场景两种情况。

1）正常场景下的测试用例描述如下：

❏ Given：某网站存在一个注册成功的账号（手机号码）。
❏ When：输入账号（手机号码），且输入正确的验证码后，单击"登录"。
❏ Then：账号（手机号码）登录成功，并且正常展示登录后的主界面。

2）异常场景下的测试用例描述如下：

❏ Given：某网站存在一个注册成功的账号（手机号码）。
❏ When：输入账号（手机号码），但输入错误的验证码后，单击"登录"。
❏ Then：不能进入主界面，提示验证码输入错误。

再次，以 JUnit 风格的代码为例，使用 Given-When-Then 编写测试用例时，需要注意以下几点：

- **遵循 Given-When-Then 规范**：测试用例编写时应严格遵守 Given-When-Then 的结构。每个用例只关注一个特定的操作，确保单一职责。所有断言应放在 Then 部分，避免在 Given 或 When 部分进行断言。
- **测试用例函数命名**：函数命名可以使用英文或中文。如果英文无法准确表达语义，那么使用中文也是可以的，但要避免中英文混合使用，以保持代码的一致性和可读性。
- **测试套类的命名**：测试套类的命名应遵循"场景名（名词）+ Test"的格式，确保该命名能清晰地表达测试的主题和场景。
- **场景描述**：测试套件应包含场景描述，遵循所使用框架的描述格式，以便清晰说明测试的场景和目的。

在下面的示例中，先对 Given-When-Then 形式的常用关键字进行封装：

```java
/**
 * 提供 Given-When-Then 描述的关键字
 */
public class BaseTest {

    protected void given(String description) {
        log.info("given: " + description);
    }

    protected void when(String description) {
        log.info("when: " + description);
    }

    protected void then(String description) {
        log.info("then: " + description);
    }}
```

然后提供测试用例的详细实现：

```java
// Given-When-Then 风格测试用例
class HelloControllerTest extends BaseTest {

    @Autowired
    private MockMvc mvc;

    @Test
    // 函数命名使用 Given-When-Then 形式的中文描述，函数内部使用封装的 given.when.then 关键字
    void 应当返回成功和world_当发起restpi请求_在url请求是world的前提下() throws Exception {
        given("假设要发起的restapi请求对应的url是'/world'");
        String requestUrl = "/world";

        when("发起restapi请求");
```

```java
        ResultActions result = mvc.perform(MockMvcRequestBuilders.get(requestUrl));

        then("请求成功,返回的数据是'world'。");
        result.andExpect(MockMvcResultMatchers.status().isOk())
                .andExpect(MockMvcResultMatchers.content().string("world"));
}

@Test
// 函数命名使用带有前缀 GWT 的 Given-When-Then 形式的中文描述,函数内部使用注释表达
 given.when.then
void T_应当返回成功和world_W_当发起restapi请求_G_在url请求是world的前提下()
 throws Exception {
    // Given: 假设要发起的 REST API 请求对应的 URL 是 '/world'
    // String requestUrl = "/world";

    // When: 发起 REST API 请求
    ResultActions result = mvc.perform(MockMvcRequestBuilders.get(requestUrl));

    // Then: 请求成功,返回的数据是 'world'
    result.andExpect(MockMvcResultMatchers.status().isOk())
            .andExpect(MockMvcResultMatchers.content().string("world"));
}

@Test
// 函数命名使用带有前缀 GWT 的 Given-When-Then 形式的英文描述
void T_say_world_W_request_G_url_is_world() throws Exception {
    given("假设要发起的restapi请求对应的url是'/world'");
    String requestUrl = "/world";

    when("发起restapi请求");
    ResultActions result = mvc.perform(MockMvcRequestBuilders.get(requestUrl));

    then("请求成功,返回的数据是'world'。");
    result.andExpect(MockMvcResultMatchers.status().isOk())
            .andExpect(MockMvcResultMatchers.content().string("world"));
}

@Test
// 函数命名使用 should_when_given 形式的完整英文句子进行描述
void should_say_world_when_request_given_url_is_world() throws Exception {
    given("假设要发起的restapi请求对应的url是'/world'");
    String requestUrl = "/world";

    when("发起restapi请求");
    ResultActions result = mvc.perform(MockMvcRequestBuilders.get(requestUrl));

    then("请求成功,返回的数据是'world'。");
    result.andExpect(MockMvcResultMatchers.status().isOk())
            .andExpect(MockMvcResultMatchers.content().string("world"));
}}
```

5.3.3 遵循 AIR 原则,确保测试用例质量

好的测试用例应遵循 AIR 原则。在系统上线时,它们像空气(AIR)一样隐形、无感,却在保障测试质量方面发挥着至关重要的作用。

符合 AIR 原则的测试用例具有 3 个核心特点:自动化(Automatic)、独立性(Independent)、可重复执行(Repeatable)。

(1)自动化

测试用例应该是全自动执行的,并且是非交互式的。测试用例通常是被定期执行的,执行过程必须完全自动化才有意义。如果输出的结果还需要人工参与检查,那么就不是一个好的测试用例。测试用例中不允许使用 System.out 来进行人工验证,必须使用 Assert 单元来验证。

反例:使用 System.out,不用 Assert 验证。

(2)独立性

保持测试用例的独立性。为了保证测试用例稳定可靠且便于维护,测试用例之间既不能互相调用,也不能依赖彼此执行的先后次序。

反例:测试用例 2 需要依赖测试用例 1 的执行,将测试用例 1 的执行结果作为测试用例 2 的输入。

(3)可重复执行

测试用例是可以重复执行的,不能受到外界环境的影响。因为测试用例通常会被放到持续集成(CI)机制中,每次有代码提交(check in)时测试用例都会被执行。如果测试用例对外部环境(网络、服务、中间件等)有依赖,就容易导致持续集成机制不可用。为了不受外界环境影响,应在设计测试用例代码时就把对外部的依赖改成注入,在测试时用 Spring 这样的 DI(依赖注入)框架注入一个本地(内存)实现或者 Mock/Fake 实现。

反例:测试异步调用场景的时候,需要等待几秒的时间来获取异步调用结果。这种方式会影响测试用例的稳定性。因为在云 CI 环境上,如果某台机器因为 CPU 负载重而特别繁忙,这样在执行异步调用过程的时候会比较慢,有可能几秒之内不能返回数据,此时就会导致测试用例执行失败。

下面通过代码模拟了一个异步调用场景,展示测试中潜在的问题和解决思路。

产品代码:

```
package com.example._02_testcase.async;
import lombok.extern.slf4j.Slf4j;
import java.util.Random;
@Slf4jpublic class ProgressTask {

    // 任务的进度:0 ~ 100
    private int progress = 0;

    // 返回任务的进度
```

```java
    public int getProgress() {
        return progress;
    }

    // 执行该任务
    public void execute() {
        Random random = new Random();

        Thread thread = new Thread(() -> {
            log.debug("thread start.");
            try {
                for (int i = 1; i <= 100; i++) {

                    /*
                     * 以下部分代码用来模拟业务逻辑处理时长的不确定性
                     * 业务逻辑处理常常涉及网络访问（REST API 调用，消息发送和接收），文
                       件存储 I/O 访问等
                     * 这些常常是耗时操作，原因是网络速率慢，文件 I/O 访问多等
                     */

                    log.debug("progress: " + i);
                    progress = i;

                    // unit(ms) =  1/1000 second
                    int second = random.nextInt(100);
                    Thread.sleep(second);
                }
            } catch (InterruptedException e) {
                e.printStackTrace();
            } finally {
                log.debug("thread finish.");
            }
        });

        thread.start();
    }}
```

测试用例代码：

```java
package com.example._02_testcase.async;
import com.example._01_simple.gwt.BaseTest;import org.junit.jupiter.api.
    RepeatedTest;import org.junit.jupiter.api.Test;
import static org.junit.jupiter.api.Assertions.*;
class ProgressTaskTest extends BaseTest {

    @Test
    void T_任务执行进度应该是100_W_异步执行任务_G_新建一个任务() throws Exception {

        given("新建一个任务");
        ProgressTask task = new ProgressTask();
```

```
            when("异步执行该任务");
            task.execute();

            then("获取该异步任务的结果,返回的进度是100。");
            Thread.sleep(5000);
            int progress = task.getProgress();
            assertEquals(100, progress);
        }

        @RepeatedTest(10)
        void repeatedTest() throws Exception {
            T_任务执行进度应该是100_W_异步执行任务_G_新建一个任务();
        }}
```

在上面的测试用例代码中,我们使用 JUnit5 的 @RepeatedTest 注解进行重复性测试,会发现测试用例有的时候执行成功,有的时候执行失败。这表明该测试用例的实现存在问题,不能确保其可重复性和稳定性。

解决该问题有多种参考办法。比如,考虑采用多次重试机制,设定每次重试之间的间隔时间,如果重试很多次之后,还是得不到期望结果,则报告测试用例失败。再如,考虑引入开源组件 Awaitility 帮助解决问题,通过轮询的方式判断异步操作是否完成,以最短的时间获取异步任务结果。

5.3.4 对测试用例分类分级,实现降本与提效

随着 TDD 的推进,测试用例数量可能从几十个增长到数百甚至上千个,此时测试用例的维护成为一个重要问题。本小节试图从以下两个角度去考虑如何解决这个问题:

- 将原有的一个工程拆解为多个工程,原有工程的测试用例随之被拆分,拆分后的每个工程上的测试用例相应地大幅减少。
- 对原有的一个工程进行测试用例的分类分级,在测试时通过组合不同分类和级别的测试用例来完成测试。

那么,如何进行测试用例的分类分级,以帮助我们尽快、尽早地发现问题和解决问题呢?

首先,在项目内部设定恰当合理的分类分级标准。其次,实现测试用例的分类分级,以及采用组合方式执行不同的测试,包括为测试用例打标签、执行不同标签的测试用例、通过"与或非"逻辑组合执行不同标签的测试用例、在 pom.xml 上指定不同标签的测试用例等。

1. 设定测试用例的分类分级标准

(1)分类标准

测试用例的分类可以从如下几个维度去考虑:

① 从业务功能模块划分:比如登录鉴权、账户管理、订单管理、物流管理、库存管理、

公用模块等。

②从功能和非功能性测试的角度划分：比如功能性测试、性能测试、产品安全测试、多线程并发测试、向后兼容性测试等。此处将性能测试、产品安全测试等也引入 TDD 中来，是因为在场景拆分的时候，业务上的确有这些要求。比如，在对基础数据的备份容灾需求中，运维人员提出备份操作或者恢复操作的用时不能超过 1h，但实际上备份或恢复操作涉及数据文件的解压缩、上传下载等步骤，处理较大的基础数据文件可能会非常耗时，所以增加这方面的测试用例保证在代码层面能实现优化。再如，产品安全测试也越发重要，在 TDD 中增加这方面的测试用例，能更早更快地发现问题并进行纠正，如在数据库使用过程中防止 SQL 注入，上传文件时防止 zip 炸弹等。

③从端到端测试的角度划分：测试用例大部分都是端到端的基于组件的功能测试，还有一部分是面向共用场景的非端到端的功能测试。

（2）分级标准

测试用例的分级可以考虑如下几个维度：

①从用例的重要程度，分为重要级用例（senior）、次要级用例（medium）、普通用例（junior）。

②从用例执行的速度，分为快速（fast）、一般（medium）、缓慢（slow）。

2. 为测试用例打标签

我们以 JUnit 为例，使用 @Tags 和 @Tag 注解来进行打标签的操作。参考下面的例子：

```
public class TagsTest {

    @Test
    @Tag("fast")
    @Tag("feature")
    @DisplayName(" 演示标签使用方法 ")
    void featureTest() {
        log.info("featureTest");

        // mvn test -Dgroups="fast,feature"
        assertEquals(2, Math.addExact(1, 1));
    }

    @Test
    @Tag("medium")
    @Tag("security")
    @Tag(" 安全 ")
    @DisplayName(" 演示安全测试标签使用方法 ")
    void securityTest() {
        log.info("securityTest");

        // mvn test -DexcludedGroups="fast"
        assertEquals(2, Math.addExact(1, 1));
    }
```

```
@Test
@Tags({@Tag("slow"), @Tag("performance"), @Tag("性能测试")})
@DisplayName("演示性能测试标签使用方法")
void performanceTest() {
    log.info("performanceTest");

    //mvn test -Dgroups="slow,performance"
    assertEquals(2, Math.addExact(1, 1));
}}
```

在上述测试用例中，我们可以通过为每个测试用例添加多个不同的标签来对它们进行分类和分级。每个标签表示一个测试用例具有的某种属性，而每个属性值则代表该测试用例在特定分类分级上的某个值。这种做法可以提高测试用例的可读性和易理解性。需要注意的是，这些标签可以使用中文或英文。

3. 执行不同标签的测试用例

下面通过3种不同的使用场景介绍不同标签的测试用例的大致使用方法。

①指定多个标签的测试用例参与测试：

```
mvn test -Dgroups="fast,性能测试"
```

②排除某些标签之外的所有测试用例参与测试：

```
mvn test -DexcludedGroups="fast, security"
```

③在混合使用场景中，首先选择特定的标签以筛选测试用例，随后对这些已选定标签的测试用例做进一步筛选，以排除某些不符合条件的用例：

```
mvn test -Dgroups="fast,性能测试" -DexcludedGroups="fast, security"
```

4. 通过"与或非"逻辑组合执行不同标签的测试用例

逻辑表达式就是用"与或非"3种操作符将多个标签连接起来，从而实现复杂的组合逻辑，以对测试用例进行选取。上述3种操作符的定义和用法如表5-1所示。

表5-1 "与或非"3种操作符的解释

操作符	作用	举例	举例说明
&	与	fast & performance	既有 fast 标签又有 performance 标签的测试用例
|	或	fast | performance	有 fast 标签或 performance 标签的测试用例
!	非	fast & !performance	有 fast 标签，同时又没有 performance 标签的测试用例

综上，可以使用如下命令自由组合，选择测试用例：

```
mvn test -Dgroups="fast & feature"
mvn test -Dgroups="fast | ! feature"
mvn test -Dgroups="fast & performance"
mvn test -Dgroups="fast | 性能测试"
```

5. 在 pom.xml 上指定不同标签的测试用例

在 Maven 的 pom.xml 中，可以通过配置插件 maven-surefire-plugin 的参数来运行不同标签的测试用例：

```
<plugin>
    <groupId>org.apache.maven.plugins</groupId>
    <artifactId>maven-surefire-plugin</artifactId>
    <version>2.22.2</version>
    <configuration>
        <!-- include tags -->
        <groups>fast, 性能测试</groups>
        <!-- exclude tags -->
        <excludedGroups>fast, security</excludedGroups>
    </configuration></plugin>
```

5.4 测试数据的管理

在软件开发的过程中，测试是不可或缺的环节。而测试用例作为测试过程中的基本单位，其设计和执行依赖合适的测试数据。测试数据的管理对于保证测试用例的全面性和准确性至关重要。本节将介绍一些有效的测试数据管理方法，以提高测试用例的开发和维护效率。

5.4.1 定义清晰的测试数据需求

在测试用例开发之前，首先需要明确测试数据的需求。测试数据需求应包括输入数据和预期输出数据。输入数据用于触发被测系统的情景，而预期输出数据用于验证被测系统是否按照预期运行。

定义清晰的测试数据需求有助于避免测试用例中的冗余数据和不必要的重复工作。这一任务借助测试用例设计方法可以较好地完成，比如等价类、边界值、正交、因果图判定表等方法。

5.4.2 建立测试数据仓库

测试数据仓库是存储和管理测试数据的中心化位置。它可以是一个数据库、文件系统或专门设计的工具。在测试数据仓库中，可以根据不同的测试场景和需求，组织和分类存储测试数据。测试数据仓库的建立可以提高测试用例的复用性和可维护性。

如果测试数据比较多、复杂，比如大型的 CSV、Excel、JSON 或者 XML 数据，则建议将测试数据单独存放，与测试用例代码分离。测试用例需要从文件中读取数据，并使用读取到的数据来执行测试。这种方法的好处是使测试用例代码更加简洁，也方便对测试数据进行集中管理复用，可以在不修改代码的情况下修改测试数据，方便测试数据的维护和修改。建议按功能集中放置测试数据，可以考虑在 resources 目录下创建与测试类包名相同的目录来存放，这样读取数据时无须再使用长长的路径。

如果测试数据需要从数据库中获取，则建议将测试数据以 .sql 文件的方式存储，然后在测试用例执行前通过连接数据库载入 .sql 文件并保存到数据库中，然后执行测试。在测试用例中可以编写查询语句从数据库中检索所需的数据，并将其用于测试。

5.4.3 使用数据生成工具

为了快速生成大量的测试数据，可以使用数据生成工具。这些工具能够根据设定的规则和约束条件，自动生成符合要求的测试数据。例如，可以使用随机数生成器、数据模板或规则引擎等工具来生成各种类型的测试数据。数据生成工具能够提高测试用例开发的效率，并减少手动创建测试数据的工作量。

在数据生成工具的常见应用场景中，有一种测试方法叫作属性测试。属性测试对应的英文名称是 Property Based Testing 或 Property-based Testing。它着重于测试产品代码的属性或行为、规范。它的目标是验证产品代码在各种输入和条件下是否符合一组预定义的属性或行为、规范。

属性是关于代码行为的一般性描述，比如"输入列表的排序后结果应该是与输入列表具有相同元素但顺序不同的列表"。属性测试不关心具体的输入和输出，而关注代码是否满足这些属性。它通常使用随机生成的输入来测试代码的行为，并在多个随机输入上运行多次，以增加测试覆盖率。

当测试用例中的输入状态过多无法穷举时，可以采用随机方式或数据生成器来生成输入状态。而对输出状态的验证则可以通过满足需求中某些属性或规律的条件来进行校验。此时属性测试的目的是捕获代码输出的特性或属性，这些特性/属性对于任何满足特定条件的输入都应该成立。

属性测试有以下优点：
- **覆盖更广泛**：属性测试通过随机生成输入来测试代码的行为，可以覆盖更多的代码路径和边界情况，从而增加测试覆盖率。
- **提高测试效率**：属性测试使用随机输入和多次运行的机制，可以在相对较短的时间内发现代码中的错误和异常行为。
- **发现隐藏的错误**：属性测试可以揭示代码中的隐藏错误，因为这一方法关注代码的一般属性和规范。
- **规范驱动开发**：属性测试鼓励开发人员在编写代码之前先考虑代码应该具有的属性和规范，从而帮助开发人员更好地设计和实现代码。

属性测试实际上使用了两个策略来保证测试用例的有效性：其一，随机产生输入值，保证足够多的测试用例；其二，找出并断言具有普遍适应性的属性（或者说规律/特性）。

下面以分解质因数为例，介绍属性测试的使用：

分解质因数是指将任意非负整数表示为多个质数相乘的过程。换句话说，如果一个质数是某个数的约数，那么这个质数就是这个数的质因数，而这个数就被称为合数。我们的目标是将合数表示为质因数相乘的形式。举例来说，对于数值 30 的分解质因数过程，可以表示为 30 = 2×3×5。其中 2、3、5 被称为 30 的质因数，而 30 则是一个合数。另一个例子是 12 = 2×2×3，这里的 2 和 3 都是 12 的质因数。

根据以上理解写出 Todolist，如图 5-2 所示。

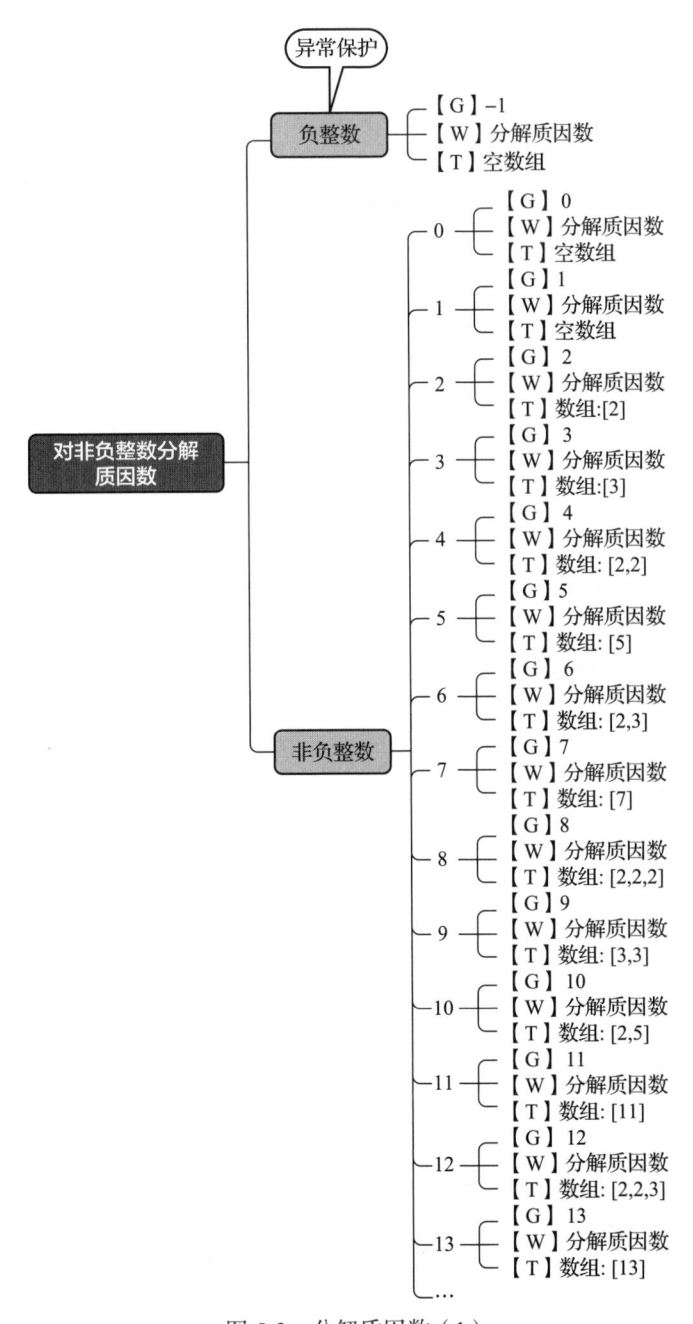

对非负整数分解质因数
- 负整数（异常保护）
  - 【G】-1 【W】分解质因数 【T】空数组
- 非负整数
  - 0：【G】0 【W】分解质因数 【T】空数组
  - 1：【G】1 【W】分解质因数 【T】空数组
  - 2：【G】2 【W】分解质因数 【T】数组:[2]
  - 3：【G】3 【W】分解质因数 【T】数组:[3]
  - 4：【G】4 【W】分解质因数 【T】数组:[2,2]
  - 5：【G】5 【W】分解质因数 【T】数组:[5]
  - 6：【G】6 【W】分解质因数 【T】数组:[2,3]
  - 7：【G】7 【W】分解质因数 【T】数组:[7]
  - 8：【G】8 【W】分解质因数 【T】数组:[2,2,2]
  - 9：【G】9 【W】分解质因数 【T】数组:[3,3]
  - 10：【G】10 【W】分解质因数 【T】数组:[2,5]
  - 11：【G】11 【W】分解质因数 【T】数组:[11]
  - 12：【G】12 【W】分解质因数 【T】数组:[2,2,3]
  - 13：【G】13 【W】分解质因数 【T】数组:[13]
  - ...

图 5-2 分解质因数（1）

生成对应的测试用例代码：

```java
class PrimeFactorsTest extends BaseTest {

    private PrimeFactors prime = new PrimeFactors();

    @Test
    void T_返回空数组_W_获取质因素_G_给定负整数() {
        given("给定负整数-1");
        int num = -1;

        when("获取该整数对应的质因数列表");
        int[] result = prime.getPrimeFactors(num);

        then("返回空数组");
        assertArrayEquals(new int[]{}, result);
    }

    @Test
    void T_返回空数组_W_获取质因素_G_给定整数0() {
        given("给定整数0");
        int num = 0;

        when("获取该整数对应的质因数列表");
        int[] result = prime.getPrimeFactors(num);

        then("返回空数组");
        assertArrayEquals(new int[]{}, result);
    }

    @Test
    void T_返回空数组_W_获取质因素_G_给定整数1() {
        given("给定整数");
        int num = 1;

        when("获取该整数对应的质因数列表");
        int[] result = prime.getPrimeFactors(num);

        then("返回期望数组");
        assertArrayEquals(new int[]{}, result);
    }

    ...

    @Test
    void T_返回含有2_2_59_787的数组_W_获取质因素_G_给定整数185732() {
        given("给定整数");
        int num = 185732;

        when("获取该整数对应的质因数列表");
```

```java
        int[] result = prime.getPrimeFactors(num);

        then("返回期望数组");
        log.info("result: " + Arrays.toString(result));
        assertArrayEquals(new int[]{2, 2, 59, 787}, result);
    }}
```

根据上面的测试用例，采用 TDD 方法驱动生成如下的完整产品代码，使得上面的测试用例都得以通过：

```java
public class PrimeFactors {

    /**
     * 从最小的质数除起，一直除到结果为质数为止。分解质因数的算式叫短除法
     * @param num 被除数
     * @return 返回质因数列表
     */
    public int[] getPrimeFactors(int num ) {
        if ( num <= 1 ) {
            // 负整数
            return new int[]{};
        } else {
            // 非负整数
            List<Integer> list = new ArrayList<>();

            // num 代表将被整除的数（被除数）
            for (int i = 2; num > 1 ; i++) {
                while (num % i == 0) {
                    // 指定的数如果能够被 i（除数）整除，就记录这个 i
                    list.add(i);

                    // 将整除之后的结果作为下一个被除数，如此循环下去，直至结果小于或等于 1
                    // 结果等于 1，表示当前质因数刚好是最后一个被除数；结果小于 1 的情况不
                    //   存在，因为 num % i == 0
                    num = num / i;
                }
            }

            return list.stream().sorted().mapToInt(Integer::intValue).toArray();
        }

    }}
```

然而，上述观点存在一个严重问题：测试用例的数量不足以证明产品代码的正确性。因为测试用例只是非负整数的一个小集合，无法代表整个非负整数集合的情况。在输入状态非常多的场景下，仅仅依靠少量的测试用例显然不具备说服力。为了应对这种大量输入状态的情况，采用属性测试是更为合适的方法。对应的测试用例如图 5-3 所示。

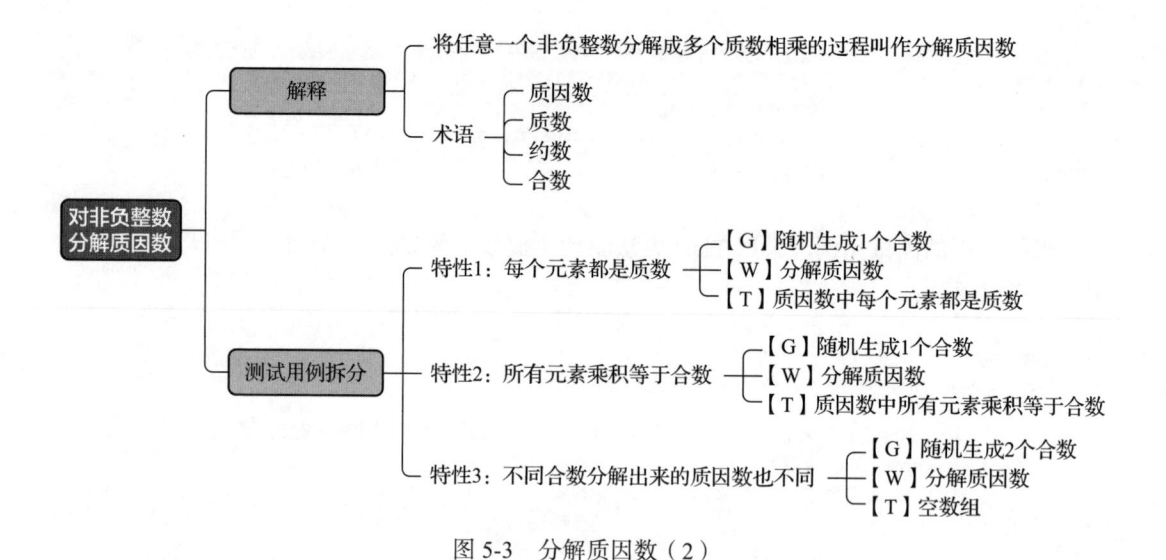

```
                      ┌─ 将任意一个非负整数分解成多个质数相乘的过程叫作分解质因数
          ┌─ 解释 ─┤         ┌─ 质因数
          │         └─ 术语 ─┤ 质数
          │                   │ 约数
对非负整数                     └─ 合数
分解质因数─┤                                      ┌─【G】随机生成1个合数
          │         ┌─ 特性1：每个元素都是质数 ─┤【W】分解质因数
          │         │                              └─【T】质因数中每个元素都是质数
          │         │                                    ┌─【G】随机生成1个合数
          └─ 测试用例拆分 ─┤ 特性2：所有元素乘积等于合数 ─┤【W】分解质因数
                    │                                    └─【T】质因数中所有元素乘积等于合数
                    │                                          ┌─【G】随机生成2个合数
                    └─ 特性3：不同合数分解出来的质因数也不同 ─┤【W】分解质因数
                                                               └─【T】空数组
```

图 5-3 分解质因数（2）

为了在测试用例代码中使用属性测试，可以选择一个名为 junit-quickcheck 的开源项目，它是基于 Java 语言并且支持属性测试的工具。对应的测试用例代码如下：

```java
public class PrimeFactorsPropertyTest extends BaseTest {

    private PrimeFactors prime = new PrimeFactors();

    // 尝试10次样本值
    @Property(trials = 10)
    public void T_列表中的每一个元素都是质数_W_分解质因数_G_给定整数(int num) {

        given("给定整数");
        log.info("value: " + num);

        when("分解质因数");
        int[] result = prime.getPrimeFactors(num);

        then("列表中的每一个元素都是质数");
        log.info("result: " + Arrays.toString(result));
        for (int element : result) {
            // 每个元素都是质数
            assertTrue(new BigInteger(String.valueOf(element)).isProbablePrime(100));
        }
    }

    // 尝试10次样本值
    @Property(trials = 10)
    public void T_列表中所有元素相乘结果是给定整数_W_分解质因数_G_给定整数(int num) {
        if (num > 1) {
```

```
            given(" 给定整数 ");
            log.info("value: " + num);

            when(" 分解质因数 ");
            int[] result = prime.getPrimeFactors(num);

            then(" 列表中所有元素相乘结果是给定整数 ");
            log.info("result: " + Arrays.toString(result));

            int sum = 1;
            for (int element : result) {
                sum = sum * element;
            }

            assertEquals(num, sum);
        }
    }

    // 尝试 10 次样本值
    @Property(trials = 10)
    public void T_2 个列表中元素也不同 _W_ 分解质因数 _G_ 给定不同的 2 个整数 (int num1,
        int num2) {
        if (num1 > 1 && num2 > 1) {
            given(" 给定整数 ");

            when(" 分解质因数 ");
            int[] result1 = prime.getPrimeFactors(num1);
            int[] result2 = prime.getPrimeFactors(num2);

            then(" 列表中所有元素相乘结果是给定整数 ");
            log.info("result1: " + Arrays.toString(result1));
            log.info("result2: " + Arrays.toString(result2));

            assertThat(result1, not(equalTo(result2)));
        }
    }}
```

junit-quickcheck 是一个支持在 JUnit 中编写和运行属性测试的库，它受到 Haskell 的 QuickCheck 的启发。该库允许我们在测试用例中设置 trials 的数值，以扩大或缩小生成的随机测试数据的数量。它会生成一些随机的输入，并验证属性对于这些生成的输入是否有效，随着时间的推移，虽然无法穷尽测试所有可能的输入，但基于海量随机生成的有效数据对规则进行反复验证，我们能以极高的概率确认代码在正常使用场景下不会出错。这相当于用自动化手段对程序进行压力测试，即使不能证明 100% 正确，也能确保在大部分常见情况和极端情况下的可靠性。

在 Scala 语言中，我们也可以找到类似的属性测试库，比如 ScalaCheck 以及对属性测试提供支持的测试框架 ScalaTest。这些工具可以帮助我们进行属性测试，并验证属性在各种输入情况下的正确性。下面给出一个示例：

```
import org.scalacheck.Genimport org.scalatest.prop.PropertyChecks
import org.scalatest.{Matchers, PropSpec}
/**
 * 用 PropSpec 风格进行 Generator 生成器方式的测试
 */class PropertySpec extends PropSpec with PropertyChecks with Matchers {

    property("an empty Set should have size 0") {
        val evenInts = for (n <- Gen.choose(-1000, 1000)) yield 2 * n
        forAll (evenInts) {
            n => n % 2 should equal (0)
        }
    }
}
```

5.4.4 使用参数化测试方法

参数化测试是一种在测试用例中使用变量来管理测试数据的方法。通过将测试数据定义为变量，可以在不同的测试用例中对其进行共享和重复使用。这样可以减少测试用例的冗余性，并使测试用例更易于维护。参数化测试还可以帮助测试人员更方便地修改和扩展测试数据，以适应系统的变化。

在某些情况下，测试用例可能只在输入和输出之间存在差异，而中间的处理逻辑完全相同。按照传统的方法，我们需要为每种输入编写一个单独的测试用例，这会导致测试用例实现的代码量增加，并且存在结构性的重复。例如，采用等价类分析法或边界值分析法时，通常会生成许多在结构上重复的测试用例。

为了解决这个问题，我们可以利用 JUnit5 的参数化测试和 ScalaTest 的表驱动测试功能。其特性允许我们多次运行同一个测试，并且每次运行只有参数不同而已。通过使用这些功能，我们可以更好地处理结构性重复的情况，减少代码重复，并提高测试用例的可维护性。

1. JUnit5 参数化测试

我们先来看看 JUnit5 参数化测试如何实现。在 JUnit5 中提供了多种风格的参数化测试，它们分别有不同的使用场景，下面分别介绍。

（1）ValueSource 风格的参数化测试

举个例子，我们需要测试一个函数，判断输入值是否为奇数。在这个案例中，我们可以使用 ValueSource 风格来实现：

```
import org.junit.jupiter.params.ParameterizedTest;
import org.junit.jupiter.params.provider.ValueSource;
import static org.junit.jupiter.api.Assertions.assertTrue;
public class ValueSourceStyleTest {
```

```java
public boolean isOdd(int number) {
    return number % 2 != 0;
}

@ParameterizedTest
@ValueSource(ints = {1, 3, 5, -3, 15, Integer.MAX_VALUE})
void T_返回值都是true_W_判断是否奇数_G_给定一系列的奇数(int number) {
    assertTrue(isOdd(number));
}}
```

（2）CSVSource风格的参数化测试

我们可以使用CSVSource风格的参数化测试来提供测试用例所需的数据。这种风格以CSV（逗号分隔值）的形式呈现数组样式的数据，举例如下：

```java
class CsvSourceStyleTest {

    @DisplayName("CSV格式多条记录作为入参")
    @ParameterizedTest
    @CsvSource({
            "apple, 11",
            "banana, 12",
            "'lemon, cherry', 40"
    })
    void fruits(String fruit, int price) {
        log.info("fruit: " + fruit + " price: " + price);
    }

    @DisplayName("CSV格式多条记录作为入参 - 识别null")
    @ParameterizedTest
    @CsvSource(value = {
            "apple, 11",
            "banana, 12",
            "'lemon, cherry', 40",
            "NIL, 3"},
            nullValues = "NIL"
    )
    void fruitsWithNull(String fruit, int price) {
        log.info("fruit:" + fruit + " price:" + price);
    }}
```

（3）CSVFileSource风格的参数化测试

CSVFileSource风格的参数化测试是从CSV文件中读取测试用例所需的数据。比如，在下面的例子中，数据文件放在test/resources目录下的country-rank.csv中：

```java
class CsvFileSourceStyleTest {

    /**
     * 对files参数的使用
     * @param country 国家名称
```

```java
 * @param rank 排名
 */
@DisplayName("CSV 文件作为入参 -files 形式 ")
@ParameterizedTest
@CsvFileSource(files = "src/test/resources/country-rank.csv", numLinesToSkip = 1)
void T_每个country列值不为空且排名不等于0_W_读取csv文件内容_G_给定csv文件工程
    地址(String country, int rank) {
    Assertions.assertNotNull(country);
    Assertions.assertNotEquals(0, rank);
    log.info("countryRank4UseFiles- country: " + country +" rank: " + rank);
}

/**
 * 对 resources 参数的使用
 * @param country 国家名称
 * @param rank 排名
 */
@DisplayName("CSV 文件作为入参 -resources 形式 ")
@ParameterizedTest
@CsvFileSource(resources = "/country-rank.csv", numLinesToSkip = 1)
void T_每个country列值不为空且排名不等于0_W_读取csv文件内容_G_给定csv文件
    resource地址(String country, int rank) {
    Assertions.assertNotNull(country);
    Assertions.assertNotEquals(0, rank);
    log.info("countryRank4UseResources- country: " + country +" rank: " + rank);
}}
```

（4）EnumSource 风格的参数化测试

EnumSource 风格的参数化测试是指输入的数据是枚举类型，举例如下：

```java
class EnumSourceStyleTest {

    public enum Types {
        APPLE,
        PEAR,
        BANANA,
        UNKNOWN
    }

    @DisplayName(" 多个枚举型作为入参 ")
    @ParameterizedTest
    @EnumSource
    void fruits(Types type) {
        log.info("type:" + type);
    }}
```

（5）MethodSource 风格的参数化测试

MethodSource 风格的参数化测试是指通过自定义函数的返回值来提供测试用例数据。这种风格非常灵活，适用于处理复杂的测试场景，举例如下：

```java
class MethodSourceStyleTest {

    static Stream<String> fruitProvider() {
        return Stream.of("apple", "pear", "banana");
    }

    @DisplayName(" 静态方法返回集合，用此集合中每个元素作为入参 ")
    @ParameterizedTest
    @MethodSource("fruitProvider")
    void fruit(String fruitName) {
        log.info("fruit: " + fruitName);
    }

    static Stream<String> fruitNoMethodName() {
        return Stream.of("apple", "pear", "banana", "lemon");
    }

    /**
     * 如果不在 @MethodSource 中指定方法名，JUnit 会寻找和测试方法同名的静态方法
     * @param fruitName 水果名称
     */
    @DisplayName(" 静态方法返回集合，不指定静态方法名，自动匹配 ")
    @ParameterizedTest
    @MethodSource
    void fruitNoMethodName(String fruitName) {
        log.info("fruits: " + fruitName);
    }}
```

2. ScalaTest 表驱动测试

在 Scala 语言中也有与参数化测试类似的做法，对应 ScalaTest 中的表驱动测试。下面是一个示例，它实现了一个档案管理系统，要求用户输入以年月表示的日期。假设日期限定在 1990 年 1 月～ 2049 年 12 月，并规定日期由 6 位数字字符组成，前 4 位表示年，后 2 位表示月。现在用等价类划分法设计测试用例，从而测试程序的"日期检查功能"。

```scala
import org.scalatest.prop.TableDrivenPropertyChecks
import org.scalatest.{FeatureSpec, GivenWhenThen, Matchers}
/**
 * 演示表数据驱动（参数化测试）的测试用例
 */class TableDrivenPropertyChecksSpec extends FeatureSpec
    with TableDrivenPropertyChecks
    with Matchers
    with GivenWhenThen {

    feature(" 表数据驱动 ") {

        scenario(" 年月字符串入参校验 ") {

            given(" 上下文以及给定的预设描述 ")
```

```
val examples =
    Table(("year month", "expected values"), // heading ...
        ("201101", true),  // value: 一个测试用例覆盖所有等价类
        ("95June", false), // value: 一个测试用例覆盖一个无效等价类
        ("20036", false),  // value: 一个测试用例覆盖一个无效等价类
        ("2001006", false),// value: 一个测试用例覆盖一个无效等价类
        ("198912", false), // value: 一个测试用例覆盖一个无效等价类
        ("205001", false), // value: 一个测试用例覆盖一个无效等价类
        ("200100", false), // value: 一个测试用例覆盖一个无效等价类
        ("200113", false)  // value: 一个测试用例覆盖一个无效等价类
    )

forAll(examples) { (yearMonth, expected) =>
    when(" 一系列操作的描述 ")
    then(" 结果输出 ")
    checkDate(yearMonth) shouldBe expected
}
}

/**
 * 检查年月
 * @param yearMonth    年月,比如202208
 */
def checkDate(yearMonth: String): Boolean = {

    // 长度为 6
    if (yearMonth.length == 6 ) {

        // 都是数字
        if (yearMonth.matches("\\d+")) {
            val year: Int = yearMonth.substring(0,4).toInt
            val month: Int = yearMonth.substring(4,6).toInt

            if ( year >= 1990 && year <= 2049) {
                if ( month >= 1 && month <= 12) {
                    true
                } else {
                    info("Incorrect Month.")
                    false
                }
            } else {
                info("Incorrect Year.")
                false
            }
        } else {
            info("Incorrect char: contains non-number chars.")
            false
        }
    } else {
```

```
            info("Incorrect string length.")
            false
        }
    }
}}
}
```

总结来说，测试数据的管理是测试用例开发与维护的关键环节。通过定义清晰的测试数据需求、建立测试数据仓库、使用数据生成工具、采用参数化测试方法，可以方便快捷地开发和维护测试用例。这些方法可以提高测试用例的开发效率和维护性，有效地保证软件测试的全面性和准确性。在测试过程中，合理地管理测试数据将为软件质量的提升做出重要贡献。

第 6 章

测试替身及 ZFake 框架

本章介绍自研的 ZFake 框架。它作为中兴通讯公司内部的一款测试框架，提供了多种仿真能力，能够帮助开发人员快速开发测试用例，并提高测试用例开发的效率。

或许你会有疑问，既然已经有了 JUnit 和 Mockito 这样的框架，为什么还需要自研 ZFake 框架呢？

接下来将解释自研 ZFake 框架的原因，并详细介绍该框架的功能以及它为 TDD 带来的便利。同时，深入阐述 ZFake 框架的实现原理，帮助读者更加深入地理解和掌握 TDD 的实践。

6.1 测试替身

在我们谈及自研 ZFake 框架话题之前，有必要先明确 Test Doubles、Mock 和 Fake 等概念，这有助于我们理解自研 ZFake 框架的初衷和原因。

Mock 和 Fake 都是测试替身（Test Double），用于在测试过程中替代真实对象。测试替身的目的是模拟或模仿真实对象的行为，以提供可控和可预测的环境进行测试。根据 Robert C. Martin 在《匠艺整洁之道：程序员的职业修养》一书中的分类，测试替身可以分为 Dummy（仿品）、Stub（占位）、Mock（拟造）、Spy（间谍）和 Fake（仿真）五类。

使用测试替身的主要原因有以下几点：

- **隔离外部依赖**。在软件开发中，一个对象可能会依赖其他对象或组件。当进行测试时，为了专注于被测试对象本身，我们希望隔离它与外部依赖的交互。通过使用测试替身，我们可以将外部依赖替换为模拟对象或虚拟对象，以确保测试的独立性和可重复性。

- **提供可控制的环境**。测试替身允许我们在测试中创建和控制特定的环境与条件。通过模拟对象的行为和状态，我们可以更轻松地设置测试场景，包括各种边界条件、错误情况等。这使得我们能够更全面地测试被测对象的各个方面，并捕获和处理各种可能的情况。
- **提高测试执行效率**。有时，真实的对象可能涉及一些复杂的操作或资源访问，如数据库、网络请求等。在测试中直接使用这些对象可能导致测试执行缓慢或不可靠。使用测试替身可以避免这些开销，使得测试执行更加迅速和高效。

笔者对测试替身的理解包括以下几个方面：

- Stub 是 Dummy 的一种，Spy 是 Stub 的一种，Mock 是 Spy 的一种，而 Fake 则是独立的一种类型。
- Dummy 是一种什么也不做的实现方式，在测试中一般不会实际使用。如果方法有返回值，那么 Dummy 的返回值通常是 null 或 0。它主要用于填充参数，而不会被真正调用。
- Stub 是 Dummy 的一种，它同样什么也不做。不过 Stub 通常会返回测试所需的特定值，以推动函数按照预定的测试路径执行。
- Spy 是 Stub 的一种，它返回测试所需的特定值，推动系统沿着我们期望的路径前行。同时，Spy 能记住它所做的事情，并允许测试调用进行询问。Spy 会与某个具体的测试用例绑定，它是可编程的 Stub。例如，在某个测试用例中假设 Spy 具有某个值，以推动测试用例按照预定的测试路径执行。
- Mock 是 Spy 的一种，它返回测试所需的特定值，推动系统按照我们期望的路径执行，能记住它所做的事情，并且 Mock 还知道我们的预期，具备基于这些预期判断测试是否通过的能力。Mock 同样会与某个具体的测试用例绑定，而且 Mock 会进一步将 Spy 的行为和测试断言紧密结合。例如，我们可以对 Mock 中某个函数的执行结果进行断言测试。
- Fake 是一种全局的对象，可以在所有测试用例中重复使用，它几乎能对某个真实对象进行完全模拟。

6.1.1 Dummy

下面提供一个 Dummy 的实例来具体阐述。Ticket 这个对象实例化的时候需要 dummyValue 这个参数，但是测试用例中用于和期望值做比较的 getDiscountPrice 函数的实际返回值却与 dummyValue 这个参数没有任何关系，也就是说 dummyValue 的值并不能影响测试用例的成功与失败。像这种测试用例中需要一个填充入参值，但是这个入参值又不影响测试用例，我们就把这种填充入参值就叫作 Dummy。

```
public class TestDoubles extends BaseTest {

    @Test
```

```
public void dummy() {
    given(" 假设 Smith 有一张价值 10 元的票 ");
    String dummyValue = "Smith";
    Ticket ticket = new Ticket(dummyValue, new BigDecimal("10.0"));

    when(" 获取票打完折的价格 ");
    BigDecimal discountPrice = ticket.getDiscountPrice();

    then(" 希望票打折之后的价格是 9 元 ");
    boolean actualValue = new BigDecimal("9.0").compareTo(discountPrice) == 0;
    assertTrue(actualValue);
}}
```

6.1.2 Stub

下面针对同一场景使用不同的测试替身——Stub，以更好地理解其间的区别：

```
public class TestDoubles extends BaseTest {
    @Test
    public void stub() {
        given(" 假设 Stub 了一张价值 10 元的票 ");
        Price price = new StubPrice();
        Ticket ticket = new Ticket(price);

        when(" 获取票打完折的价格 ");
        double discountPrice = ticket.getDiscountPrice().doubleValue();

        then(" 希望票打折之后的价格是 9 元 ");
        assertEquals(9.0, discountPrice, 0.0001);
    }

    public static class StubPrice implements Price {
        @Override
        public BigDecimal getInitialPrice() {
            return new BigDecimal("10");
        }
    }
}
```

在该测试用例中，**StubPrice** 就是对某一个票价的打桩，模拟多种票价中的一种情况，并没有模拟全部情况。所以说 Stub 仅仅是返回某一个测试用例所需要的特定值，推动该测试用例的执行。

6.1.3 Mock

下面提供一个 Mock 对象的实例：

```
public class TestDoubles extends BaseTest {
    @Test
```

```java
public void mock() {
    given("假设Mock了一张价值10元的票");
    Price price = Mockito.mock(Price.class);
    org.mockito.Mockito.when(price.getInitialPrice()).thenReturn(new
        BigDecimal("10"));
    Ticket ticket = new Ticket(price, new BigDecimal("0.9"));

    when("获取票打完折的价格");
    double discountPrice = ticket.getDiscountPrice().doubleValue();

    then("希望票打折之后的价格是9元");
    assertEquals(9.0, discountPrice, 0.000001);

    // verify 的意思：期望price对象已调用过getInitialPrice这个方法。
    // 对price这个Mock对象的方法调用进行期望是一种不太好的做法。
    verify(price).getInitialPrice();
}}
```

上面代码中的"org.mockito.Mockito.when(price.getInitialPrice()).thenReturn(new BigDecimal("10"));"表示直接通过可编码的方式对某一个票价进行打桩。这是一种Mock方法，通过可编码的方式生成不同Stub的测试替身，灵活性大大提高。需要注意的是，这种可编码的Stub是在特定测试用例中实现的，和这个测试用例深度绑定在一起，并不像传统Stub可以为多个测试用例所用。

同时，"verify(price).getInitialPrice()"这一代码用于对Mock对象某个函数是否已调用进行断言。这种对Mock对象再进行断言的方式，进一步加深了该测试用例与Mock对象的绑定。测试用例代码应该只关注产品代码的输出结果是否和预期相同，不应该过多关注Mock对象。

6.1.4 Spy

Spy是Mock的一个弱化版本，又是Stub的一个强化版本，它是可编程的Stub，但是它不会像Mock对象那样对它自己函数的执行结果进行断言，避免测试用例过深绑定Spy对象。它会记录或者保留一些状态，比如记录调用次数等信息，但是它只记录数据而不验证，也就是说它是一种替身技术，并不是验证技术。Spy可以看作去掉验证功能的Mock。Fake和Stub用于验证状态，Mock用于验证行为，而Spy介于二者之间，Spy在行为验证和状态验证的边缘。

> **注意** Mockito测试框架里面的Spy与我们现在常说的Spy并不一致，Mockito测试框架中的Spy包含Mock的功能。

我们来看一个Spy的示例：

```java
public class TestDoubles extends BaseTest {
    @Test
```

```java
public void spy() {
    given("假设 Stub 了一张价值 10 元的票");
    Price price = Mockito.spy(BasePrice.class);
    org.mockito.Mockito.when(price.getInitialPrice()).thenReturn(new
        BigDecimal("10"));
    Ticket ticket = new Ticket(price, new BigDecimal("0.9"));

    when("获取票打完折的价格");
    double discountPrice = ticket.getDiscountPrice().doubleValue();

    then("希望票打折之后的价格是 9 元");
    assertEquals(9.0, discountPrice, 0.000001);
}}
```

上面代码中没有 "verify(price).getInitialPrice()"，也就是说在测试代码中删除了对测试替身对象方法执行行为的断言，取消了测试用例与测试替身对象的深入绑定。否则，这个 Spy 对象就变成了 Mock 对象了。

下面介绍 Mockito 测试框架的 Mock 和 Spy 的几个区别：

- Mock 对象中若没有定义 Mock 的方法，则该方法默认是不执行的，但是该方法有返回值，会默认返回 null；在定义了 Mock 的方法后，按照预定行为执行 Mock（即虚假函数）。
- Spy 对象在没有定义 Spy 的方法时，默认还是会调用真实的方法，对于有返回值的方法，就会调用真实方法并返回真实值。在 Mockito 测试框架中执行 Spy 方法时，真实对象也会受影响，因为 Spy 对象是对真实对象的一个拷贝。
- Mockito 测试框架的 Spy 必须确保 class 有一个没有参数的构造函数，否则会出错；但是 Mockito 测试框架的 Mock 就不需要。

6.1.5 Fake

Fake 几乎能对某个外部依赖对象进行完全模拟，比如内存数据库就是对某个产品环境下真实数据库的仿真。假设我们有一个业务服务，当它执行失败时会发送告警，执行成功时会检查是否已发送告警，如果已经发送过告警，则会恢复该告警。

告警服务接口及相关数据结构的代码如下：

```java
public interface AlarmService {
    Boolean send(AlarmContent content);

    Boolean update(AlarmContent content);

    Boolean recover(Integer alarmId);

    AlarmContent query(Integer alarmId);}
public class AlarmContent {
```

```java
// 告警唯一标识 ID
public Integer id;
// 告警内容
public String content;
// 告警状态，0 为已上报，1 为已恢复
public Integer status;

public AlarmContent(Integer id, String content,Integer status) {
    this.id = id;
    this.content = content;
    this.status = status;
}}
```

业务服务代码如下：

```java
public class BusinessService {
    public AlarmService alarmService;
    public static Integer alarmId = 1;

    public void fun() {}

    public Boolean errorExecute() {
        fun();
        return alarmService.send(new AlarmContent(alarmId, "alram content", 0));
    }

    public Boolean successExecute() {
        fun();
        AlarmContent content = alarmService.query(alarmId);
        if (content != null && content.status == 0) return alarmService.
            recover(alarmId);
        else return true;
    }}
```

由于告警服务是外部服务，在运行测试用例时无法正常调用，因此我们需要对其进行 Fake 或者 Mock 操作。当告警服务被多处调用时，如果使用 Mock 的方式构造测试替身，那么每个涉及告警服务的用例都需要通过 Mock 方法仿造一份自己的数据，会导致用例的可维护性和稳定性变差。而采用 Fake 方式的话，虽然实现逻辑更为复杂，但是其通用性更好，其构建成本会被平摊到每个用例中，维护起来也更方便。

以下是一个简单的告警服务的 Fake 实现：

```java
public class AlarmFake implements AlarmService {
    private HashMap<Integer, AlarmContent> alarmMap = new HashMap<>();

    @Override
    public Boolean send(AlarmContent content) {
        alarmMap.put(content.id, content);
        return true;
    }
```

```java
    @Override
    public Boolean update(AlarmContent content) {
        alarmMap.put(content.id, content);
        return true;
    }

    @Override
    public Boolean recover(Integer alarmId) {
        alarmMap.get(alarmId).status = 1;
        return true;
    }

    @Override
    public AlarmContent query(Integer alarmId) {
        return alarmMap.get(alarmId);
    }
}
```

由于是要模拟告警服务的逻辑，我们只需要使用 HashMap 来模拟存储、更新和查询告警项即可。这样我们就构造出了一个简单的告警服务的 Fake 测试替身，把它应用到测试代码中：

```java
public class TestFake    extends BaseTest {
    BusinessService businessService = new BusinessService();
    private AlarmService alarmService = null;
    @BeforeEach
    public void prepare() {
        alarmService = businessService.alarmService;
        businessService.alarmService = new AlarmFake();
    }

    @AfterEach
    public void clear() {
        businessService.alarmService = alarmService;
    }

    @Test
    public void fake() {
        given("假设业务逻辑执行异常后恢复");
        businessService.errorExecute();
        businessService.successExecute();

        when("查询上报过的告警");
        AlarmContent alarm = businessService.alarmService.query(BusinessService.
            alarmId);

        then("查到已上报告警，告警已恢复");
        assertNotNull(alarm);
        assertTrue(alarm.id == BusinessService.alarmId && alarm.status == 1);
    }
}
```

在代码中，我们采用 Fake 测试替身替代了业务服务中依赖的告警服务。这样，测试用例在正式代码中无须直接与告警服务交互，便能独立完成其逻辑验证，从而显著提高了用例的可读性和可维护性。此外，告警服务的 Fake 实现亦可在其他用例中复用，能有效地减少为每个单独用例构造数据所需的时间，进一步优化测试流程的效率。

6.1.6　Fake 与 Mock 的比较

经过我们的实践，不建议使用 Mock 对象，而建议使用完全兼容的 Fake 的方式来实现测试目标（注意，此处的 Mock 是对 Mock、Spy、Stub、Dummy 方法的统称）。这是因为后者为我们提供了对编写测试用例的更大灵活性（某个测试用例会预设很多的 Mock 对象导致灵活性大大降低）。相比于设置 Mock 方式，Fake 方式凭借其更加可靠的利用过程，便于多个测试用例中进行重用。

那么如何使用 Fake 方式呢？正如我们在前面提到的，相比于白盒 TDD，我们更倾向于采用黑盒 TDD 的实践方式。在黑盒的边界处，就是我们需要仿真（Fake）的点。黑盒代表我们需要测试的组件，黑盒之外的则是这些组件所依赖的对象和依赖组件的对象。我们就是要通过 Fake 方式来处理这种外部的依赖和被依赖关系，将外部对象对组件的依赖（调用）以及组件对外部对象的依赖（调用）给处理干净，保证我们对组件的所有测试用例不受外部对象的约束和干扰，从而正确执行和通过。

假设我们正在为依赖某个 FileStore 接口的一个组件编写测试用例，而 FileStore 是一个外部对象。在此测试中，该组件需要将一条记录添加到文件存储中，但并不担心操作是否成功（如写入一个日志文件）。因此，我们决定以"虚拟"的方式模拟该操作，比如在该测试用例中通过 Mock 方式仿造该接口 FileStore 的一个写文件方法，从而模拟完成对某个文件的写操作，保证该测试用例通过。现在，需求发生变化，组件需要确保在继续操作之前从文件存储中读取文件来创建文件，从而迫使我们更新模拟的行为，比如在该测试用例中通过 Mock 方式仿造该接口的读取操作方法来通过测试用例。然后，需求又发生了变化，组件需要写入多个文件（例如：每个日志级别对应一个日志文件），而不是只写入一个，从而迫使我们对 Mock 对象的行为再次进行修改。

在这一过程中，我们慢慢改进 Mock 对象代码，使其更趋近于具体地实现。糟糕的是，采用这种 Mock 方式，我们最终可能会在整个测试用例代码库中散布很多独立的、半成品的 Mock 实现，每个测试用例类对应一个，从而导致测试环境有更多的维护工作以及较低的内聚性。

为了解决这种情况，提出如下想法：依靠 Fake 而不是 Mock 方式来实施测试用例，将其视为"一等公民"，并将其组织为可重用的模块。

由于 Fake 组件实现了业务行为，因此与设置 Mock 相比，它们本质上是更"昂贵"的初始投资。但是，它们的长期回报肯定更高，并且更符合有效的测试用例的要求。

6.1.7　如何合理地使用测试替身

在不同的使用场景下，测试替身各有其适用性，而在某些情况下，一些测试替身可以互相替代。在做出选择和取舍时，我们常常在保证有效性的前提下，以尽量降低成本为标准。

对于 Fake、Spy、Stub、Mock 这四种测试替身而言，它们的构建成本依次降低，同时有效性和适用范围也依次降低。那么应该如何选择呢？尽管 Mock 的构建成本较低，但它的适用范围相对较窄，通常只适用于单个测试用例。在涵盖所有测试用例的情况下，使用 Mock 可能会导致非常高的成本。这是因为为了保证测试的正常执行，一个对象可能在某些用例中需要使用 Mock，而在其他用例中则需要使用 Stub。相比之下，Fake 只需要实现一次，就可以在所有用例中复用，因此其成本会在规模效应下降低到很低的水平。

因此，在进行取舍时，我们还需要考虑应用的规模。在较大的服务或应用程序中，通常更倾向于使用 Fake，因为它可以更好地适应较大规模，并且成本较低。

6.2　自研 ZFake 仿真框架的价值

现在，我们来解释一下为什么需要自研 Fake 框架。首先，前面已提到 Fake 稍优于 Mock，与 Mock 框架相比，Fake 框架在某些方面具有优势，因此选择自研 Fake 框架，而不是自研 Mock 框架。其次，在 TDD 实践中使用 Fake 框架可以模拟外部依赖项的行为，以便更好地控制测试环境并隔离被测试代码。Fake 框架是一种仿真框架，它提供了一种轻量级的替代方案，用于替换真实的外部依赖项，例如数据库、网络请求、文件系统等。

自研 Fake 框架之所以有其存在的必要性，有以下几个原因：
- **定制化需求**：自研 Fake 框架可以根据特定项目或团队的需求进行定制。它可以提供更灵活的方式来创建和管理测试替身，以适应特定的测试场景和要求。这种定制化的能力可以提高开发人员的效率和测试的可维护性。
- **复杂场景支持**：某些复杂场景可能超出了现有 Mock 框架的功能范围，在这种情况下，自研 Fake 框架可以提供更高级的功能和扩展性，以应对复杂的测试需求。它可以更好地支持特定领域的测试，例如并发测试、分布式系统测试等。
- **效率和性能考虑**：自研 Fake 框架可以针对特定的测试场景进行性能优化，提供更高效的测试环境。它可以减少依赖外部资源的开销，提高测试执行速度，从而加快反馈循环和整体开发效率。

进一步说，自研 Fake 框架可以为我们带来如下的好处：
- **快速和简单**：Fake 框架通常比完整的 Mock 框架更容易设置和使用。我们可以通过直接编写代码来创建和配置 Fake 对象，而不需要学习复杂的 Mock 框架语法和概念。
- **轻量级和快速执行**：Fake 对象通常是轻量级的，因此其创建和执行速度比较快。这对于大型测试套件或需要频繁运行的测试场景非常有用。
- 可控制的行为：Fake 框架允许我们定义和控制外部依赖项的行为，以适应不同的测试情况。我们可以模拟成功或失败的操作，返回指定的数据，或者触发特定的异常，以测试被测代码在各种情况下的行为。
- 隔离性：通过使用 Fake 对象替代真实的外部依赖项，我们可以在测试中完全隔离被测代码的行为。这样，我们就可以专注于测试特定模块或函数的逻辑，而不会受到外部依赖项的影响。
- 集成通用的解决方案：提供 H2 和 PostgreSQL 内存数据库以模拟外部数据库，并提供内存版 Redis 和 Kafka 以模拟外部的 Redis 和 Kafka 中间件等。
- 封装更强的断言：比如支持对 XML 数据内容、JSON 数据内容的断言，同时还通过自定义断言方式（类似于 DSL）进一步扩展更强的业务断言能力。
- 支持数据驱动的测试用例编写：类似于 Robot Framework 方式，通过写数据文件就可以完成对测试用例的编写，进一步提高开发测试用例的能力。
- 借助契约测试方法论提升 REST API 测试：对常用的 REST API 采取契约测试手段，从而提升对各式各样的 REST API 进行支持和测试的能力。
- 进行关键字建设：针对自己项目的特征进行关键字建设。这主要是指对一些通用业务场景、模型（通常是业务场景数据）进行封装。比如，在 TDD 进行过程中，很多测试用例都需要使用某个构造数据，而每次构造数据需要写非常多的代码，那么我们就可以把这个业务构造数据进行封装，这就形成了一个关键字。比如，数据集成需要做接入测试，涉及很多类型的数据，像关系型数据库（Oracle、MySQL、PostgreSQL）数据、日志数据、Kafka 消息数据等不同场景的数据可能都需要模拟，因此我们需要提供这些类型的数据，完成场景模拟。需要注意的是，一定要在项目或者团队内部达成一致的关键字封装，既要通过合适的封装让 TDD 执行得更顺畅，也要避免过度封装，以防带来很大的维护成本。

综上所述，自研 Fake 框架在定制化需求、复杂场景支持、效率性能等方面具有优势，能够提高测试质量和开发效率。它能够快速、简单地创建和管理测试替身，提供可控制的行为，并在测试中实现隔离性。此外，它还提供了一些通用解决方案、更强的断言功能、数据驱动测试和关键字建设的能力，使我们能够更快速有效地编写和执行测试用例，并确保被测代码的正确性和稳定性。

6.3 ZFake-J 框架的实现原理

下面将解释自研 ZFake 框架的实现机制，以帮助读者了解如何自行开发适合自己项目或团队的 Fake 框架。

ZFake 框架支持多种开发语言和环境，比如对 Java、Scala 语言支持的 ZFake-J 框架，对 C、C++ 语言支持的 ZFake-C，对大数据环境支持的 ZFake-Spark。我们主要讲解 ZFake-J 框架的技术架构和实现原理。

ZFake-J 框架在技术实现上基于 Spring Boot Test 框架，利用 Spring 的面向切面代理机制、Java 反射机制以及 Mockito 框架的 Spy 功能，对 Spring Bean 进行仿真，实现对测试套以及测试用例级别上测试用例的支持。

ZFake-J 框架的技术架构如图 6-1 所示。

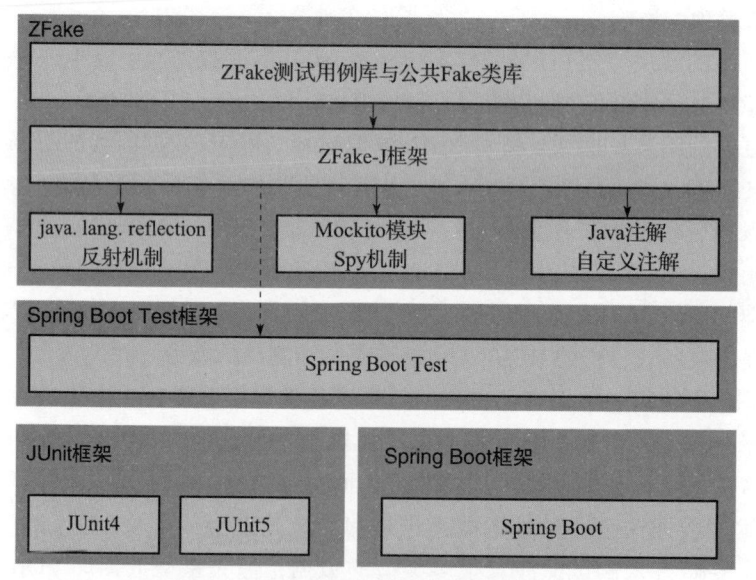

图 6-1　ZFake-J 框架技术架构和实现原理

① ZFake 测试用例库与公共 Fake 类库：它是 ZFake 框架的最上层，它的测试用例库是对 ZFake-J 框架的功能守护；同时，它提供了一些公共 Fake 类库，比如对内存数据库、配置适配器等的 Fake 类等。

② ZFake-J 框架：它是 ZFake-J 框架的具体代码实现层。

③ 反射机制、Spy 机制以及自定义注解：ZFake-J 框架主要使用 Java 原生的反射功能、Spring 面向切面代理机制、自定义注解功能以及 Mockito 框架的 Spy 功能完成 Fake 实现。

④ Spring Boot Test：利用 Spring Boot Test 提供的 Hook 方法，如 beforeTestClass、prepareTestInstance、beforeTestMethod、beforeTestExecution、afterTestExecution、afterTestMethod、afterTestClass，实现对测试套、测试用例级别上的 Fake 注解的实现。

⑤ JUnit 框架：因为 Spring Boot Test 对 JUnit4 和 JUnit5 都提供支持，所以 ZFake-J 框架也支持 JUnit4 和 JUnit5 框架上的测试用例开发。

⑥ Spring Boot 框架：Spring Boot Test 直接调用 Spring Boot 相关功能并对其进行封装，对 Spring Boot 的 Bean 容器进行单元测试上的支持。

其中，ZFake-J 利用 Spring Boot Test 框架的扩展机制来实现各种通用能力，如测试套以及测试用例级别上的测试用例编写、内存数据库、REST API 契约测试等。

Spring Boot Test 框架目前提供了如下 Hook 方法：
- beforeTestClass 方法：该方法在测试用例的类之前运行，也就是在 @Before 之前得到执行。我们在这里对测试用例套（TestClass）上所有 @Fake 注解的类进行获取并记录在案。同时，加载 REST API 的契约测试配置。
- prepareTestInstance 方法：该方法在测试用例实例生成之前运行，也就是在 @BeforeEach 之前执行。
- beforeTestMethod 方法：该方法在执行测试方法之前运行，也就是在 @BeforeEach 之前执行。我们在这里对测试用例级别（TesMethod）上所有 @Fake 注解的类进行获取并记录在案。同时，将完成仿真的所有对象替换原始对象。
- beforeTestExecution 方法：该方法在执行真正的测试用例方法之前运行，也就是在 @BeforeEach 之后执行。
- afterTestExecution 方法：该方法在执行真正的测试用例方法之后运行，也就是在 @AfterEach 之前执行。将此前仿真的对象全部取消，恢复到原始对象状态。
- afterTestMethod 方法：该方法在执行真正的测试用例方法之后运行，也就是在 @AfterEach 之后执行。
- afterTestClass 方法：该方法在测试用例的类之后运行，也就是在 @After 之后执行。

通过以上 Hook 方法，我们实现了各种易用且增强的功能，方便在项目和团队推广自研 ZFake-J 框架的使用。

6.4 ZFake-J 框架的使用方法

6.4.1 制品库

ZFake-J 基于 Spring Boot 框架为开发人员提供了便利好用的 Fake 能力，同时也提供了诸多的公共通用能力，比如内存数据库、JSON 和 XML 断言等，能够辅助开发者快速实践 TDD 开发。ZFake-J 通过 jar 包方式发布两种制品：
- ZFake-${version}.jar：提供了 Fake 能力及诸多的公共通用能力，比如内存数据库、JSON 和 XML 断言等，是开发人员经常使用的 jar 包方式的制品。
- ZFakeDemo-${version}.jar：提供关于如何使用 ZFake 框架的演示例子，同时也是对 ZFake 框架进行测试的用例库，用于守护 ZFake jar 包的功能正常运行。ZFake-J 框架本身也是基于 TDD 实践研发的项目。

6.4.2 如何在 Spring Boot 工程中使用 ZFake-J

接下来具体介绍 ZFake-J 在项目中的使用方法和功能。

1. 在工程中引入对 ZFake-J 的依赖

对于 ZFake-J，我们可通过直接引入 ZFake-${version}.jar 的方式在项目中使用，或者使用 maven 配置方式在项目中引入。下面根据 maven 的配置方式进行介绍。

（1）添加制品库的服务器地址

在"~/.m2/settings.xml"中添加下面两部分代码：

```xml
<server>
 <id>project-release</id>
 <username>${repository.user}</username>
 <password>${repository.password}</password>
</server>

<mirror>
    <id>project-release</id>
    <mirrorOf>project-release</mirrorOf>
    <url>https://artsz.example.com.cn/artifactory/project-maven</url>
</mirror>
```

> **注意**：需要用真实的 user 和 password 值替换上面的 maven 变量"${repository.user}"和"${repository.password}"。

（2）在工程项目的 pom.xml 中添加依赖

添加 ZFake 框架 jar 包的 pom 依赖：

```xml
<dependency>
    <groupId>com.zte.vmax</groupId>
    <artifactId>ZFake</artifactId>
    <version>${version}</version>
    <scope>test</scope></dependency>
```

添加 spring-test 的 pom 依赖：

```xml
<dependency>
    <groupId>org.springframework.boot</groupId>
    <artifactId>spring-boot-starter-test</artifactId>
    <version>${springboot.version}</version>
    <scope>test</scope>
</dependency>
```

2. 简单快捷的 Fake 使用

① 在 main 目录下的产品代码中，定义一个 Spring Bean 的 Service：

```java
@Service
public class HelloService {
    public String sayHello() {
        return "hello";
```

```
   }}
@Service
public class WorldService {
    public String sayWorld() {
        return "world";
    }}
```

② 在 test 目录下的测试代码中，对 HelloService 进行仿真：

```
public class FakeHelloService extends HelloService {

    @Override
    public String sayHello() {
        return "fakeHello";
    }}
public class FakeWorldService extends WorldService {

    @Override
    public String sayWorld() {
        return "fakeWorld";
    }}
```

③ 在 test 目录下的测试用例代码中，使用上面的仿真类。具体操作如下：

首先，在测试用例上，开启 ZFake 功能：

```
@SpringBootTest@EnableZFakepublic class ServiceTest {
    ...}
```

其次，开启测试用例套级别的 Fake 能力，方便测试：

```
@SpringBootTest@EnableZFakepublic class ServiceTest {

    @Fake(FakeHelloService.class)
    private HelloService helloService;

    @Fake(FakeWorldService.class)
    private WorldService worldService;

    @Test
    public void testCase() {
        ...
        assertEquals("fakeHello", helloService.sayHello());
        assertEquals("fakeWorld", worldService.sayWorld());
        ...
    }}
```

此外，还可以开启测试用例级别的 Fake 能力：

```
@SpringBootTest
@EnableZFake
public class ServiceTest {
```

```
@Test
@Fake(FakeHelloService.class)
@Fake(FakeWorldService.class)
public void testCase() {
    ...
    assertEquals("fakeHello", helloService.sayHello());
    assertEquals("fakeWorld", worldService.sayWorld());
    ...
    }
}
```

最后，为了灵活使用仿真类，在 ApplicationContext 中获取仿真 Bean，示例如下：

```
@SpringBootTest
@EnableZFake
public class ServiceTest {

    @Resource(name = "ZFakeApplicationContext")
    private ApplicationContext applicationContext;

    @Test
    @Fake(FakeHelloService.class)
    public void testCase() {
        // 测试用例级别的 Fake 和 getBean
        ...
        String result = applicationContext.getBean(FakeHelloService.class).sayHello();
        assertEquals("fakeHello", result);
        ...
    }

    @Fake(value = FakeHelloService.class)
    private HelloService helloService;

    public void testSet() {
        // 测试套级别的 Fake 和 getBean
        ...
        String result = applicationContext.getBean(FakeHelloService.class).
            sayHello();
        assertEquals("fakeHello", result);
        ...
    }
}
```

3. 通过内存数据库对 PostgreSQL 实现 Fake

如今，多数服务都会使用关系型数据库。理想的情况下，在编写测试用例时，涉及关系型数据库的用例应当满足以下几点要求：

❑ 在运行前保证数据库中的表存在、结构正确，有的场景还需要存在特定的初始化数据。

- 在测试用例执行过程中，能保证代码中的 SQL 语句的正确性，且返回的结果符合预期。
- 能够快速地读写数据库数据，提高用例执行效率。
- 与环境无关，不依赖特定的真实数据库。
- 用例无须关注每次用例执行后产生的数据，用例执行后，执行中产生的数据无须保存，可重复执行。
- 数据构造量小，有较好的稳定性和通用性。

测试代码中涉及数据库的逻辑，通常有以下几种实现方式。

（1）使用真实数据库

该方式由于使用真实数据库，用例可靠性强，但是有以下几个弊端：

- 对环境有依赖，换个环境执行就需要修改连接信息。
- 用例全部执行完可能需要以手动或者代码的方式清理产生的数据，避免污染真实数据库。
- 该方式对可维护性和通用性有较大的影响，因此在 TDD 中不推荐使用该方式。

（2）构造桩数据

该方式是指对涉及数据库访问的代码使用 Mock 等方式进行打桩，实现简单，但是也有几点缺陷：

- 无法验证 SQL 的正确性。
- 打桩的方式需要手动模拟数据库中的数据，易出错。
- 用例稳定性与可维护性差，代码稍有变更，用例的打桩数据可能就需要随之改动。
- 通用性差，用例中每个涉及数据库的逻辑都需要重新打桩，数据稍有差异就不便于复用。

由于存在上述问题，对于一些稳定的、不再演进的小服务，使用打桩的方式还能满足用例表写需求，而对于较大的、持续演进的服务，这一方式就不适用了。

（3）使用内存数据库

该方式使用内存数据库的方式对真实数据库逻辑进行仿真。内存数据库，顾名思义，其数据读写完全在内存中进行，不依赖外部数据库，能够很方便地集成在工程中，无须连接真实数据库即可进行数据库操作。该方式不仅能很好地满足需求，还不存在打桩的缺陷，具有较好的稳定性、可维护性以及通用性，且无须手动构造 SQL 执行结果，节省了人力。

上述三种方式的对比如表 6-1 所示。

表 6-1 真实数据库、构造桩数据和内存数据库的对比

	真实数据库	构造桩数据	内存数据库
运行前初始化	√	×	√
能校验 SQL 正确性	√	×	√
快速读写	√	√	√

(续)

	真实数据库	构造桩数据	内存数据库
不依赖环境	×	√	√
数据不保留	×	√	√
数据构造量小	√	×	√

综上所述,使用真实数据库和构造桩数据两种方式各有其弊端,而内存数据库完全符合多种对用例编写的要求,因此用例实现中更推荐使用内存数据库的方式。

内存数据库有很多种,如 H2、EmbeddedPostgres、DBunit 等,这些数据库各有差异。例如,H2 具有多种数据库的兼容模式,但是对于有些数据库(比如 PostgreSQL)特有的函数可能不支持;如果需要用到 PostgreSQL 的独有特性,则更推荐使用 EmbeddedPostgres。使用哪种内存数据库,如何选型,应当根据自己的需求去决定。ZFake-J 针对常用的 PostgreSQL 数据库,使用内存数据库 EmbeddedPostgres 进行 Fake 支持。

下面具体说明其使用方法。

首先,支持通过配置来启动 EmbeddedPostgres。它在运行所有测试类时仅启动一次数据库,且在 Spring Boot 容器启动前生效。其中需要注意以下几个配置参数:

- zfakePG.enable:启动开关,配置为 true 时生效。
- zfakePG.port:启动端口,jdbcurl 中的 port 需要与启动端口一致,未配置则使用默认端口 "26789"。
- zfakePG.init-sql:全局初始化脚本,一般用于创建表,非必填。

```
spring.datasource.url: jdbc:postgresql://localhost:26789/postgres?rewriteBatch
    edStatements=true&autoReconnect=true
spring.datasource.username: postgress
pring.datasource.password:spring.datasource.driver-class-name: org.postgresql.Driver
zfakePG.enable: true
zfakePG.port: 26789
zfakePG.init-sql: sql/ddl.sql
```

其次,支持通过 @PGExecutor 注解执行 SQL,需要搭配 EnableZFake 使用。重点关注的配置参数如下:

- init:初始化脚本路径,用于执行测试方法前。
- clean:清理脚本路径,用于测试方法执行结束后。

```
@SpringBootTest@EnableZFakepublic class ServiceTest {
    @PGExecutor(init = "sql/dml-insert-sys_user.sql", clean = "sql/dml-delete-
        sys_user.sql")
    @Test
    public void testCase() {
    }
}
```

最后，提供 API 能力，方便在测试用例中调用 EmbeddedPostgres 提供的 API，执行启动、暂停和执行 SQL 脚本等操作。

在 API 中，数据库启动支持两种方式：
❑ 不传 port 时，使用默认端口 26789 启动。
❑ 传 port 时，使用传入的 port 启动 EmbeddedPostgres，要保证与连接池 jdbcurl 中的 port 一致。

```
@SpringBootTestpublic class ServiceTest {

    @BeforeAll
    static void startPg() throws IOException {
        ZFakeEmbeddedPG.startEmbeddedPg();
        ZFakeEmbeddedPG.executeSqlScript("sql/ddl.sql");
    }

    @AfterAll
    static void closePg() throws IOException {
        ZFakeEmbeddedPG.closeEmbeddedPg();
    }

    @Test
    public void testCase() {
        ...
        ZFakeEmbeddedPG.executeSqlScript("sql/dml-insert-sys_user.sql");
        ...
    }
}
```

4. 基于契约测试思想对 REST API 实现 Fake

开发中经常会出现联调成本过高、资源和时间上的浪费等问题。此外，对于接口变动的把控也相当困难，因此在 TDD 开发过程中希望可以模拟第三方接口调用。为了解决这些问题，我们可以采用契约测试的方法。

契约测试（Contract Testing）是一种在分布式系统中进行接口协议验证的测试方法。它主要用于测试不同模块或服务之间的协议、接口和通信约定是否符合预期。契约测试的核心思想是在服务之间共享接口规范或契约，然后使用这些契约来验证每个服务是否按照规范进行通信。这些契约可以是定义结构和行为的形式，如 API 规范、消息格式规范等。

契约测试具有以下好处：
❑ 保证不同服务之间的接口一致性和兼容性。
❑ 提前发现和纠正接口定义或协议规范上的问题。
❑ 分散和减轻对集成测试的依赖。
❑ 支持快速迭代和频繁部署的开发流程。

ZFake-J 基于契约思想提供了对 REST API 定义的能力，并且根据这个定义自动对对应的 REST 服务进行仿真。对应的产品代码如下：

```
@Service
public class RestService {

    @Autowired
    RestTemplate restTemplate;

    public String getContractResponseForPost(String url, String postContent){
        HttpHeaders headers = new HttpHeaders();
        headers.setContentType(MediaType.APPLICATION_JSON);
        HttpEntity entity = new HttpEntity<String>(postContent, headers);
        ResponseEntity<String> response = restTemplate.postForEntity(url,
            entity, String.class);
        if (response.getStatusCodeValue() != HttpStatus.OK.value()) {
            return response.getStatusCodeValue() + "";
        } else {
            return response.getBody();
        }
    }
}
```

在测试目录 src/test/resources 下创建 contract 目录，专门用来放置 REST API 定义文件。比如，定义了一个 bank_contract.yml 文件，它对 REST API 的定义如下：

```
# 银行卡绑定成功 request:
    url: /v1/bank/bindBankCard
    method: POST
    headers:
        Content-Type: application/json
    body:
        accountBankName: " 中国工商银行 "
        bankCardNumber: 123456
        mobilePhone: "17734567890"
        captcha: "FG2A"
        identityCardNumber: "0123456789abcde"
        username: " 小明 "
        appId: "123"
        appSecret: "12345678"response:
    status: 200
    body:
        errorCode: 0
        errorMsg: SUCCESS
    headers:
        Content-Type: application/json;charset=UTF-8
```

根据如上的 REST API 定义，对应的测试用例代码如下：

```
public class RestControllerServiceTest {

    @Autowired
```

```
    private MockMvc mvc;

    @Fake(FakeRest.class)
    RestTemplate restTemplate;

    @Test
    public void T_获得请求成功数据_W_发送RestPost请求_G_在参数和URL匹配情况下()
        throws Exception {
        ...
}}
```

在契约测试时需通过 @Fake(FakeRest.class) 注解将测试上下文中注入的 RestTemplate 类型 Bean 替换成 FakeRest 类型 Bean，以实现 Fake 功能。ZFake-J 根据 resource/contract 目录下定义的契约文件匹配请求，返回结果。

5. 对 Spring 支持的 Kafka 组件进行 Fake

很多项目中使用了 Kafka，但是在本地执行单元测试时，由于本地未必安装了 Kafka，相关的逻辑通常难以测试。

此时，为了成功测试 Kafka 相关的逻辑，常用的方式有以下几种：

- 连接真实 Kafka，在真实环境中测试相关逻辑。该方法能较好地验证代码与用例的正确性，但是强依赖真实环境，通用性和可维护性差。
- 对 Kafka 相关的逻辑进行打桩 Mock。这样凡是涉及 Kafka 或者需要 Kafka 部分逻辑正常执行的用例，统统需要进行 Mock，测试用例构建成本较高。
- 用例中手动调用生产者 / 消费者相关方法，传入特定参数来模拟 Kafka 生产 / 消费的情况。这种方式类似于白盒方式，且仅适用于 Kafka 简单生产消费消息的场景，对于涉及 Kafka 特性的逻辑仍然需要进行 Mock。
- 使用内存 Kafka。该方法在内存中启动一个 Kafka 服务，运行时连接内存 Kafka，执行相应的用例，能较好地模拟 Kafka 的真实逻辑，而不依赖执行环境，通用性和可维护性强。

综上所述，更为推荐的方式是使用内存 Kafka。内存 Kafka 可以涵盖生产环境 Kafka 的多数特性，并做到对测试用例无感知、使用简单、测试更完善。ZFake-J 引入了内存 Kafka，使用内存 Kafka 模拟 Kafka 的行为。

在下列场景中可以对 Kafka 组件执行 Fake 操作：

- 代码中使用了 Spring 的 kafkaTemplate 操作 Kafka，本地不安装且不启动 Kafka，因为执行测试用例时会启动内存 Kafka 且发送 Kafka 消息。
- 测试用例执行过程中，希望运行监听 Kafka 消息的代码。

上述操作在执行上仍存在有一定的限制：

- 只能通过自动代理直接 / 间接地使用 kafkaTemplate 的 send 的几个重载方法来发送 Kafka 消息，且暂时不支持使用 send(Message<?> message) 方法。

- 如果 kafkaTemplate 的 Bean 对象有多个，则需要指明代理的 Bean 名称。可以同时代理多个 Bean，在这些 Bean 名称之间以逗号分隔。
- 当前只支持自动发送 Kafka 消息到监听目标 topic 的消费者，且消费者方法签名为 ":void func(ConsumerRecord<String, String> record)"。

为了避免上述限制，具体的执行方法如下：

- 在测试用例上添加 @EnableZFake，自动对 kafkaTemplate Bean 对象进行代理。
- kafkaTemplate 的 Bean 对象名称默认为 kafkaTemplate。如果有其他名称，则需要在配置文件中配置"spring.kafka.proxy.beanName=${Bean 名称}"。
- 执行监听 Kafka 消息的代码时，通过消费者 /kafkaTemplate 对象发送消息到目标 topic 即可。

下面给出示例。比如，产品代码如下：

```java
@Service
public class ProducerService {

    private String topic = "TOPIC_EXAMPLE";

    @Autowired
    KafkaTemplate kafkaTemplate;

    public void send(String str) {
        log.debug("send msg" + str);
        ListenableFuture future = kafkaTemplate.send(topic, str);
        if (future.isDone()){
            log.debug("send success!");
        } else {
            log.debug("send failed!");
        }
    }
}

@Service
public class ConsumerService {
    public String flag = "init";
    public final String topic = "TOPIC_EXAMPLE";

    @KafkaListener(topics = topic, groupId = "TOPIC_EXAMPLE_GROUP")
    public void consumeExampleDTO(ConsumerRecord<String, String> record) {
        log.debug("Receive message from topic: " + topic + ", record: " +
            record.toString());
        flag = record.value();
    }
}
```

对应的测试代码示例如下：

```
@SpringBootTest(webEnvironment = SpringBootTest.WebEnvironment.RANDOM_PORT,
    classes = ZFakeApplication.class)@EnableZFake@AutoConfigureMockMvc@
ActiveProfiles({"test"})public class KafkaFakeTest {
@Autowired
private ConfigurableApplicationContext context;

@Autowired
ConsumerService consumerService;

@Autowired
ProducerService producerService;

@Test
public void testKafka() {
    String content = "test";
    producerService.send(content);
    assert consumerService.flag.equals(content);
}}
```

6. 集成对 XML、JSON 文件的校验

在编写单元测试的过程中，经常会遇到输出结构化文件的场景，如输出为 JSON 或 XML 格式。为了确保用例的严谨性，需要对结构化文件进行校验。比较常用的一种方法就是将文件转换成字符串，然后对字符串进行比较。

但是，这种方式有以下两个弊端：

- 严格要求文件中的字段顺序一致。
- 当文件中存在未决行为时会影响用例的稳定性，如存在用例测试逻辑无须关注的表示时间、版本的字段。

因此，ZFake-J 针对 JSON 和 XML 文件提供了通用的校验工具。

（1）对文件中 XML 内容校验的方法

①注入 com.zte.vmax.zfake.tool.comparator.XMLComparator.XMLComparator 类型的对象：

```
@Autowired
private XMLComparator xmlComparator;
```

②直接调用对象中的一般校验方法即可，详细使用过程见方法注释。

```
xmlComparator.isSimilar(expectXML, actualXML);
```

③对于更复杂的用法，比如忽略某些 XML 节点，参考示例如下：

```
@Test
public void T_比较结果为相似_W_调忽略某些 XPath 的相似接口_G_准备两个不相似的 XML 文件 () {
    given(" 准备两个不相似的 XML 文件：logo 和 desc 顺序不一致，site 中属性 date 的值不一致 ");
    String expectXML = "<?xml version=\"1.0\" encoding=\"UTF-8\"?>" +
    "<site id=\"1\" date=\"2022-12-02\"><name Lang=\"Chinese\">ZFake</
        name><logo>zfake.png" +
```

```
"</logo><desc>zfake 使用手册 </desc></site>";
String actualXML = "<?xml version=\"1.0\" encoding=\"UTF-8\"?>" +
"<site id=\"1\" date=\"2022-12-03\"><name Lang=\"Chinese\">ZFake</
    name><desc>zfake" +
" 使用手册 </desc><logo>zfake.png</logo></site>";

when(" 调忽略某些 XPath 的相似接口忽略那些值不同的元素，比较两个文件 ");
List<String> ignoredXPaths = new LinkedList<>();
ignoredXPaths.add("/site[1]/@date");
boolean result = xmlComparator.isSimilar(expectXML, actualXML,
    ignoredXPaths);

then(" 比较结果为相似 ");
assertEquals(true, result);
}
```

（2）对文件中 JSON 内容校验的方法

①注入 com.zte.vmax.zfake.tool.comparator.JsonComparatr.JsonComparator 类型的对象：

```
@Autowired
private JsonComparator jsonComparator
```

②直接调用对象中的一般校验方法即可，详细使用过程见方法注释。

```
jsonComparator.isSimilar(expectJson, actualJson);
```

③对于更复杂的用法，比如忽略某些 JSON 节点，参考示例如下：

```
@Test
public void T_ 比较结果为相似 _W_ 调具备忽略字段功能的相似接口比较两个文件 _G_ 准备两个不相似
    的 json 文件 ()
        throws JSONException {
    given(" 准备两个不相似的 json 文件，tools 中元素顺序不同，且字段 Infos.version 的值不同 ");
    String expectJson = "{\"Name\":\"ZFake\",\"Company\":\"zte\",\"Infos\":{\"
        version\":\"1.0\",\"tools\":" +
    "[{\"xml\":\"yes\"},{\"json\":\"yes\"}]},\"Address\":\"changsha\"}";
    String actualJson = "{\"Name\":\"ZFake\",\"Company\":\"zte\",\"Infos\":{\"
        version\":\"2.0\",\"tools\":" +
    "[{\"json\":\"yes\"},{\"xml\":\"yes\"}]},\"Address\":\"changsha\"}";

    when(" 调具备忽略字段功能的相似接口忽略那些值不同的字段，比较两个文件 ");
    List<String> ignoredKeys = new LinkedList<>();
    ignoredKeys.add("Infos.version");
    boolean result = jsonComparator.isSimilar(expectJson, actualJson, ignoredKeys);

    then(" 比较结果为相似 ");
    assertEquals(true, result);}
```

7. 对内存 Redis 的 Fake 能力

在编写测试用例时，需要模拟 Redis 服务。通常，人们会实现 Redis Fake 类，使用

HashMap 来模拟数据的存储和访问。然而，这种方法需要逐一实现每个被使用的 API，相对烦琐。更推荐的方法是引入内存 Redis 服务。

在测试用例中使用内存 Redis 模拟 Redis 有以下好处：
- 快速执行：内存 Redis 通常比实际的 Redis 实例的运行速度更快，因为它不需要进行网络通信或磁盘访问。这使得测试用例的执行速度更快，有助于提高开发人员的效率。
- 隔离性：使用内存 Redis 可以实现测试用例的隔离性。每个测试用例都可以在自己的内存 Redis 实例中运行，不会影响其他测试用例或实际的 Redis 数据。这种隔离性可以防止测试用例之间相互干扰，并确保每个测试用例都在一个干净的环境中运行。
- 可控性：内存 Redis 允许完全控制测试环境。开发人员可以在测试用例中设置所需的初始数据，并模拟各种情况，如缓存失效、数据更新等。这种可控性使得编写全面的测试用例变得更加容易，从而提高代码的质量和可靠性。
- 简化依赖：使用内存 Redis 可以简化测试环境的依赖关系。开发人员不再需要实际的 Redis 实例或网络连接来运行测试用例。这样，开发人员可以更轻松地设置和管理测试环境，减少了外部依赖带来的复杂性。
- 可重复性：内存 Redis 允许开发人员在每次运行测试时获得相同的初始状态。这种可重复性对于调试和修复错误非常有用，开发人员可以重现问题并确保修复后的行为符合预期。

总的来说，使用内存 Redis 模拟 Redis 可以在 TDD 的测试用例中提供更快速、可控、隔离和可重复的测试环境，从而帮助开发人员编写高质量的代码。因此，ZFake-J 引入了内存 Redis 来模拟 Redis 的行为。

下面具体说明其使用方法。

①配置是否启动内存 Redis，默认端口为 6379、内存为 128MB。也可以不配置，那就默认不启动。

```
redis.enable=true
redis.port=6379
redis.maxmemory=128M
```

②如果需要特定类来启动 Redis，则可以使用指定配置文件启动 Redis，比如 application-redis.properties。其他测试则使用默认的不启动配置。

```
@ActiveProfiles({"redis"})public class RedisServiceTest {
    //...}
```

> **注意** Redis 会跟随 Spring Boot 启动和停止。

第 7 章

TDD 优化软件设计

本章结合示例代码，首先论述 TDD 如何驱动软件设计环节，其次介绍 TDD 和重构之间的协作互助关系，并提供一些常见且有效的重构手法促进 TDD 实践。

7.1 TDD 如何驱动设计

TDD 的核心理念是通过测试来驱动设计和开发过程，从而提高设计出来代码的质量和可维护性。Red-Green-Refactor（红 – 绿 – 重构）循环是 TDD 的重要方法，正是通过遵循 Red-Green-Refactor 循环来驱动设计和开发过程。

7.1.1 红阶段

首先编写一个会失败的测试用例。这个测试用例描述了所需功能的一个方面，并且在当前代码中会触发一个错误或失败的情况。这也体现了该阶段为什么被称为"红"阶段，"红"表示测试失败。

假设我们正在开发一个简单的计算器类，希望实现加法的功能。在 Red 阶段，我们可以编写一个测试用例来验证加法操作是否正确。例如，在测试用例中编写一个测试方法 testAddition()，并断言调用 add() 方法后返回正确的结果：

```
public class CalculatorTest {

    @Test
    public void testAddition() {
        Calculator calculator = new Calculator();
```

```
        int result = calculator.add(2, 3);
        assertEquals(5, result);
    }
}
```

在当前代码实现中,我们预期这个测试用例会失败,因为 add() 方法还未实现。

7.1.2 绿阶段

接下来,我们编写足够的代码来使测试通过。这可能意味着实现一个最小化的功能或者通过硬编码返回期望结果。在这个阶段,我们只关注如何让测试通过,而不关注代码的设计质量。为了使测试通过,我们可以在 Calculator 类中添加一个简单的 add() 方法,直接返回固定的加法结果:

```
public class Calculator {
    public int add(int a, int b) {
        return 5;          // 硬编码返回固定结果
    }
}
```

现在,我们的测试用例通过了,因为它期望返回 5,而我们的实现也返回了 5。

7.1.3 重构阶段

在通过测试后,我们可以对代码进行重构,改进设计和实现,同时保持测试通过。重构的目标是提高代码的可读性、可维护性和可扩展性,同时确保测试用例仍然能够成功运行。

在这个例子中,我们可以改进 add() 方法的实现,使其真正执行加法操作,而不是通过硬编码返回固定结果。代码如下:

```
public class Calculator {
    public int add(int a, int b) {
        return a + b;      // 执行真正的加法操作
    }
}
```

现在,我们的代码实现了可读性和可维护性,并且仍然通过了测试用例。至此,我们完成了一个简单的 Red-Green-Refactor 过程。

7.1.4 TDD 的优势

TDD 实践可以为软件设计带来如下的好处。

(1)更加可靠的代码质量

通过先编写测试用例,我们可以确保代码在实现功能时的正确性。每个功能点都有对应的测试用例,这有助于减少潜在的错误和缺陷,并提高代码的质量。

（2）更好的设计和可维护性

TDD 强制要求在编写实际代码之前仔细考虑设计。通过重构阶段，我们可以改进代码的结构、可读性和可维护性。TDD 促使我们关注代码的设计，并遵循"SOLID 原则"等最佳实践。

（3）快速反馈循环

TDD 的快速反馈循环有助于开发人员更快地检测问题并及时进行修复。通过频繁运行测试用例，我们可以立即知道代码是否仍然符合预期，并且在出现问题时能够快速定位和修复。

TDD 是一种强大的开发方法，可以在设计和开发过程中提供指导和保障。通过遵循 Red-Green-Refactor 的循环，我们能够逐步构建高质量、可维护的代码。它是一种推动设计和开发的强大方法，可以提高代码质量、可维护性和开发效率。通过持续练习和经验积累，我们可以更好地运用 TDD 来驱动设计和开发过程，从而构建更高质量的软件系统。

7.2 TDD 与重构

关于重构是什么，在《重构：改善既有代码的设计》这本书中有明确的定义，即重构是指在不改变软件可观测行为的前提下，调整代码结构，提高软件的可理解性，降低变更成本。

而提高软件的可理解性与降低变更成本最终的目标都是提高程序员的 ROI（投入产出比），其中 ROI = 产出 / 时间。所以，若代码的可理解性提高了，那么别人理解它所需要时间就更少了，代码的变更成本下降了，变更的风险就变小了，需求的开放效率也就提高了，那么 ROI 就高了。因此，在各大软件公司都是非常鼓励大家进行代码重构的。

那么，是不是任何开发模式都适合重构呢？答案是不一定。下面一起来探讨这一问题。

7.2.1 TDD 与重构的关系

开发模式如图 7-1 所示，主要有两种，一种是传统开发模式，另一种是 TDD 开发模式。

在传统开发模式中，是按设计、编程和测试的顺序推进的。如果测试阶段发现问题，开发人员就需要回溯到设计或编程阶段进行修正，然后进行新一轮的测试。

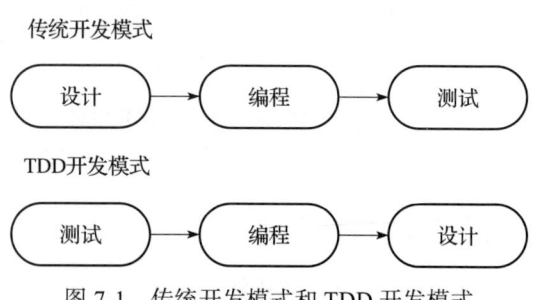

图 7-1 传统开发模式和 TDD 开发模式

这种模式下，开发人员往往对大规模重构持谨慎态度，因为每次重构都意味着需要重新测试所有场景，这不但耗时而且成本高昂。通常，重构发生在代码严重退化、难以维护或扩展时，这种情况下的重构更像是一次彻底的重写。重写完成后，虽然短期内可以显著提升研发效率，但随着时间的推移，代码可能再次陷入腐化，形成恶性循环，直至项目难以为继。

而 TDD 开发模式彻底颠覆了这一过程。TDD 中测试先行，然后编程，最后对代码进行设计。而其中代码设计的过程就是重构，也就是经典的"红－绿－重构"循环，如图 7-2 所示。

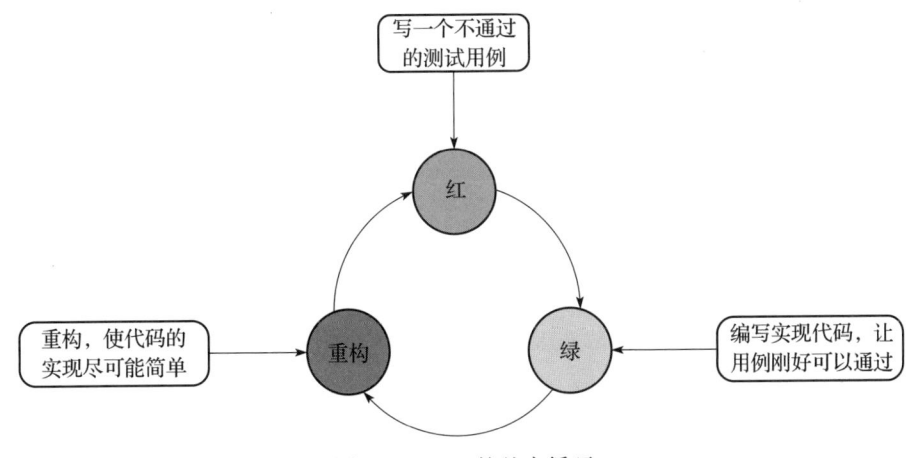

图 7-2 TDD 的基本循环

我们正是通过重构这一步来改善 TDD 过程中现有代码的设计。编程所追求的目标是"功能正确且结构良好"，但是对大多数人来说，想要达到这个目标是非常困难，而 TDD 通过"红－绿－重构"的过程对关注点进行分离，可以降低达到这个目标的难度。首先，通过"红－绿"阶段使软件的功能正确，达到满足用户功能需求的要求，不关注代码的质量。其次，通过"重构"来调整代码的结构，驱动单元的划分以及功能的归属，使其变得合理，满足代码质量的要求。

同时，有了 TDD 这一"防护网"，程序员能够养成持续重构的习惯。在这种模式下，重构成为开发过程中的常态，每次代码提交都可能伴随着重构的实施，确保研发团队的效能始终保持在最佳状态。

因此，TDD 和重构是软件开发领域中两个密不可分的技术实践。它们相互支持、相互增强：重构为 TDD 提供了稳健的步伐和演进式设计的保障，而 TDD 则为重构提供了一个有效的防护网，使得代码不但可重构，而且易于重构。这是实现代码可维护性和项目长期成功的最有效途径。

7.2.2 常见的 5 种消除重复的方法

1. 同一个类中，两个或者多个函数含有相同的表达式

在下面代码中，我们可以明显可以看到一个类里面有两个函数具有相同的表达式，只有一个判决类型不同：

```
public double getAgedBriePrice() throws Exception{
```

```
    for(String ele : goods.keySet()) {
        if(ele.equals("AgeBrie")) {
            return goods.get(ele);
        }
    }
    throw new Exception("AgeBrie not found in the goods map.");
}
public double getBackstagePassPrice() throws Exception{
    for(String ele : goods.keySet()) {
        if(ele.equals("BackstagePass")) {
            return goods.get(ele);
        }
    }
    throw new Exception("BackstagePass not found in the goods map.");
}
```

对于上面这种重复代码，消除重复的方法很简单：把重复代码提炼成一个新的函数，把不同的地方作为新提炼函数的参数，原有代码引用新提炼的函数。

重构后的代码如下：

```
public double getGoodPrice(String name) throws Exception{
    for(String ele : goods.keySet()) {
        if(ele.equals(name)) {
            return goods.get(ele);
        }
    }
    throw new Exception();
}
public double getAgedBriePrice() throws Exception{
    String name = "AgedBrie";
    return getGoodPrice(name);
}
public double getBackstagePassPrice() throws Exception{
    String name = "AgedBrie";
    return getGoodPrice(name);
}
```

getGoodPrice 就是新提炼的函数。上述代码还可以重构，因为临时变量只用于简单的值传递，所以可以去掉。

进一步重构后的代码如下：

```
public double getGoodPrice(String name) throws Exception{
    for(String ele : goods.keySet()) {
        if(ele.equals(name)) {
            return goods.get(ele);
        }
    }
    throw new Exception();
}
```

```
public double getAgedBriePrice() throws Exception{
    return getGoodPrice("AgedBrie");
}
public double getBackstagePassPrice() throws Exception{
    return getGoodPrice("BackstagePass");
}
```

2. 互为兄弟的子类，含有相同的表达式

在下面代码中，互为兄弟的子类使用了相同的表达式：

```
public class AgedBrie extends Good {
    @Override
    public double getPrice() throws Exception{
        for(String ele : goods.keySet()) {
            if(ele.equals("AgedBrie")) {
                return goods.get(ele);
            }
        }
        throw new Exception();
    }
}
public class BackstagePass extends Good {
    @Override
    public double getPrice() throws Exception {
        for(String ele : goods.keySet()) {
            if(ele.equals("BackstagePass")) {
                return goods.get(ele);
            }
        }
        throw new Exception();
    }
}
```

这种重复的解决方案是通过 Extract Method（提炼函数）提炼重复代码，然后将提炼的函数放到超类里面，使重复代码中可变的点在子类中实现。

重构后的代码如下：

```
public class AgedBrie extends Good {
    @Override
    public String getType() {
        return "BackstagePass";
    }
}
public class BackstagePass extends Good {

    @Override
    public String getType() {
        return "BackstagePass";
    }
}
```

```java
public class Good extends Exception{
    HashMap<String, Double> goods = new HashMap<>();
    public Good() {
        goods.put("AgedBrie", 8.0);
        goods.put("BackstagePass", 220.0);
    }
    public String getType() {
        return "";
    }
    public double getPrice() throws Exception{
        for(String ele : goods.keySet()) {
            if(ele.equals(this.getType())) {
                return goods.get(ele);
            }
        }
        throw new Exception();
    }
}
```

3. 互为兄弟的子类，含有部分相同的表达式

在下面代码中，有两个类互为兄弟，其计算架构的公式是一样的，但是值不同：

```java
public class AgedBrie extends Good {
    public double getPrice() {
        double base = 8;
        double tax = base * 0.2;
        return base + tax;
    }
}
public class BackstagePass extends Good {
    public double getPrice() {
        double base = 200;
        double tax = base * 0.8;
        return base + tax;
    }
}
```

对于这种情况，可以运用模板方法（Template Method）设计模式进行重构，将模板提炼到超类中，并且将模板中可变的地方通过子类实现。

重构后的代码如下：

```java
public class AgedBrie extends Good {

    public double getBase() {
        return 8;
    }
    public double getTax() {
        return this.getBase() * 0.2;
```

```
}}public class BackstagePass extends Good {
public double getBase() {
    return 200;
}

public double getTax() {
    return this.getBase() * 0.8;
}}public class Good extends Exception{

public double getBase() {
    return 0.0;
}

public double getTax() {
    return 0.0;
}

public double getPrice() {
    double base = this.getBase();
    double tax = this.getTax();
    return base + tax;
}}
```

4. 有些函数中，不同的算法有着相同的执行目标

在下面的代码中，两个函数虽然有不同的算法，但是实际执行目标是相同的：

```
public double getAgedBriePrice() throws Exception{
    for(String ele : goods.keySet()) {
        if(ele.equals("AgeBrie")) {
            return goods.get(ele);
        }
    }
    throw new Exception();}public double getBackstagePassPrice() throws Exception{
    Double value = goods.get("BackstagePass");
    double price = 0.0;
    if(value != null) {
        price = value;
    } else {
        throw new Exception();
    }
    return price;}
```

对此，只需要使用其中一个算法提炼一个新的函数，在其他两个使用的地方引用公共函数即可。

重构后的代码如下：

```
public double getGoodPrice(String name) throws Exception{
    for(String ele : goods.keySet()) {
        if(ele.equals(name)) {
```

```
            return goods.get(ele);
        }
    }
    throw new Exception();}public double getAgedBriePrice() throws Exception{
    return this.getGoodPrice("AgeBrie");}public double getBackstagePassPrice()
        throws Exception{
    return this.getGoodPrice("BackstagePass");}
```

5. 互不相关的类中出现重复代码

在下面的代码中，互不相关的类出现重复：

```
public class Hotel {
    private String areaCode = "00001";
    private String number = "17377782293";
    public String getTelephoneNumber() {
        return "+86" + "(" + areaCode + ")" + number;
    }
    public void otherFunction() {}
}
public class Person {
    private String officeAreaCode = "00001";
    private String officeNumber = "17377782293";
    public String getOfficeTelephoneNumber() {
        return "+86" + "(" + officeAreaCode + ")" + officeNumber;
    }
    public void otherFunction() {}
}
```

重构方法：只需要对其中一个运用 Extract Class（提炼类），将重复代码提炼到一个独立类中，然后在另一个类内使用这个新类即可。

重构后的代码如下：

```
public class TelephoneNumber {
    private String areaCode = "00001";
    private String number = "17377782293";

    public String getTelephoneNumber() {
        return "+86" + "(" + areaCode + ")" + number;
    }
}
```

一些开发者可能会认为，可以封装重复代码到一个函数中，并在另一个类中调用它来解决问题。然而，这种做法实际上在两个原本独立的类之间建立了联系。因此，究竟是将代码提炼到一个新的类中，还是保留在当前的某个类中，需要根据实际情况来做出决策。在做出选择时，应该综合考虑代码的复用性、模块的耦合度以及未来的可维护性。

最后，总结代码重复类型及消除重复方法，如表 7-1 所示。

表 7-1　重复类型以及消除重复方法

重复种类	消除重复的方法
同一个类中，两个或者多个函数含有相同的表达式	利用 Extract Method 提炼重复代码，然后引用新提炼的函数
互为兄弟的子类，含有相同的表达式	利用 Extract Method 提炼重复代码，然后提升方法（Pull up Method）到超类中
互为兄弟的子类，含有部分相同的表达式	利用 Extract Method 提炼重复代码，用于 Template Method 的设计模式
有些函数中，不同的算法有着相同的执行目标	使用 Substitute Algorithm 将其他函数替换掉
互不相关的类中出现重复代码	利用 Extract Class 将重复代码提炼到一个独立的类，然后引用新类

第 8 章

TDD 的实践路径与评估方法

本章将讨论 TDD 实践中的一些常见难点。首先，我们探索如何确保测试先行以及事后评估 TDD 实践的质量。其次，我们介绍"小步快走"模式对于 TDD 实践的价值收益、关键作用，以及提供具体实践指导。再次，我们总结解决多线程异步场景下 TDD 实践难点的思路和建议。同时，我们介绍 TDD 的两种学派及其观点，并讨论在具体场景中如何进行取舍。最后，我们介绍当前 TDD 实践中存在的一些局限性，并提供突破这些局限的方法。

8.1 保证测试先行

TDD 是一种软件开发方法论，其核心理念是"测试先行"，即在编写实际代码之前先编写测试用例来指导开发过程。下面介绍一些确保测试先行的实践流程，帮助开发人员在实践过程中更好地应用这种方法。

8.1.1 保证测试先行的实践流程

（1）编写失败的测试用例

TDD 实践的第一步是编写一个失败的测试用例，这个测试用例描述了尚不存在的功能或修复需求。通过编写一个失败的测试用例，开发人员能够明确要解决的问题，并确保在实现代码之前先设定一个明确的目标。也就是说，在开始编写测试之前，要先明确测试的目标是验证某个功能的正确性，还是检查代码的性能或可靠性。不同的目标需要采取不同的测试策略。

（2）运行测试用例

测试用例在编写完成后，应立即运行。由于相关功能尚未实现，这些测试用例预期会失败。这种失败是正常的，因为我们尚未编写任何代码来满足测试的要求。

（3）实现最小功能

之后，开发人员应该着手实现刚才编写的测试用例所需要的最小功能，目标是让测试用例通过，而不是一次实现所有功能。通过专注于最小功能，我们可以确保 TDD 的步骤得以贯彻执行。

（4）运行测试用例并重构

在实现最小功能后，运行测试用例以验证代码是否符合预期。如果所有测试用例通过，则可以进入重构阶段。重构的目的是优化代码结构，使其更加清晰、可维护并提高效率。在重构过程中，通过持续运行测试用例，可以确保优化的操作不会影响原有功能。

（5）重复执行

TDD 是一个循环过程，每次迭代都会增加新功能或修复现有问题。通过不断重复这个过程，我们将逐步构建出完整的、高质量的代码。

（6）遵循 Red-Green-Refactor 模式

Red-Green-Refactor 模式代表了 TDD 的基本节奏：在 Red 阶段，编写一个失败的测试用例；在 Green 阶段，实现最小功能，使测试用例通过；在 Refactor 阶段，对代码进行重构。遵循这个模式，可以确保测试先行的原则贯穿整个开发过程。

8.1.2 保证测试先行的评估方法

为了验证以上实践过程在实际项目中能够得到有效实施，可以考虑采用如下方法进行评估：

①输出 Todolist，并且最好以脑图方式展示这些 Todolist。

②为 Todolist 的编写提供 Todolist 模板，同时制定 Todolist 的编写规范，以及提供异常、性能、安全等方面的提示。

③对 Todolist 进行评审，并对评审过程进行记录存档。在代码评审过程中，如果发现代码的可测试性和可读性较差、产品代码耦合性过高、存在大量冗余代码或者代码覆盖率低，则通常表明开发过程中未采用 TDD 进行实践。

④事后邀请 TDD 专家，与开发团队成员一起开展 Showcase（案例演示）活动，演示TDD 的实践过程，并收集团队反馈，不断改进实施方式。

8.2 "小步快走"地实现 TDD

8.2.1 "小步快走"模式的核心价值

"小步快走"的核心价值在于快速反馈。基于快速反馈，开发团队能在整个开发流程中受益，如表 8-1 所示。

表 8-1 快速反馈为开发团队带来的收益

序号	快速反馈的收益项	描述	开发人员感言
1	成就感	获得及时的正向反馈。每次小步提交都产生实际价值，开发人员可以快速获得数小时的劳动成果，并感受到持续不断的成就感	"我只用 2h 就完成了这几个场景，原来并没有那么难！"
2	可控的进度/风险	用例完成数/用例总数≈进度。通过用例完成数与用例总数的比例，开发人员能够清晰评估当前需求的进度和风险	"我已经完成了 10 个场景中的 7 个需求，今天下午就能完成开发任务。"
3	快速通过 CI	快速提交代码有助于通过 CI 尽早发现问题，如多人提交代码冲突、白盒告警以及输出制品失败等问题	"今天我不小心提交了一个错误的 YAML 文件，幸好在 CI 过程中及时发现。如果等到迭代末期再合并代码，则可能导致服务崩溃！"
4	方便代码评审	通过早期的代码走查，开发人员可以尽早发现问题。具体来说，通过少量代码的快速走查，评审人员能够快速发现需求理解和代码实现上的问题，而开发人员可以用最小的代价进行修复	"太危险了！组长说我的多线程理解完全错误，幸好在今天的评审中发现了问题。如果等到代码全部写完再进行评审，那我可能需要重构代码结构。这肯定会毁掉我的周末。"
5	早期发现问题	通过使用 Robot Framework（RF，一种自动化测试框架），可以尽早发现对微服务和其他功能产生影响的问题。通过小步提交，开发人员可以由 RF 快速反馈问题，而不是等到迭代结束才能定位 RF 问题	"RF 出问题了，真没想到我的变更会影响其他功能。幸好通过小步提交的方法早发现了问题，要是等到迭代末期才发现，不仅这个周末泡汤，还可能被项目组通报。"
6	早期测试	当完成部分场景时就已经具备测试价值，可以尽早开始自测或将其交付给测试工程师，而不需要等到所有代码都开发完成才开始测试	"测试工程师说我总是在第二周的周四才将代码交给他进行测试，经常毁了他的周末。所以这次我决定先让他验证这 10 个场景。"

那么，如何实现"小步快走"模式呢？

8.2.2 "小步快走"模式的实践流程

1. 代码提交

为了实现"小步快走"的快速反馈要求，开发人员应尽快将代码小步提交到版本控制系统（如 Git）。根据实践经验，小步提交应满足以下要求：

- ❑ 单次提交代码量一般要求控制在 200 行之内，包括测试用例行数，但是需要剔除 CSV、JSON、YAML 等文件的行数。需要注意的是，大的结构性重构很容易导致代码突破 200 行，因此这类场景可作为例外，但仍需要尽量控制每次重构的规模。
- ❑ 单次提交的 TDD 迭代次数控制在 3～5 次范围内。如果逻辑简单（如参数校验），那么迭代次数就多一些；如果逻辑复杂（如文件解析流程），那么迭代次数就少一些。
- ❑ 每次提交的代码都应通过自动化测试，确保没有引入新的问题。
- ❑ 提交的消息应简洁明了，清楚地说明代码所做的更改。

2. 测试用例设计

采用"最短路径原则"设计并实现测试用例方法，能有效地帮助我们实现"小步快走"，从而尽早提交。

TDD 用例设计时应参考最短路径原则，即从入口开始，每个测试用例都尽量寻找最短路径。这样做具有如下优势：

- **迭代节奏稳定**：每次迭代都能在 20min 左右完成。如果违背该原则，比如将最长路径记为"迭代 1"，则可能导致迭代 1 耗时 3h，而其余每次迭代仅耗时 5min，从而打乱迭代节奏。
- **不过度实现代码**：每次迭代只需要关注当前场景的业务逻辑。如果违背该原则，那么在迭代 1 的开发过程中，会不可避免地引入其他场景的逻辑，如异常处理、数据校验等，从而导致关注点分散、场景实现过度。

3. 总体实践建议

以下是一些实践"小步快走"的建议：

①**制定明确的目标**：在开始开发之前，明确目标并定义好要完成的任务，将任务细化成小的可执行步骤。

②**快速进行原型开发**：在开始详细的设计和开发之前，尝试快速创建一个原型，以验证想法和概念。这可以帮助团队更早地发现潜在问题和技术挑战。

③**小步提交**：将代码分解成小的增量，每次只提交一小部分代码。确保每次提交的代码都是有意义、可测试的，并能够独立运行。

④**持续集成与自动化测试**：利用持续集成工具（如 Jenkins）和自动化测试框架（如 JUnit、Selenium、Robot Framework 等）来自动化构建、测试和部署流程。这样可以更快地获得反馈，及时发现和解决问题。

⑤**频繁地与团队成员进行沟通和反馈**：与团队成员分享自己的进展和遇到的问题，以寻求他们的建议和反馈。这有助于加快问题解决和团队协作的速度。

⑥**定期回顾和反思**：定期回顾开发过程和取得的成果，以确定是否需要调整和改进。通过反思，团队可以不断提高效率和质量。

"小步快走"的实践需要团队成员的密切合作和高度的自律性。这一模式可以帮助团队更快地交付高质量的软件，减少风险和返工次数，并提高开发人员的满意度和工作效率。

8.3 开发异步场景下的测试用例

在传统的单线程编程中，程序运行采用同步的方式，即各个步骤严格按照代码中的顺序依次执行。与之相对的是异步编程，其执行过程不依赖固定的执行顺序。简单来说，同步是顺序执行，异步是乱序执行，而异步的执行效率更高。

例如，当主线程遇到非常耗时的任务 A 时，可以把任务 A 交给子线程执行，主线程继续执行后续的任务 B。子线程完成任务 A 后，把结果返回给主线程，主线程先暂停任务 B，完成对任务 A 的处理，然后继续执行任务 B。这就是一个异步过程。

在测试代码中涉及异步操作或队列处理时，如果需要验证其中间结果，则必须等待异步操作完成或队列消费结束后再进行验证。而这个等待时间通常是不确定的。

处理这种情况最简单的方法是使用 Thread.sleep。具体来说，就是设置一个经验值，让主线程睡眠一段时间，等待其他线程执行完毕再进行验证。但这种方法有明显缺点：如果睡眠时间设置过长，则会降低执行效率；如果睡眠时间设置过短，那么测试用例的执行就会不稳定，无法满足测试用例的 AIR 原则（即测试用例应可在任何环境下重复执行，不存在差异）。

对此，我们可以使用异步测试框架来实现异步测试。目前主流的异步测试框架有 JUnit、Reactr、Spring MockMvc、WireMock、RestAssured、Awaitility 等。

以 Awaitility 为例，它提供了轮询机制，可以设置最长等待时间、最短等待时间、永久等待等，也可以自定义轮询策略。Awaitility 会定期检查条件是否满足，以最短时间获取异步调用的结果。这种方式可以显著提高异步方法的测试效率。Awaitility 支持 Java、Scala 和 Groovy 等编程语言，这里简单介绍 Java 版本的 Awaitility 使用方式。

在下面的示例中，addUser() 方法采用异步执行，其执行时间不定，代码中设定了 100～500ms 的随机执行时间：

```java
public class UserService {
    public final List<String> users = new ArrayList<>();

    public void addUser(String username) {
        new Thread(() -> {
            try {
                TimeUnit.MILLISECONDS.sleep(ThreadLocalRandom.current()
                        .nextLong(100, 500));
            } catch (InterruptedException e) {
            }
            users.add(username);

        }).start();
    }}
```

如果采用常规的测试方式，即使用 Thread.sleep，那么每个测试用例都需要等待 600ms，导致时间被浪费：

```java
@Test
public void T_新增用户成功_W_新增用户_G_服务正常() throws Exception {
    given("服务正常")
    UserService userService = new UserService();
```

```
when("新增用户")
userService.addUser("Yanbin");

then("新增用户成功")
Thread.sleep(600);
assertThat(userService.users).contains("Yanbin");}
```

现在使用 Awaitility 来对上述异步方法进行测试。以 Maven 工程为例，首先需要在 pom.xml 文件中引入 Awaitility 的依赖：

```
<dependency>
    <groupId>org.awaitility</groupId>
    <artifactId>awaitility</artifactId>
    <version>4.1.1</version>
    <scope>test</scope></dependency>
```

然后在测试用例中使用 Awaitility 进行异步代码的测试验证：

```
@Test
public void T_新增用户成功_W_新增用户_G_服务正常() throws Exception {
    given("服务正常")
    UserService userService = new UserService();

    when("新增用户")
    userService.addUser("Yanbin");

    then("新增用户成功")
    Awaitility.await().atMost(600, MILLISECONDS).until(() ->
        assertThat(userService.users).contains("Yanbin"));}
```

这里使用 Awaitility 的 await() 和 atMost() 方法来判断异步操作是否完成。atMost() 设置最长等待时间为 600ms，如果在此时间内条件仍未满足（如本例中的条件是"用户已成功添加"），则会抛出 TimeoutException。atMost() 方法默认的最长等待时间为 10s，如果不传递参数，则采用该默认值。await() 方法默认每 100ms 进行一次轮询判断，只要条件满足就会立即返回，从而以最短时间取得异步调用结果，完成测试用例的验证。

8.4　TDD 实践的学派之争

关于 TDD 的实践，目前存在两种主要学派。

8.4.1　芝加哥学派

在"红 – 绿 – 重构"循环的重构阶段，我们需要在保证功能完整的前提下，采用演进式设计方法。这种方法遵循延迟决策策略，也称"最晚尽责时刻"（Last Responsible Moment，LRM）原则。这意味着，在信息不充分的情况下，我们可以推迟决策，直到拥有更多信息或者必须做出决策。这种策略的核心在于，在维持决策有效性的基础上，尽可能地延长决策时间。

如果架构愿景不明确，那么遵循 LRM 原则可以帮助我们避免无谓的讨论，尽快开始实现功能。然后，我们可以通过重构从可工作的软件（Working Software）中提炼出架构。这种思路属于 TDD 的经典学派（Classic School）或芝加哥学派（Chicago School）。这一学派存在如下核心主张：

①强调功能实现优先，设计/架构后置，再采取重构方式逐渐演进设计。例如，先通过测试驱动完成功能代码的基本实现，然后重构代码，进行类的抽象设计，最终调整架构，逐步完善设计。

②关注测试用例的灵活性。在需求不变的前提下，不管产品代码如何重构或变更，测试用例都能保持稳定，不发生变化。这意味着测试用例的设计足够灵活，能够适应产品代码的各种演进。

③强调状态验证（State Verification）。在测试执行之后，验证结果状态或者方法输出，这一思路偏向函数式编程。比如，测试用例中使用 Given-When-Then 表达式就是一种状态验证操作。

④采用值（Value）和属性（Property）测试。由于强调测试用例的灵活性和状态验证，测试通常对具体值（状态）进行校验。当状态取值较多时，还会采用属性测试手段，以提升测试的覆盖性和稳定性。

⑤测试用例的实现倾向于从领域（Domain）层的业务规则入手，逐步由内向外，最后到用户接口（Interface）层终止。需要注意的是，这里所讲的是白盒单元测试，而不是黑盒测试，每一层都有测试用例的实现和守护。

⑥不推崇使用 Mock 和 Spy 方式。

这一学派的代表人物包括：

- Kent Beck：测试驱动开发的创建者，也是 *Extreme Programming Explained* 的作者。
- Robert C. Martin：著名的 Uncle Bob，是 *Clean Code*、*The Clean Coder* 等书的作者。

8.4.2 伦敦学派

如果架构愿景已经比较清晰，那么可以使用伦敦学派的思路推进 TDD。这一学派的核心主张如下：

①强调关注代码实现层面上设计的确定性，先将架构定义清晰，再进行开发。具体而言，先明确各类之间的结构及交互，并通过图形清晰表达设计方案，然后测试驱动实现这个功能。当测试用例涉及多个类之间的调用时，对于功能之外的某个外部类，可以暂时通过 Mock 方式处理，暂不实现这个类，而是保证这个功能先通过测试。同理，为了让主体功能暂时通过，对于某个内部类，也可以暂时不实现，而是先使用 Mock 方式替代，待后续实现。这一过程并不排斥预先存在的设计，而强调通过测试替身，将注意力集中到当前功能上

下文中的某个对象上，然后在测试驱动下，按部就班地完成功能开发。

②强调行为验证（Behavior Verification）。验证动作或方法是否被调用，这一思路更偏向过程式编程。

③关注中间的交互过程和算法。通过 Mock 方式对中间行为进行断言，验证特定方法是否被调用，以及调用的次数。

④测试用例的实现倾向于从用户接口层入手，逐步由外向内，最后到领域层的业务规则终止。需要注意的是，这里所讲的同样是白盒单元测试而不是黑盒测试。

⑤推崇使用 Mock 和 Spy 方式。

这个流派的代表人物如 Steve Freeman、Nat Pryce，他们都是 *Growing Object-Oriented Software* 和 *Guided by Tests* 的作者。

8.4.3　TDD 实践中如何应用两种学派的思路

在 TDD 实践中，两种学派各有其优势。根据不同的场景，灵活地选择或组合是比较好的实践方法：

- 对于黑盒方式的 TDD 实践，更倾向于芝加哥学派。在对外部依赖进行 Fake 处理后，通过积极使用值测试和属性测试开展 TDD 实践，可以更好地保持和维护端到端测试用例的灵活性。只要需求不发生变更，即使内部代码重构，也无须修改测试用例。
- 对于一般业务需求，更适合采用伦敦学派。对于大部分常见的业务需求，可以先将架构和设计方案明确、清晰地定义下来，并确定这些设计能够满足需求，接着通过代码开发逐步实现该设计。
- 对于科研或算法探索类的需求，更适合采用芝加哥学派。因为这类探索性的需求往往无法先确定架构和设计。它的当前设计不一定能够完全满足需求，需要通过不断试错，逐步满足部分需求，继续探索及改进架构设计和算法，直到最终完全满足需求。

8.5　改善 TDD 实践的局限性

软件开发中，TDD 是一种广泛使用的敏捷开发方法，鼓励在编写代码之前先编写测试用例，并通过测试用例驱动代码的实现。尽管 TDD 在提高代码质量、减少缺陷等方面有诸多优点，但它也存在一些局限性。本节将详细介绍 TDD 实践的局限性，并提出一些改善思路，以期更好地利用 TDD 方法。

1. 过度关注内部设计

TDD 要求在编写代码之前编写测试用例，这导致开发者往往过度关注内部设计，而忽视系统整体架构和外部接口。这可能导致测试用例覆盖不足，无法充分验证系统的功能和性能。对此，一种改善方法是引入外部接口测试和系统级测试，确保系统在整体上满足需求和性能要求。

2. 难以处理复杂业务逻辑

TDD 适用于较小规模和简单业务逻辑的项目，但对于复杂业务逻辑的处理，TDD 的效果可能不尽如人意。在复杂场景下，测试用例的编写和维护变得困难，可能耗费大量的时间和精力。这时，可以采用行为驱动开发方法，将测试用例的编写和业务需求紧密结合，以更好地应对复杂业务逻辑的测试需求。

3. 重构挑战

TDD 鼓励频繁地进行重构，以改善代码的可维护性和可读性。然而，当项目规模增大或代码复杂度提高时，重构变得更加困难。由于 TDD 依赖测试用例的稳定，重构可能导致测试用例失效，从而增加重构的风险。为了克服这一局限性，可以引入自动化重构工具，以减少手动操作的复杂性，并确保代码质量和系统功能的稳定。

4. 团队合作和沟通难题

TDD 要求开发者紧密配合，共同编写测试用例，并保持测试用例的稳定。然而，在大型团队或分布式团队中，协调和沟通可能比较困难。不同开发者之间存在编程风格和理解上的差异，可能导致测试用例的冲突和维护困难。为了解决这个问题，可以制定标准化的测试用例编写规范，并使用版本控制系统来管理和协调测试用例的变更。

5. 需求变动使测试用例维护变得困难

当需求变更时，在测试用例维护方面可能遇到以下这些问题：

- **测试用例的依赖性**。在 TDD 中，测试用例通常是与代码实现紧密相关的。当需求发生变化时，相关的测试用例也要进行相应的修改。如果测试用例之间存在依赖关系，那么需求变更可能会导致多个测试用例的修改，增加了维护的复杂性。
- **代码和测试用例的紧耦合**。TDD 鼓励在编写实际代码之前先编写测试用例，这通常会导致代码和测试用例之间的紧密耦合。当需求发生变化时，修改代码可能会影响测试用例的正确性，就需要同时修改相关的测试用例，从而增加了维护的难度。

为了解决这些问题，可以采用以下方法：

- **编写可维护的测试用例**。在编写测试用例时，尽量避免过度依赖具体的实现细节。使用更高层次的测试，如集成测试或端到端测试，可以减少对具体实现的依赖，从而减少需求变更时的测试用例修改。
- **使用抽象接口和模拟对象**。通过使用抽象接口和模拟对象，可以将测试用例与具体的代码实现解耦。当需求发生变化时，只需要修改接口定义和模拟对象的行为，而不需要修改所有依赖该接口的测试用例。
- **保持测试用例的可读性和可维护性**。编写清晰、易于理解和维护的测试用例是至关重要的。使用有意义的命名、良好的结构和适当的注释，可以使测试用例更易于理解和修改。
- **持续重构代码和测试用例**。在需求变更时，进行代码和测试用例的持续重构是关键。通过重构代码和测试用例，使其保持简洁、可读和可维护，可以更容易地适应变化的需求。
- **结合其他开发方法论**。TDD 并不是适用于所有场景的万能解决方案。在面对频繁的需求变更或复杂的系统架构时，结合其他开发方法论，如敏捷开发或迭代开发，可以更好地应对需求变更的挑战。

总的来说，尽管 TDD 在提高代码质量、减少缺陷等方面具有显著优点，但也存在一些局限性。通过引入外部接口测试和系统级测试、采用 BDD 方法、使用自动化重构工具以及制定测试用例编写规范，可以改善这些局限性，从而更好地利用 TDD 方法。其关键是根据项目需求和团队情况，选择合适的开发方法，并灵活调整和改进，以达到更好的软件开发效果。

Chapter 9 第 9 章

一个完整的 TDD 实践案例

本章将以一个名为"DD 送货"的互联网创业项目为例,帮助读者更好地掌握 TDD 实践过程。我们将基于该项目的客户需求,详细进行需求分析和实例化,同时拆分出各种功能场景以及相关的 TDD 实践。

9.1 需求分析

9.1.1 需求及背景介绍

"DD 送货"案例涵盖项目需求分析、方案设计、DDD 建模,以及 TDD 的 Todolist 拆分、测试用例设计与实现、使用 ZFake 框架进行高效的测试用例开发等内容。

1. 项目背景说明

在城市内,一些中小型花店、蛋糕店存在同城送货需求,对配送的保鲜性和时效性要求较高(例如,鲜花通常需要在上午 10 点前送达)。此外,商家还希望配送成本尽可能低。

与此同时,一部分拥有电动车的低收入群体具备相对自由的时间,希望利用空闲时间通过电动车送货,获取额外收入。基于此产生了额外的电动车短途运力资源。

2. 项目需求

本项目旨在开发一套在线送货系统,从而有效地将同城货运需求和电动车短途运力资源进行匹配。

这一系统的要求如下:

1）货主通过移动端发布货单，送货人通过 App 抢单并完成配送。

2）货主发货，生成货单（包含价格、运送方式、截止时间等信息），系统会按照以下规则向送货人推送该货单：

① 首先将货单推送至发货地址半径 1km 内的送货人。

② 5min 后，如果没人抢单，推送范围扩大至 2km 内。

③ 10min 后，如果仍没有送货人抢单，就提醒货主加价，然后自动推送至 3km 内的送货人。

④ 15min 后，如果仍没有送货人抢单，则取消该货单。

3）货主先将运费充值到平台，平台再支付给送货人。用户的充值与提现操作支持支付宝/微信。

4）货主发货单时，系统会冻结账户中的对应金额作为运费押金。订单完成后，运费会被转入送货人账户，平台抽取佣金。

5）送货人抢单后，系统会冻结相应资金作为货款押金。订单完成后，货款押金会被退还至送货人账户，确保交易安全。

9.1.2 需求实例化

1. 统一术语

按照 DDD 建模的理论，需要从需求分析中提取统一的术语，使得需求提出者、分析人员、开发人员对术语达成一致性，如表 9-1 所示。

表 9-1 DDD 建模统一术语

名称	英文	解析	主语	宾语
货主	Shipper	有发货需求的单主	/	/
货单	FreightOrder	货主发货生成货物订单，包括货主、货物名称、数量、收件地址、收件人等信息	/	/
骑手	Rider	在"DD 送货"平台注册的配送人员	/	/
发单	publishFeightOrder	货主发货的动作	货主	货单
抢单	GrabbingOrder	骑手抢货单的动作	骑手	货单
推送	publish	在位置 App 上指定范围内进行广播的动作	货主	货单
加价	SurgePricing	没有骑手抢单而产生的行为	货主	货单
取货	PickupGoods	骑手到货主指定的位置取货	骑手	货物
送货	DeliverGoods	骑手配送货物的动作	骑手	货物
签收	SignForReceipt	收件人收到货物的动作	收件人	货物

2. 需求分析

在需求分析中，需要对每个场景进行详细描述，确保对需求理解的正确性。下面列举一些场景描述的示例。

(1) 场景一：货单创建

货单创建的场景如表 9-2 所示。

- 场景描述：货主可以通过"DD 送货"App 创建货单。
- 执行者：货主。
- 前置条件：货主已注册，账户资金充足。
- 后置条件：货单创建成功，且能够看到已创建的货单，单击货单可以看到货单的详情。

表 9-2　货单创建场景

类型	Given	When	Then	备注
正常用例	货主账户已存在，账户资金足够且填写的货单信息符合规范	创建货单	货单创建成功，能够看到已创建的货单，单击货单可以查看详细信息	无
异常用例	货主账户已存在，账户资金余额不足且填写的货单信息符合规范	创建货单	货单创建失败，提示账户当前余额无法支持本次货单的配送	无
异常用例	货主账户已存在，账户资金足够但是填写的货单信息不符合规范	创建货单	货单创建失败，提示货单信息填写错误，要求重新填写	无
异常用例	货主账户不存在	创建货单	货单创建失败，提示账户不存在	无

(2) 场景二：货单修改

货单修改的场景如表 9-3 所示。

- 场景描述：货单创建后，货主可以对货单进行修改。
- 执行者：货主。
- 前置条件：货单已创建。
- 后置条件：货主查看已创建的货单，单击"修改"按钮，则可以对货单进行修改。

表 9-3　货单修改场景

类型	Given	When	Then	备注
正常用例	货单已创建，只修改收件人的信息（包括姓名、电话、地址）	修改货单	货单修改成功	只允许修改收件人信息，包括姓名、电话、地址
异常用例	货单已创建，修改货单类型（比如配送的货物种类、价格等）	修改货单	货单修改失败，提示不允许修改	无

(3) 场景三：货单查询

货单查询的场景如表 9-4 所示。

- 场景描述：货主能够查询其已经创建的货单。
- 执行者：货主。
- 前置条件：货主货单已创建。
- 后置条件：货主能够成功查询已创建的货单。

表 9-4 货单查询场景

类型	Given	When	Then	备注
正常用例	货主创建的货单已经存在	查询货单	能够查询已创建的货单，相关货单内容正常	无
异常用例	货主创建货单失败	查询货单	不能查询创建失败的货单	无

（4）场景四：货单详情查询

货单详情查询的场景如表 9-5 所示。

❏ 场景描述：货主能够查询已创建的货单列表，选择其中某个货单，则可以查看该货单的详情。

❏ 执行者：货主。

❏ 前置条件：货主的货单已创建。

❏ 后置条件：货主成功查询已创建的货单，单击单个货单可以查看该货单详情。

表 9-5 货单详情查询场景

类型	Given	When	Then	备注
正常用例	货主创建的货单已经存在且能够查询已创建的货单	单击详情	能够查询这个货单的详细信息	无
异常用例	货主创建的货单已经存在且能够查询已创建的货单，突发网络异常	单击详情	查询货单详情超时，无法显示	无

（5）场景五：货单取消

货单取消的场景如表 9-6 所示。

❏ 场景描述：货主已创建货单，然后取消货单，货单成功取消。

❏ 执行者：货主。

❏ 前置条件：货主的货单已创建。

❏ 后置条件：货单成功取消。

表 9-6 货单取消场景

类型	Given	When	Then	备注
正常用例	货主已创建货单	取消货单	货单取消成功且货单状态为"已取消"，无法再修改与推送	无
异常用例	货主已创建货单，网络信号差，无服务	取消货单	货单取消失败，提示网络异常	无
异常用例	货主已创建货单，GPS 定位已关闭	取消货单	货单取消失败，提示开启 GPS 定位	无

（6）场景六：货单推送

货单推送的场景如表 9-7 所示。

❏ 场景描述：货主成功创建货单后，可以推送货单消息。

❏ 执行者：货主。

- 前置条件：货主的货单已创建。
- 后置条件：货单推送成功，对应距离的骑手能够收到货主推送的货单。

表 9-7 货单推送场景

类型	Given	When	Then	备注
正常用例	货单已存在	推送货单	货单推送成功，1km 以内的所有骑手都能收到推送的货单	无
正常用例	货单已存在并推送成功，1km 以内的所有骑手都能收到推送的货单，超过 5min 没人抢单	推送货单	2km 以内的所有骑手都能收到推送的货单	无
正常用例	货单已存在并推送成功，2km 以内的所有骑手都能收到推送的货单，超过 10min 没人抢单	推送货单	货主收到加价提醒	无
正常用例	货单已存在并推送成功，2km 以内的所有骑手都能收到推送的货单，超过 10min 没人抢单，货主加价	推送货单	3km 以内的所有骑手都能收到推送的货单	无
正常用例	货单已存在并推送成功，2km 以内的所有骑手都能收到推送的货单，超过 10min 没人抢单，货主不加价	推送货单	货单自动取消，运费退回到货主账户	无
正常用例	货单已存在并推送成功，3km 以内的所有骑手都能收到推送的货单，货主已加价，超过 15min 没人抢单	推送货单	货单自动取消，运费退回到货主账户	无
正常用例	货单已推送	取消货单	货单已取消，运费退回到货主账户	无
异常用例	网络信号差，无服务	推送货单	货单推送失败，提示网络异常	无
异常用例	GPS 定位已关闭	推送货单	货单推送失败，提示开启 GPS 定位	无

（7）场景七：抢单成功

抢单成功的场景如表 9-8 所示。

- 场景描述：骑手收到货单推送信息，能够抢单成功，并看到自己所抢货单的信息。
- 执行者：骑手。
- 前置条件：骑手收到货主推送的货单。
- 后置条件：骑手抢单成功，且可以查看所抢货单的信息。

表 9-8 抢单成功场景

类型	Given	When	Then	备注
正常用例	骑手收到货主推送的货单消息且骑手账户资金足够	抢单	骑手抢单成功且能够查看自己所抢货单的信息	无
异常用例	骑手收到货主推送的货单消息且骑手账户资金不足	抢单	骑手抢单失败，提示账户资金余额不足，无法扣除押金	无
异常用例	骑手收到货主推送的货单消息，骑手账户资金足够，但是同一时刻订单被别的骑手抢走	抢单	骑手抢单失败，订单已经被其他人骑手抢走	无
异常用例	网络信号差，无服务	抢单	抢单失败，提示网络异常	无
异常用例	GPS 定位已关闭	抢单	货单推送失败，提示开启 GPS 定位	无

（8）场景八：骑手取货

骑手取货的场景如表 9-9 所示。
- 场景描述：骑手已抢单，骑手取到货，货单状态为"配送中"。
- 执行者：骑手。
- 前置条件：骑手已抢单。
- 后置条件：骑手取到货物，货单状态为"配送中"。

表 9-9　骑手取货场景

类型	Given	When	Then	备注
正常用例	骑手已抢到货单，货单状态为"取货中"	骑手取货	货单提取成功，状态为"配送中"	无
正常用例	骑手已抢到货单，货单状态为"取货中"	骑手取消订单	货单被取消，货单状态改为"推送中"	无
异常用例	网络信号差，无服务	骑手取货	取货失败，提升网络异常	无
异常用例	GPS 定位已关闭	骑手取货	取货失败，提示开启 GPS 定位	无

（9）场景九：货物签收

货物签收的场景如表 9-10 所示。
- 场景描述：货单配送中，成功配送到目的地，收件人成功签收。
- 执行者：收件人。
- 前置条件：货物成功配送到目的地。
- 后置条件：签收成功，货单关闭且骑手账户收到对应的运费。

表 9-10　货物签收场景

类型	Given	When	Then	备注
正常用例	货单成功配送到目的地	签收	货单签收成功，货单状态为"已关闭"，骑手账户收到对应的运费报酬，货主账户扣除对应的费用	无
异常用例	网络信号差，无服务	签收	签收失败，提示网络异常	无
异常用例	GPS 定位已关闭	签收	签收失败，提示开启 GPS 定位	无

9.2　方案设计

本节主要针对货单管理的相关场景设计了一套方案，涵盖 DDD 的分层架构、数据库表设计以及 RESTful 接口设计，并不涉及详细的 DDD 设计方法及理论，对 DDD 有兴趣的读者可自行查阅相关书籍。

9.2.1 分层架构

如图 9-1 所示,"DD 送货"的软件架构包含以下层次:

- **用户接口层**(User Interface,UI):对外提供货单管理接口,支持各种协议形式的服务,并包含参数校验、权限认证和业务实体组装器等功能。本案例提供了货单管理的对外接口。
- **应用服务层**(Application):组合多个业务实体和基础设施层的组件,完成业务服务。本案例中,货单管理应用依赖于资金服务、用户服务、位置服务和货单服务,通过组合这些服务来实现货单管理功能。
- **业务领域层**(Domain):DDD 概念中的核心业务层,封装了所有业务逻辑,包括实体、值对象、领域服务和领域事件等。本案例中包含了货单服务以及货单的聚合根、实体和值对象。
- **基础设施层**(Infrastructure):提供公共组件,如仓储、银行客户端和定位客户端等。本案例提供了货单的仓储功能组件。

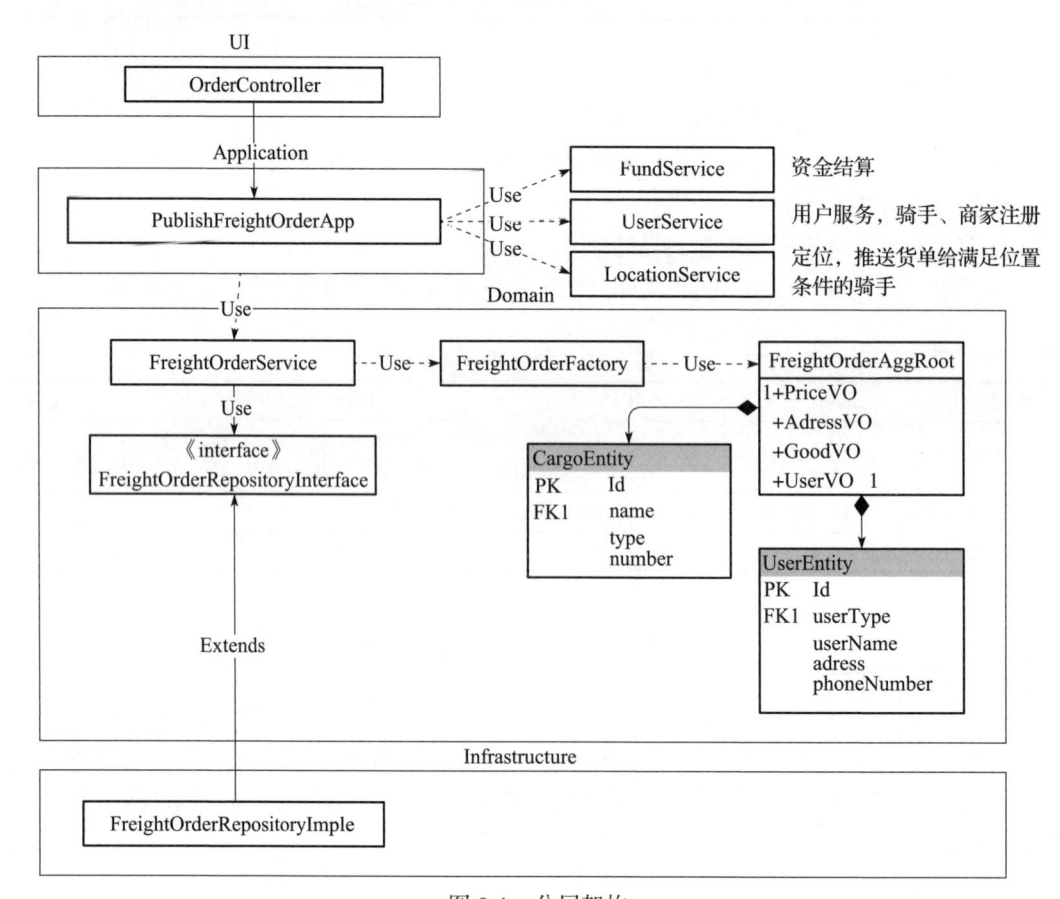

图 9-1 分层架构

9.2.2 数据库表设计

图 9-2 描述了用户信息、资金、货单以及货物之间的关联关系。

```
tb_user（用户表）
🔑 user_id        用户ID
♦ user_type      用户类型
Abc user_name    用户名（账号）
♀ gender         性别
Abc mobile       手机
Abc address      地址
```

```
tb_fund（资金账户表）
🔑 user_id        用户ID
♀ amount         资金账户金额
```

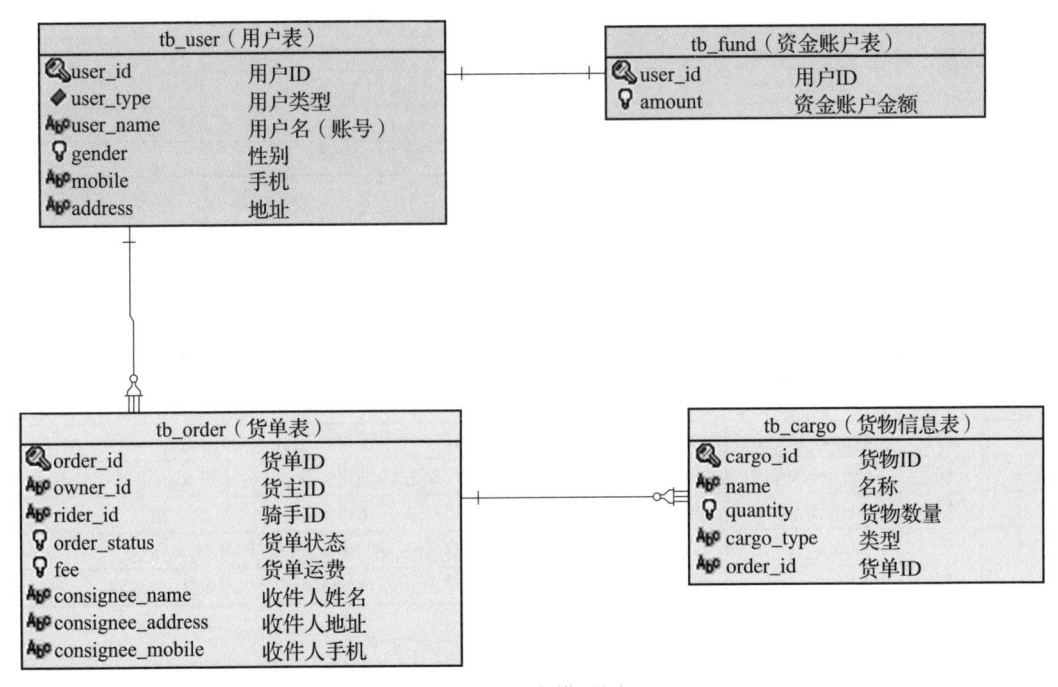

```
tb_order（货单表）
🔑 order_id            货单ID
Abc owner_id          货主ID
Abc rider_id          骑手ID
♀ order_status       货单状态
♀ fee                 货单运费
Abc consignee_name    收件人姓名
Abc consignee_address 收件人地址
Abc consignee_mobile  收件人手机
```

```
tb_cargo（货物信息表）
🔑 cargo_id       货物ID
Abc name          名称
♀ quantity       货物数量
Abc cargo_type   类型
Abc order_id     货单ID
```

图 9-2　表模型图

- tb_user：代表用户表，保存着用户（货主和骑手）的个人信息（用户名、手机号等）。
- tb_fund：代表资金账户表，保存着用户的个人资金金额。资金信息比较独立且重要，单独作为一个表存在，主键是 user_id（用户 ID）字段，同时该字段也是外键，引用用户表的 user_id 字段。
- tb_order：代表货单表，order_id（货单 ID）字段作为主键，同时 owner_id（货主 ID）和 rider_id（骑手 ID）字段作为外键引用用户表的 user_id 字段，记录货单的货主和骑手信息。
- tb_cargo：代表货物信息表，记录某个货单中需要运送货物的货物信息（多件货物的名称、数量、类型）。外键 order_id 字段引用货单表的 order_id 字段，表明货物归属于哪个货单。

9.2.3 表的详情设计

1. tb_user（用户表）

(1) 表结构描述

用户表结构如表 9-11 所示。

表 9-11 用户表结构

字段名	逻辑名	数据类型	长度	约束	说明
user_id	用户 ID	String		主键	
user_type	用户类型	Enum		非空	选项：1=货主 2=骑手
user_name	用户名（账号）	String		非空	
gender	性别	Integer		非空	
mobile	手机	String		非空	
address	地址	String		非空	

（2）表数据示例

用户表数据示例如表 9-12 所示。

表 9-12 用户表数据示例

序号	用户类型	用户名（账号）	性别	手机	地址
1	货主	elizabeth_jfbtdj	男	136×××7740	广东省珠海市香洲区×××路×××房
2	骑手	donald_htn	女	139×××0010	辽宁省本溪市明山区×××街道×××号楼×××
3	骑手	patricia_ojnef	男	139×××9351	广东省深圳市龙岗区×××镇×××街道×××号
4	货主	thomas_yfdxvt	男	131×××6534	浙江省杭州市×××区公寓×××号
5	货主	sandra_y0	男	134×××2705	福建省三明市×××区×××幢×××室
6	货主	sandra_yt8ywn	女	134×××3071	广西壮族自治区百色市×××县×××路

2. tb_fund（资金账户表）

（1）表结构描述

资金账户表结构如表 9-13 所示。

表 9-13 资金账户表结构

字段名	逻辑名	数据类型	长度	约束	说明
user_id	用户 ID	String		主键	
amount	资金账户金额	Integer		非空	

（2）表数据示例

资金账户表数据示例如表 9-14 所示。

表 9-14 资金账户表数据示例

序号	资金账户金额
1	834.17
2	402.50
3	834.25
4	121.83
5	426.58
6	833.42

3. tb_order（货单表）

（1）表结构描述

货单表结构如表 9-15 所示。

表 9-15 货单表结构

字段名	逻辑名	数据类型	长度	约束	说明
order_id	货单 ID	String		主键	
owner_id	货主 ID	String		外键	关联用户中的 user_id 字段
rider_id	骑手 ID	String		外键	关联用户中的 user_id 字段
order_status	货单状态	Integer		非空	选项：1=创建 2=已取消 3=推送中 4=待取货 5=派送中 6=已签收
fee	货单运费	Integer		非空	
consignee_name	收件人姓名	String		非空	
consignee_address	收件人地址	String		非空	
consignee_mobile	收件人手机	String		非空	

（2）表数据示例

货单表数据示例如表 9-16 所示。

表 9-16 货单表数据示例

序号	货主 ID	骑手 ID	货单状态	货单运费	收件人姓名	收件人地址	收件人手机
1	70f4bf0e6a2cef94	46bef4a236c1d099	推送中	676.86	收件人姓名 1	收件人地址 1	136×××7740
2	ca3694681d613d0b	664dedc41e9dbf8e	派送中	184.73	收件人姓名 2	收件人地址 2	139×××0010
3	e09acbb96b1dd5ce	18917f55a93b34ac	推送中	389.31	收件人姓名 3	收件人地址 3	139×××9351
4	81afebe2025e8ed2	1c8c4a080dabd4e0	推送中	30.66	收件人姓名 4	收件人地址 4	131×××6534
5	224d7f2140713be1	2ad2728dd1fbc404	待取货	40.48	收件人姓名 5	收件人地址 5	134×××2705
6	b88f23110a701624	278fda273842a918	待取货	328.69	收件人姓名 6	收件人地址 6	134×××3071

4. tb_cargo（货物信息表）

（1）表结构描述

货物信息表结构如表 9-17 所示。

表 9-17 货物信息表结构

字段名	逻辑名	数据类型	长度	约束	说明
cargo_id	货物 ID	String		主键	
name	名称	String			
quantity	货物数量	Integer			
cargo_type	类型	String			
order_id	货单 ID	String		外键	

（2）表数据示例

货物信息表数据示例如表 9-18 所示。

表 9-18 货物信息表数据示例

序号	名称	货物数量	类型	货单 ID
1	电脑桌	1	办公	055f1e5a63a0f670
2	婚纱	1	生活	96165fc94f8a11f1
3	MP3	3	科技	eb75fb0a874d703a
4	休闲裤	5	生活	043dd692c8352bd6
5	淋浴花洒	1	生活	616425fd170cc8f2
6	耳机	1	文娱	0059f16cf734a2b9

9.2.4 REST API 设计

下面以货单为例，描述几个 REST API 的设计，以供读者参考。

1. 货单查询

（1）基本信息

- Path：/api/v1/order/list。
- Method：POST。
- 接口描述：

参考互联网通用的返回消息：

```
{
"code": 21211, // Int 类型：0 表示成功，非 0 表示失败
"message": "The 'To' number 5551234567 is not a valid phone number.", // String
    类型：视情况国际化，成功时，默认为 success；失败时，提示具体失败原因
"data": [] // 成功时，需要的话可包含该字段，并视情况定义其结构；失败时，无该字段，或者为空数
    组 [] 或空对象 {}
}
```

（2）请求参数

货单查询的请求头（Header）如表 9-19 所示，货单查询的请求体（Body）如表 9-20 所示。

表 9-19 货单查询请求头

参数名称	参数值	是否必需	示例	备注
Content-Type	application/json	是		

表 9-20 货单查询请求体

名称	类型	是否必需	默认值	备注	其他信息
ownerId	String	是		货主账户 ID	Mock：@guid

(续)

名称	类型	是否必需	默认值	备注	其他信息
pageSize	Integer	是	10	每页显示条数	最小值：0 Mock：@integer
page	Integer	是	1	当前第几页，从 0 开始，0 表示第一页	最大值：999 最小值：0 Mock：@integer
order	Object []	是		用来排序	最小数量：1 元素是否都不同：true 最大数量：5 item 类型：Object
├─ column	String	是		参与排序的列名	Mock：@string
├─ dir	String	是	asc	升序 asc，降序 desc	枚举：asc，desc Mock：@string

（3）返回数据

货单查询的返回数据如表 9-21 所示。

表 9-21　货单查询返回

名称	类型	是否必需	默认值	备注	其他信息
code	Integer	是		Int 类型：0 表示成功，非 0 表示失败	
message	String	是		String 类型：视情况国际化，成功时默认为 success；失败时，提示具体失败原因	
data	Object	是		成功时，需要的话可包含该字段，并视情况定义其结构；失败时，无该字段，或者为空数组 [] 或空对象 {}	
├─ result	Object []	是			最小数量：1 元素是否都不同：true 最大数量：3 item 类型：Object
├─ orderId	String	是		货单 ID	Mock：@guid
├─ cargoInfo	Object	是		货物信息	
├─ type	String	是		货物类型	枚举：家电、汽车、家具
├─ name	String	是		货物名称	枚举：手表、电视机、台灯、自行车、电动车
├─ number	Number	是		数量	
├─ consigneeInfo	Object	是		收件人信息	
├─ name	String	是		姓名	

（续）

名称	类型	是否必需	默认值	备注	其他信息
├─ address	String	是		地址	
├─ mobilePhone	String	是		联系方式	
├─ price	Number	是		运费	
├─ status	String	是		状态：未被抢单、取货中、派送中、已收货、已取消	
├─ creationTime	String	是		创建时间	
├─ page	Integer	是		当前第几页，从0开始，0表示第一页	Mock：@natural
├─ pageSize	Integer	是		每页多少行记录	Mock：@natural
├─ totalSize	Integer	是		一共有多少行记录	Mock：@natural
├─ totalPages	Integer	是		一共有多少页	Mock：@natural

2. 货单的详细信息

（1）基本信息

❑ Path：/api/v1/order/{id}。

❑ Method：GET。

❑ 接口描述可参考前面场景，此处不再赘述。

（2）请求参数

货单详情查询的请求参数为"Id"。例如：orderId1 表示货单 ID。

（3）返回数据

货单详情查询的返回数据如表 9-22 所示。

表 9-22 货单详情查询返回

名称	类型	是否必需	默认值	备注	其他信息
code	Integer	是		Int 类型：0 表示成功，非 0 表示失败	Mock：@string
message	String	是		String 类型：视情况国际化，成功时，默认为 success；失败时，提示具体失败原因	
data	Object	是		成功时，需要的话可包含该字段，并视情况定义其结构；失败时，无该字段，或者为空数组[]或空对象 {}	
├─ orderId	String	是		货单 ID	Mock：@guid
├─ ownerInfo	Object	是		货主信息	
├─ name	String	是		姓名	

（续）

名称	类型	是否必需	默认值	备注	其他信息
├── address	String	是		地址	
├── mobilePhone	String	是		联系方式	
├── ownerId	String	是		货主 ID	Mock：@guid
├── cargoInfo	Object	是		货物信息	
├── type	String	是		货物类型	
├── number	Integer	是		数量	
├── consigneeInfo	Object	是		收件人信息	
├── name	String	是		姓名	
├── address	String	是		地址	
├── mobilePhone	String	是		联系方式	
├── price	Integer	是		运费	
├── status	String	是		状态：未被抢单、取货中、派送中、已收货、已取消	
├── creationTime	String	是		创建时间	
├── LastModificationTime	String	是		最后修改时间	
├── riderInfo	Object	是		骑手信息，未被抢单时为空	
├── name	String	是		名字	
├── mobilePhone	String	是		联系方式	
├── location	String	是		骑手位置	
├── riderId	String	是		骑手 ID	Mock：@guid

3. 货单创建

（1）基本信息

- Path：/api/v1/order?method=create。
- Method：POST。

（2）请求参数

货单创建的请求头如表 9-23 所示，货单创建的请求体如表 9-24 所示。

表 9-23 货单创建请求头

参数名称	参数值	是否必需	示例	备注
Content-Type	application/json	是		

表 9-24 货单创建请求体

名称	类型	是否必需	默认值	备注	其他信息
ownerId	String	是		货主信息	Mock：@guid
cargoInfo	Object	是		货物信息	

（续）

名称	类型	是否必需	默认值	备注	其他信息
├── type	String	是		货物类型	
├── number	Integer	是		数量	
consigneeInfo	Object	是		收件人信息	
├── name	String	是		姓名	
├── address	String	是		地址	
├── mobilePhone	String	是		联系方式	

（3）返回数据

货单创建的返回数据如表9-25所示。

表9-25 货单创建返回

名称	类型	是否必需	默认值	备注	其他信息
code	Integer	是		Int类型：0表示成功，非0表示失败	
message	String	是		String类型：视情况国际化，成功时，默认为success；失败时，提示具体失败原因	
data	Object	否		成功时，需要的话可包含该字段，并视情况定义其结构；失败时，无该字段，或者为空数组 [] 或空对象 {}	
├── orderId	String	是		货单ID	Mock：@guid

4. 货单修改

（1）基本信息

❑ Path：/api/v1/order?method=revise。

❑ Method：POST。

（2）请求参数

货单修改的请求头如表9-26所示，货单修改的请求体如表9-27所示。

表9-26 货单修改请求头

参数名称	参数值	是否必需	示例	备注
Content-Type	application/json	是		

表9-27 货单修改请求体

名称	类型	是否必需	默认值	备注	其他信息
orderId	String	是		货单ID	Mock：@guid
consigneeInfo	Object	否		收件人信息	
├── name	String	否		姓名	
├── address	String	否		地址	
├── mobilePhone	String	否		联系方式	

（3）返回数据

货单修改的返回数据如表 9-28 所示。

表 9-28　货单修改返回

名称	类型	是否必需	默认值	备注	其他信息
code	Integer	是		Int 类型：0 表示成功，非 0 表示失败	
message	String	是		String 类型：视情况国际化，成功时，默认为 success；失败时，提示具体失败原因	
data	Object	否		成功时，需要的话可包含该字段，并视情况定义其结构；失败时，无该字段，或者为空数组 [] 或空对象 {}	

5. 货单删除

（1）基本信息

❑ Path：/api/v1/order?method=cancel。

❑ Method：POST。

❑ 接口描述不再赘述，注意返回取消的订单信息。

（2）请求参数

货单删除的请求头如表 9-29 所示，货单删除的请求体如表 9-30 所示。

表 9-29　货单删除请求头

参数名称	参数值	是否必需	示例	备注
Content-Type	application/json	是		

表 9-30　货单删除请求体

名称	类型	是否必需	默认值	备注	其他信息
orderId	String	是		货单 ID	Mock: @guid

（3）返回数据

货单删除的返回数据如表 9-31 所示。

表 9-31　货单删除返回

名称	类型	是否必需	默认值	备注	其他信息
code	Integer	是		Int 类型：0 表示成功，非 0 表示失败	
message	String	是		String 类型：视情况国际化，成功时，默认为 success；失败时，提示具体失败原因	
data	Object	是		[]	

6. 货单推送

（1）基本信息

❏ Path：/api/v1/order/push。

❏ Method：POST。

❏ 接口描述不再赘述。

（2）请求参数

货单推送的请求头如表9-32所示，货单推送的请求体如表9-33所示。

表9-32　货单推送请求头

参数名称	参数值	是否必需	示例	备注
Content-Type	application/x-www-form-urlencoded	是		

表9-33　货单推送请求体

名称	类型	是否必需	示例	备注
orderId	Text	是		货单 ID
ownerId	Text	是		货主 ID
area	Text	是		推送给多大范围内的骑手

（3）返回数据

货单推送的返回数据如表9-34所示。

表9-34　货单推送返回

名称	类型	是否必需	默认值	备注	其他信息
code	Number	否			
message	String	否			
data	Object	否			

7. 取消货单推送

（1）基本信息

❏ Path：/api/v1/order。

❏ Method：POST。

（2）请求参数

取消货单推送的请求头如表9-35所示，取消货单推送的请求体如表9-36所示。

表9-35　取消货单推送请求头

参数名称	参数值	是否必需	示例	备注
Content-Type	application/x-www-form-urlencoded	是		

表 9-36　取消货单推送请求体

名称	类型	是否必需	示例	备注
orderId	Text	是		
userId	Text	是		货主 ID

（3）返回数据

取消货单推送的返回数据如表 9-37 所示。

表 9-37　取消货单推送返回

名称	类型	是否必需	默认值	备注	其他信息
code	Number	否			
message	String	否			
data	Object	否			

9.3　输出 Todolist

Todolist 包括功能点、场景和用例，其中一个功能点可以对应一个或多个场景，一个场景可以对应一个或者多个用例，具体的输出可以结合前面所述的场景分析法来分析，本节以货单管理来举例。

首先，拆解货单管理的功能点。通过需求得知，货单管理的功能点包括：**货单查询、货单详情查询、货单创建、货单修改、货单删除**。接着，根据功能点进行场景拆分，对于简单的功能可以直接拆分，而对于复杂的功能，则可以使用场景拆分法。以货单详情查询功能点为例，梳理业务的流程图，分析出基本流（主干业务正常执行的流程）和备选流（分支流程），如图 9-3 所示。

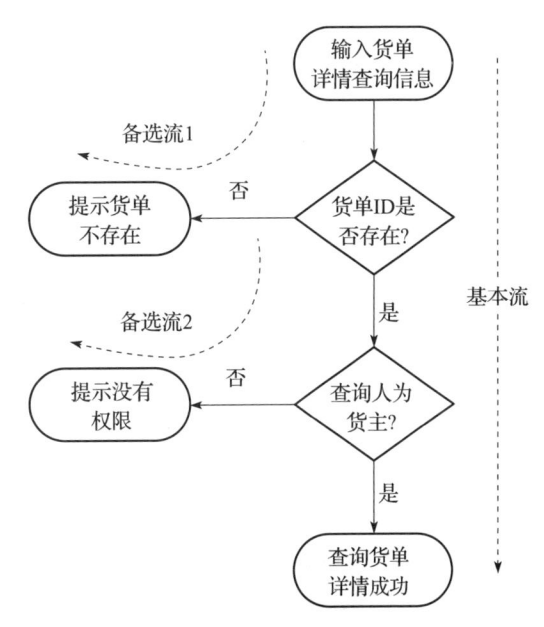

图 9-3　货单详情查询功能点的业务流程图

从图 9-3 可以看到以下内容：

- 基本流（正常场景）：输入货单详情查询信息→货单 ID 存在→查询人为货主→查询货单详情成功。
- 备选流 1（异常场景）：输入货单详情查询信息→货单 ID 不存在→提示货单不存在。
- 备选流 2（异常场景）：输入货单详情查询信息→货单 ID 存在→查询人非货主→提示没有权限。

针对货单详情查询这个功能点，通过场景分析法我们梳理出了上述三种场景，接下来就是使用各种测试设计方法，将这些场景进一步细化成用例，如图 9-4 所示。

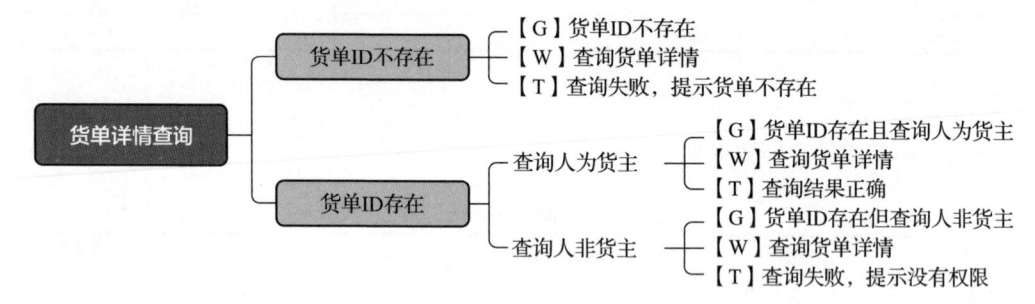

```
货单详情查询
├── 货单ID不存在
│   ├── 【G】货单ID不存在
│   ├── 【W】查询货单详情
│   └── 【T】查询失败，提示货单不存在
└── 货单ID存在
    ├── 查询人为货主
    │   ├── 【G】货单ID存在且查询人为货主
    │   ├── 【W】查询货单详情
    │   └── 【T】查询结果正确
    └── 查询人非货主
        ├── 【G】货单ID存在但查询人非货主
        ├── 【W】查询货单详情
        └── 【T】查询失败，提示没有权限
```

图 9-4　货单详情查询用例

货单详情查询的功能点比较简单，每个场景只对应一个用例。而货单创建这个功能点就相对复杂些，从 Todolist 的角度来看，货单创建被拆分成了两个场景。对于其中的入参错误场景，根据对入参校验的要求，又细分出了 7 个用例，如图 9-5 所示。

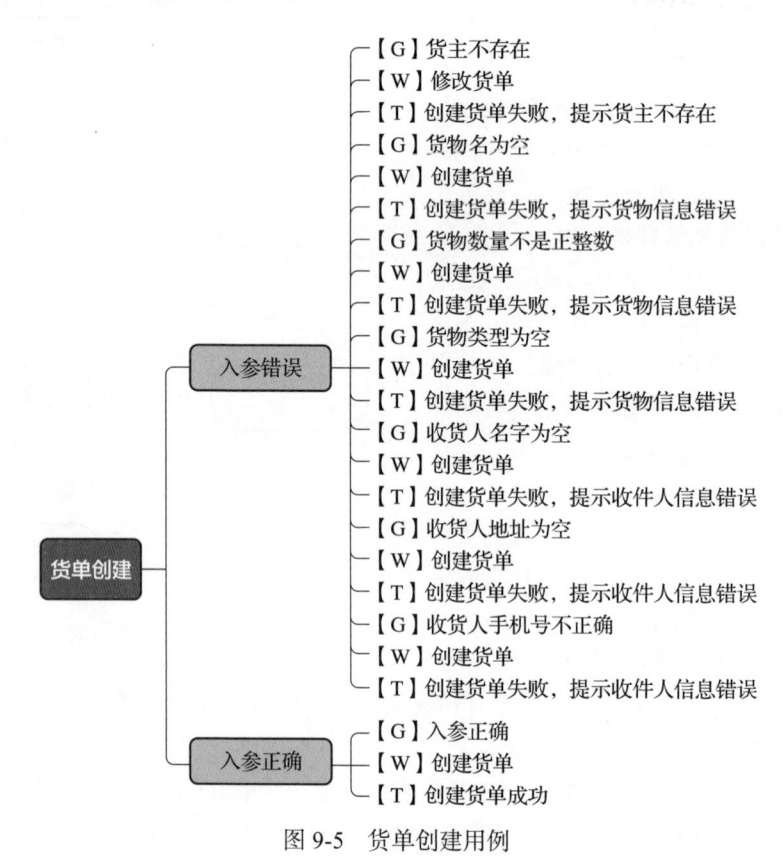

```
货单创建
├── 入参错误
│   ├── 【G】货主不存在
│   ├── 【W】修改货单
│   ├── 【T】创建货单失败，提示货主不存在
│   ├── 【G】货物名为空
│   ├── 【W】创建货单
│   ├── 【T】创建货单失败，提示货物信息错误
│   ├── 【G】货物数量不是正整数
│   ├── 【W】创建货单
│   ├── 【T】创建货单失败，提示货物信息错误
│   ├── 【G】货物类型为空
│   ├── 【W】创建货单
│   ├── 【T】创建货单失败，提示货物信息错误
│   ├── 【G】收货人名字为空
│   ├── 【W】创建货单
│   ├── 【T】创建货单失败，提示收件人信息错误
│   ├── 【G】收货人地址为空
│   ├── 【W】创建货单
│   ├── 【T】创建货单失败，提示收件人信息错误
│   ├── 【G】收货人手机号不正确
│   ├── 【W】创建货单
│   └── 【T】创建货单失败，提示收件人信息错误
└── 入参正确
    ├── 【G】入参正确
    ├── 【W】创建货单
    └── 【T】创建货单成功
```

图 9-5　货单创建用例

综上，根据前述拆分场景部分所介绍的方法，我们对货单管理需求进行了 Todolist 拆分，最终得到完整的 Todolist，用于指导后续用例代码的开发。完整的用例输出如图 9-6 所示。

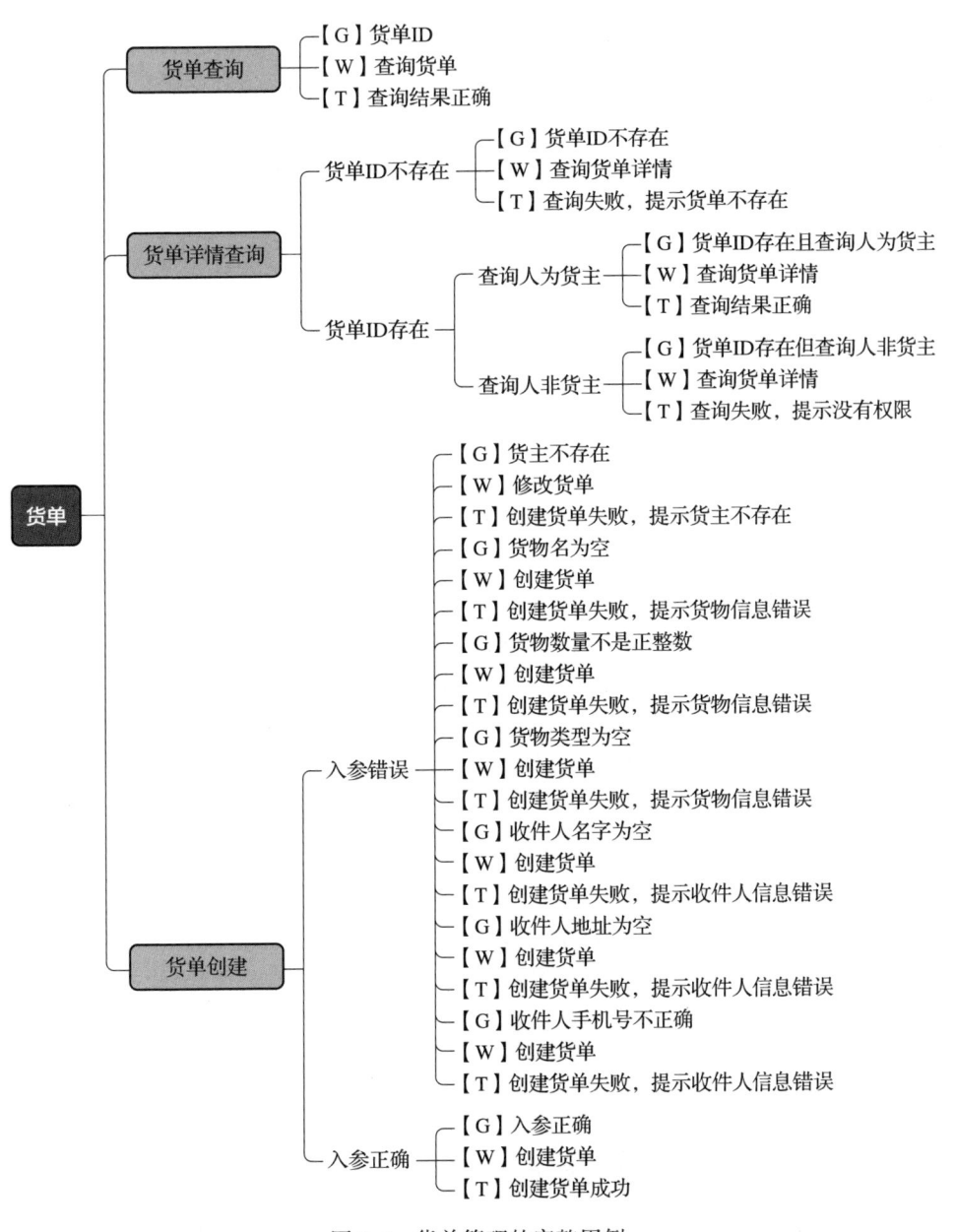

```
货单 ─┬─ 货单查询 ─── 【G】货单ID
      │              【W】查询货单
      │              【T】查询结果正确
      │
      ├─ 货单详情查询 ─┬─ 货单ID不存在 ─── 【G】货单ID不存在
      │                │                  【W】查询货单详情
      │                │                  【T】查询失败，提示货单不存在
      │                │
      │                └─ 货单ID存在 ─┬─ 查询人为货主 ─── 【G】货单ID存在且查询人为货主
      │                                │                【W】查询货单详情
      │                                │                【T】查询结果正确
      │                                │
      │                                └─ 查询人非货主 ─── 【G】货单ID存在但查询人非货主
      │                                                  【W】查询货单详情
      │                                                  【T】查询失败，提示没有权限
      │
      └─ 货单创建 ─┬─ 入参错误 ─── 【G】货主不存在
                   │              【W】修改货单
                   │              【T】创建货单失败，提示货主不存在
                   │              【G】货物名为空
                   │              【W】创建货单
                   │              【T】创建货单失败，提示货物信息错误
                   │              【G】货物数量不是正整数
                   │              【W】创建货单
                   │              【T】创建货单失败，提示货物信息错误
                   │              【G】货物类型为空
                   │              【W】创建货单
                   │              【T】创建货单失败，提示货物信息错误
                   │              【G】收件人名字为空
                   │              【W】创建货单
                   │              【T】创建货单失败，提示收件人信息错误
                   │              【G】收件人地址为空
                   │              【W】创建货单
                   │              【T】创建货单失败，提示收件人信息错误
                   │              【G】收件人手机号不正确
                   │              【W】创建货单
                   │              【T】创建货单失败，提示收件人信息错误
                   │
                   └─ 入参正确 ─── 【G】入参正确
                                  【W】创建货单
                                  【T】创建货单成功
```

图 9-6 货单管理的完整用例

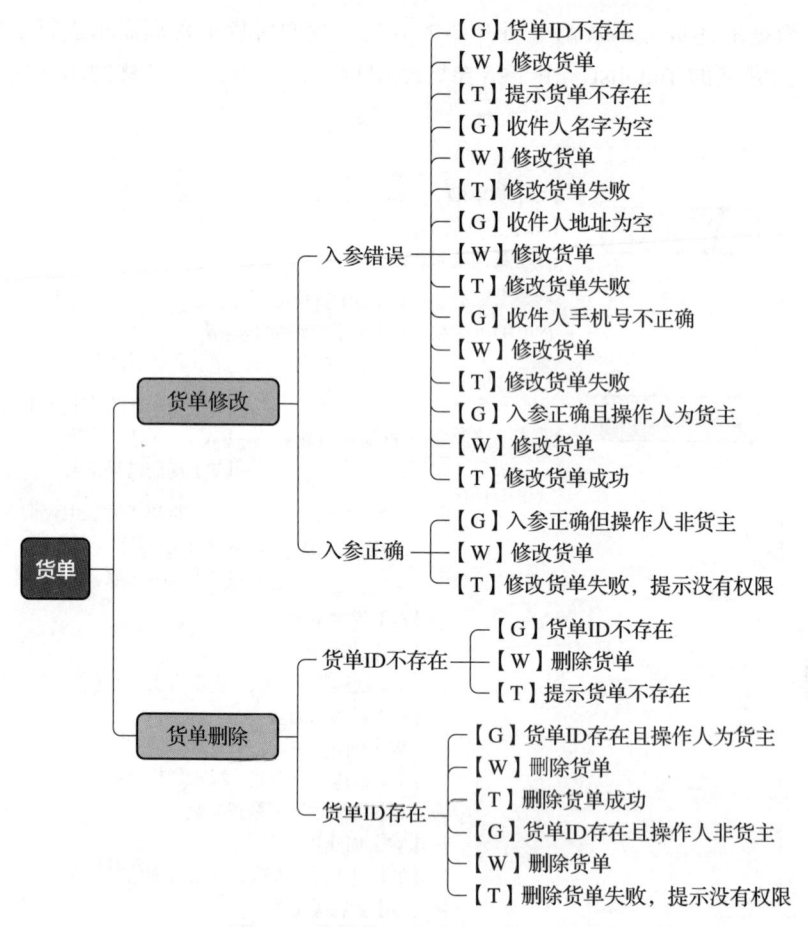

```
货单 ─┬─ 货单修改 ─┬─ 入参错误 ─┬─【G】货单ID不存在
       │           │           ├─【W】修改货单
       │           │           ├─【T】提示货单不存在
       │           │           ├─【G】收件人名字为空
       │           │           ├─【W】修改货单
       │           │           ├─【T】修改货单失败
       │           │           ├─【G】收件人地址为空
       │           │           ├─【W】修改货单
       │           │           ├─【T】修改货单失败
       │           │           ├─【G】收件人手机号不正确
       │           │           ├─【W】修改货单
       │           │           └─【T】修改货单失败
       │           │           ┌─【G】入参正确且操作人为货主
       │           │           ├─【W】修改货单
       │           └─ 入参正确 ─┼─【T】修改货单成功
       │                       ├─【G】入参正确但操作人非货主
       │                       ├─【W】修改货单
       │                       └─【T】修改货单失败,提示没有权限
       │
       └─ 货单删除 ─┬─ 货单ID不存在 ─┬─【G】货单ID不存在
                   │               ├─【W】删除货单
                   │               └─【T】提示货单不存在
                   │               ┌─【G】货单ID存在且操作人为货主
                   │               ├─【W】删除货单
                   └─ 货单ID存在 ───┼─【T】删除货单成功
                                   ├─【G】货单ID存在且操作人非货主
                                   ├─【W】删除货单
                                   └─【T】删除货单失败,提示没有权限
```

图 9-6 货单管理的完整用例(续)

9.4 TDD 开发实现

本节主要介绍"DD 送货"案例中一些重要的 TDD 实践,旨在帮助读者深入理解这些实践,并将其应用到实际项目中,提高测试用例开发效率。

在实现"DD 送货"开发需求的过程中,我们使用了中兴通讯公司自主研发的测试框架 ZFake,它通过在单元测试中提供多种仿真功能,帮助工程师快速开发测试用例,提高测试用例的编写效率。

9.4.1 使用 ZFake 实现货单详情查询

正如货单管理部分的介绍,我们已经拆分出了货单管理需求的用例,如图 9-4 所示。本节将以货单详情查询里的"查询人为货主"和"查询人为非货主"的用例为例,简要介绍如何使用 ZFake 测试框架快速实现测试用例。

货单详情查询的接口入参只有货单 ID，而货主信息需要从登录信息中获取，但在用例中无法获取真实的登录信息，所以在实现用例时，需要对货主信息进行 Fake 仿真操作，这时就可以使用 ZFake 框架。

ZFake 框架的使用非常简单，以基于 Spring Boot 框架的 Maven 工程为例，首先需要在 pom.xml 文件中引入 ZFake 的依赖：

```
<dependency>
    <groupId>com.zte.vmax</groupId>
    <artifactId>ZFake</artifactId>
    <version>3.1.1</version>
    <scope>test</scope></dependency>
```

然后在测试用例类上使用 @EnableZFake 注解，以开启 ZFake 的功能：

```
/**
 * 货单的增删改查
 */
@TestInstance(TestInstance.Lifecycle.PER_CLASS)
@SpringBootTest(webEnvironment = SpringBootTest.WebEnvironment.RANDOM_PORT,
        classes = Application.class)
@AutoConfigureMockMvc
@ActiveProfiles({"h2"})
@EnableZFake
public class OrderManagerTest {

    @Autowired
    MockMvc mvc;

    @Autowired
    private OrderManagerMapper orderManagerMapper;
```

实现一个 UserService 的 Fake 类，继承 UserService 类，并重写获取用户的相关接口：

```
public class FakeUserService extends UserServiceImpl {

    @Override
    public String getUserIdBySession() {
        return "user2";
    }
}
```

在测试用例类中，使用 @Fake 注解指定这个 Fake 类，即可实现对该服务的 Fake 仿真。

在这个用例中，代码在查询货单详情时获取的用户是 user2，但是实际要查询的货单属于 user1。通过这种方式，构造出"查询人为非货主"的用例场景。

```
@Test
@Fake(FakeUserService.class)
```

```
public void T_提示没有权限_W_查询货单详情_G_货单ID存在但查询人为非货主()
        throws Exception {
    given("货单ID存在但查询人为非货主");
    TestDataVO testData = getTestData(
            getTestJson(this, "ordermanager/QueryOrderDetails.json"),
            "T_提示没有权限_W_查询货单详情_G_货单ID存在但查询人为非货主");
    MockHttpServletRequestBuilder request = prepareGet(testData);

    when("查询货单详情");
    ResultActions res = mvc.perform(request);

    then("查询失败，提示没有权限");
    assertEquals(res, testData);}
```

9.4.2 使用内存数据库实现对外部数据库的 Fake

"DD 送货"的案例中使用了两种内存数据库 H2、EmbeddedPostgres，现在分别讲述在项目中如何实践。

1. H2 数据库

H2 是一个开源的关系数据库，它以 Java 编写并且以 jar 包的形式提供，可以很方便地集成到 Java 应用程序中。H2 提供了 JDBC 接口以及一个足够小（约 2MB）的数据库引擎。这意味着它可以很容易地集成到任何提供 JDBC 支持的程序中。

H2 主要用于开发和测试环境，其中数据库的持久性不是关键需求。H2 的优势在于它的轻量级和简单性，使得它对于开发人员来说非常易于设置和使用。在 H2 中，你可以运行基于 SQL 的查询和更新，就像在其他关系数据库（如 Oracle、SQL Server、MySQL 等）中一样。H2 支持多种 SQL 标准，并且包含一些其他关系数据库管理系统（RDBMS）中的特性，如视图、触发器、存储过程等。

H2 的配置文件 application-h2.yml 的内容如下：

```yaml
spring:
    datasource:
        url: jdbc:h2:mem:test;database_to_upper=false;    #file: ~/.h2/test
        username: test
        password: test123456
        driver-class-name: org.h2.Driver
        platform: h2
        initialization-mode: always
        schema: classpath:db/schema.sql  # 程序运行时，使用 schema.sql 来创建数据库中的表
        data: classpath:db/data/*.sql    # 程序运行时，使用 data.sql 来创建初始数据
        name: test
```

添加 pom.xml 依赖：

```xml
<dependency>
    <groupId>com.h2database</groupId>
```

```
    <artifactId>h2</artifactId>
    <version>1.4.199</version>
</dependency>
```

使用 H2 时，在测试类激活 H2 的配置，执行调用测试的时候会启动 H2 数据库。当然，也可以在配置文件里将 H2 设为默认启动数据库，示例代码如下：

```
@ActiveProfiles({"h2"})
public class OrderControllerTest {
...
}
```

2. EmbeddedPostgres 数据库

otj-pg-embedded 是一个 Java 库，它允许开发人员在本地开发环境中使用 PostgreSQL 数据库的嵌入式版本进行单元测试和集成测试，而无须在本地搭建 PostgreSQL 数据库环境。

otj-pg-embedded 的主要特点如下：

- 嵌入式 PostgreSQL 数据库：otj-pg-embedded 包含了 PostgreSQL 数据库的嵌入式版本，可以在本地开发环境中运行，而无须安装和配置 PostgreSQL 数据库环境。
- 支持多种数据类型：otj-pg-embedded 支持多种 PostgreSQL 数据库的数据类型，包括整数、浮点数、字符串、日期时间、二进制数据等。
- 支持 SQL 和 JDBC 标准：otj-pg-embedded 支持 SQL 和 JDBC 标准，可以使用标准的 SQL 语句和 JDBC API 来操作数据库。
- 支持事务：otj-pg-embedded 支持 ACID 事务，并提供了多版本并发控制（MVCC）机制，可以保证数据的一致性和可靠性。
- 支持多种测试框架：otj-pg-embedded 支持多种测试框架，包括 JUnit、TestNG 等，可以轻松地进行单元测试和集成测试。

由于 otj-pg-embedded 可以在本地开发环境中模拟 PostgreSQL 数据库的行为，因此它可以帮助开发人员更高效地进行单元测试和集成测试，而无须在本地安装和配置 PostgreSQL 数据库环境。这样可以大大提高开发效率和测试质量。

PostgreSQL 的配置文件 application-test.yml 的内容如下：

```
spring:
    datasource:
        url: jdbc:postgresql://localhost:26789/postgres?rewriteBatchedStatement
            s=true&autoReconnect=true;
        username: postgres
        password:
        driver-class-name: org.postgresql.Driver
```

添加 pom 依赖：

```
<dependency>
    <groupId>com.opentable.components</groupId>
```

```xml
        <artifactId>otj-pg-embedded</artifactId>
        <version>0.13.1</version>
        <scope>compile</scope>
</dependency>
```

使用上，在测试类激活 PostgreSQL 的配置，用例执行前会调用 PostgreSQL 启动方法来启动 PostgreSQL 数据库，或者在配置文件中将 PostgreSQL 设为默认启动数据库。

```java
@ActiveProfiles({"test"})
public class UserTest {

    @BeforeAll
    static void startPg() throws IOException {
        try {
            EmbeddedPG.closeEmbeddedPg();
        } catch (Exception e) {
            log.warn("stop pg exception , ignore", e);
        }
        EmbeddedPG.startEmbeddedPg();
        EmbeddedPG.executeSqlScript("db/schema.sql");
        EmbeddedPG.executeSqlScript("db/data/init.sql");
    }}
```

针对 ANSI 标准的 SQL 语法，可以采用 H2 数据库实现但是当项目使用 PostgreSQL 数据库时，有些本地化的 PostgreSQL 语法特性在 H2 中无法得到支持，所以引入内存数据库 EmbeddedPostgres 进行单元测试。

9.4.3　实现对外部 REST API 的 Fake

在现代软件开发中，我们经常使用各种外部服务进行通信和交互，以完成业务需求。然而，这也意味着我们的应用程序依赖于这些外部服务。例如，在本案例中，银行卡绑定和解绑、账户充值和提现功能都依赖于银联系统，需要通过 REST API 与银联系统进行交互。

下面的代码展示了如何通过 RestTemplate 中的 postForEntity 方法向银联系统发出银行卡绑定请求。然而，在本地开发过程中，我们无法直接与银联系统进行交互。那么，针对这一示例，如何测试代码的正确性呢？

```java
@Autowired
private RestTemplate restTemplate;

public String getContractResponseForPost(String url, String postContent){
    HttpHeaders headers = new HttpHeaders();
    headers.setContentType(MediaType.APPLICATION_JSON);
    HttpEntity entity = new HttpEntity<String>(postContent, headers);
    ResponseEntity<String> response = restTemplate.postForEntity(url, entity,
        String.class);
    if (response.getStatusCodeValue() != HttpStatus.OK.value()) {
        return response.getStatusCodeValue() + "";
```

```
        } else {
            return response.getBody();
        }
    }
```

此处，我们运用契约测试的思想，并采用 Fake 的方式，即通过模拟外部服务的响应数据来实现 Fake。其核心功能是读取预定义的约束规则（通过 YAML 文件加载），然后模拟服务端的响应，最后将其返回给客户端。

1. 为 REST API 封装提供 Fake 能力

在 ZFake 中定义了 FakeRest.class 类。该类继承自 RestTemplate.class，并重写其中的 postForEntity 方法，实现自己的业务逻辑，可以通过调用 getContractResponse 方法获取响应。示例代码如下：

```
public class FakeRest extends RestTemplate {
    public <T> ResponseEntity<T> postForEntity(String url,
                                                @Nullable Object request,
                                                Class<T> responseType,
                                                Object... uriVariables) throws
                                                    RestClientException {
        return this.getContractResponse(url, RequestMethod.POST.getName(),
            request, responseType, uriVariables);
    }
}
```

getContractResponse 方法依次读取每个 YAML 文件，并根据每个规则进行匹配。如果找到一个匹配的规则，则使用规则中定义的响应状态码和响应体，返回给客户端。示例代码如下：

```
private <T> ResponseEntity<T> getContractResponse(String url,
                                                    String method,
                                                    @Nullable Object request,
                                                    Class<T> responseType,
                                                    Object... uriVariables) {
    List<YamlContract> yamlContracts = YamlUtil.getYamlContracts();
    HttpEntity<String> entity = (HttpEntity) request;

    for (int i = 0; i < yamlContracts.size(); ++i) {
        YamlContract contract = (YamlContract) yamlContracts.get(i);
        List<YamlContract> contracts = new ArrayList();
        contracts.add(contract);
        if (this.graphQlMatcher.match(
                contracts,
                this.request(url, (String) entity.getBody(), method),
                (Parameters) null
        ).isExactMatch()) {
            return ResponseEntity.status(contract.response.status).body(
                (new JSONObject((Map) contract.response.body)).toString()
```

            );
        }
    }

    return ResponseEntity.status(HttpStatus.BAD_REQUEST).body((Object) null);
}
```

loadYamlContracts 方法主要通过"classpath*:contract/**.yml"的通配符,将所有 YAML 文件加载为 Resource,解析文件中的约束规则,然后添加到 yamlContracts 中。示例代码如下(在解析和加载 YAML 文件的过程中,还对文件进行一些操作,如创建本地文件、删除已读取的文件等):

```
private static List<YamlContract> yamlContracts = new ArrayList();

public static List<YamlContract> getYamlContracts() {
    return yamlContracts;
}

public static void initYamlContracts() {
    yamlContracts = YamlContractsLoader.loadYamlContracts();
}

public static List<YamlContract> loadYamlContracts() {
    ArrayList yamlContracts = new ArrayList();

    try {
        ResourcePatternResolver resourceResolver = new PathMatchingResourcePatternResolver();
        Resource[] resources = resourceResolver.getResources("classpath*:contract/**.yml");
        File contractFileParent = new File("contract");
        if (!contractFileParent.exists()) {
            contractFileParent.mkdir();
        } else {
            FileUtils.remove(contractFileParent);
        }

        for(int i = 0; i < resources.length; ++i) {
            File contractFile = new File("contract" + File.separator +
                resources[i].getFilename());
            contractFile.createNewFile();
            FileUtils.copyInputStreamToFile(resources[i].getInputStream(),
                contractFile);
        }

        File[] files = contractFileParent.listFiles();

        for(int i = 0; i < files.length; ++i) {
            File contractFile = new File(files[i].getAbsolutePath());
```
```

```
            yamlContracts.addAll(converter.convertTo(converter.convertFrom
                (contractFile)));
            files[i].delete();
        }

        contractFileParent.delete();
    } catch (Exception var7) {
        var7.printStackTrace();
    }

    return yamlContracts;
}
```

2. 使用 @Fake 注解快速实现对 REST API 调用的 Fake

在契约测试时，需要通过 @Fake 注解，将测试上下文中注入的 RestTemplate 类型 Bean 替换成 FakeRest 类型 Bean，以实现 Fake 功能。示例代码如下：

```
@Fake(FakeRest.class)
RestTemplate restTemplate;
```

3. 通过契约文件实现对各种 REST API 的 Fake

由前面的原理分析可知，ZFake 需根据 "classpath*:contract/**.yml" 获取契约文件，并根据文件中的规则进行匹配。因此，需预先在 resources/contract 路径下准备好契约文件。

下面是银行卡绑定相关的契约文件示例 bank_contract_rest.yml，定义了银行卡绑定 REST API 的请求（request）与响应（response）。当 REST API 中的请求内容与下面的 resquest 内容相匹配时，则会返回对应的 response。

```
# 银行卡绑定成功 request:
    url: /v1/bank/bindBankCard
    method: POST
    headers:
        Content-Type: application/json
    body:
        accountBankName: "中国工商银行"
        bankCardNumber: 123456
        mobilePhone: "17734567890"
        captcha: "FG2A"
        identityCardNumber: "0123456789abcde"
        username: "小明"
        appId: "123"
        appSecret: "12345678"response:
    status: 200
    body:
        errorCode: 0
        errorMsg: SUCCESS
    headers:
        Content-Type: application/json;charset=UTF-8
```

一个较完整的测试用例如下：

```
@EnableZFake
public class FundControllerTest {

    @Fake(FakeRest.class)
    RestTemplate restTemplate;

    @Autowired
    MockMvc mvc;

    @Test
    @Fake(FakeUserService.class)
    public void T_绑定成功_W_绑定银行账户_G_账户已存在且未绑定相关银行账户且银行账户信
        息正确() throws Exception {

        given("账户已存在且未绑定相关银行账户且银行账户信息正确");
        TestDataVO testData = getTestData(dataList, "bindBankCardSuccess");
        MockHttpServletRequestBuilder request = preparePost(testData);

        when("绑定银行账户");
        ResultActions res = mvc.perform(request);

        then("绑定成功");
        assertEquals(res, testData);
    }}
```

如果不是使用 RestTemplate 的方式进行 REST 请求，那么还可以参照 ZFake 的原理自行实现 Fake 类以实现 Fake 功能。

9.4.4 测试数据构造

当进行数据驱动测试时，有多种方式可以实现测试用例的参数化和数据加载。以下是其中一些常见的实现方法。

（1）参数化测试

参数化测试是一种常见的数据驱动测试方法，它允许测试用例在运行时使用不同的参数。参数可以通过代码中的变量、命令行参数或配置文件传递给测试用例。例如，假设有一个登录功能的测试用例，可以通过参数化测试来测试不同的用户名和密码组合。

（2）数据文件

使用外部数据文件也是一种常见的数据驱动测试方法。测试数据可以存储在各种格式的文件中，如 CSV、Excel、JSON 等。测试用例从文件中读取数据，并使用读取到的数据来执行测试。这种方法的好处是可以在不修改代码的情况下修改测试数据，方便测试数据的维护和修改。

（3）数据库

如果测试数据存储在数据库中，则可以通过连接数据库来读取数据并执行测试。测试用例可以编写查询语句，从数据库中检索所需的数据，并将其用于测试。这种方法适用于需要频繁更新的测试数据或与其他系统进行交互的测试。

（4）API

如果测试数据可以通过调用 API 获取，则可以编写代码来从接口获取数据，并将其用于测试。例如，可以编写一个获取用户信息的 API，然后在测试用例中调用该接口来获取所需的用户数据。

（5）**数据生成器**

有时，测试数据可能需要以某种方式生成，而不是从外部加载。可以编写代码来生成测试数据，例如生成随机数、日期、字符串等。这种方法适用于需要大量数据或需要特定格式的数据的测试场景。

这些方法可以单独使用，也可以结合使用，根据具体需求选择合适的方法。数据驱动测试的目标是增加测试用例的覆盖范围和可扩展性，以便更好地发现潜在的问题和缺陷。

在编写测试用例的过程中，构造测试数据是关键的一步。而一个好的测试基础框架可以让数据构造更加轻松。为了避免测试数据与代码混杂在一起，可以采用测试数据与代码分离的设计模式。下面通过一些实例来具体说明。

1. 初始化基础数据

首先，根据业务需求构造测试所需的基础数据。可以在服务启动的时候利用数据库 SQL 执行器执行 init.sql，该文件里面包含项目基础数据。示例代码如下：

```sql
-- 清空表数据
delete from tb_fund;
delete from tb_cargo;
delete from tb_order;
delete from tb_user;
commit;

-- 初始化用户数据
insert into "tb_user"("user_id", "user_type", "user_name", "gender", "mobile",
    "address")
values('62cf5812ff12293c', 0, 'barbara_wvwn8', 0, '13635901386', '广东省深圳市龙
    岗区×××镇×××街道×××号');
...
commit;

-- 初始化订单数据
insert into "tb_order" ("order_id", "owner_id", "rider_id", "order_status",
    "fee", "consignee_name",
    "consignee_address", "consignee_mobile")
values('bd328bd35e414003', /*_FK:tb_order.owner_id*/null, /*_FK:tb_order.
    rider_id*/null, 1, -1, '收货人姓名1',
    '收货人地址1', '13635901386');
...
```

```sql
-- 初始化货物数据
insert into "tb_cargo"("cargo_id", "cargo_name", "quantity", "cargo_type",
    "order_id")
values('49843eeac39ba603', 'MP3', 973, '维修', /*_FK:tb_cargo.order_id*/
    'bd328bd35e414003');
...
commit;

-- 初始化资金数据
insert into "tb_fund"("user_id", "amount")
values('62cf5812ff12293c', -1);
...
commit;
```

这些基础数据将被用于测试用例的数据构造。由于这些数据只需要初始化一次，因此可以将其单独存储在一个文件（如 init.sql）中，并在需要时执行。这样可以使测试代码更加简洁和易于维护。

2. 准备业务数据

有些用例需要一些前置数据才能执行。例如，订单签收时需要有待签收的订单，因此需要向数据库中插入待签收订单的数据。用例执行前的示例代码如下：

```java
public class OrderManagerTest {

    @BeforeEach
    public void before() {
        clear();
        dbHandler.dbInit("/db/data/OrderManagerTestDbData.sql");
    }}
```

3. 组织测试用例数据

以 REST API 测试为例，每个接口基本都是由请求路径、请求体、请求结果组成，因此可以将这些数据封装到 JSON 文件中进行统一管理。示例代码如下：

```
[
    {
        "name": "registerUserNormal",
        "uri": "/api/v1/register/owner",
        "content":
        {
            "userName": "testNormalUser",
            "gender": 0,
            "mobile": "15000000001",
            "address": "广东省深圳市龙岗区×××镇×××街道×××号"
        },
        "assertStr":
        {
            "message": "success.",
```

```
            "code": 0,
            "data": null
        }
    },
    {
        "name": "registerRiderNormal",
        "uri": "/api/v1/register/rider",
        "content":
        {
            "userName": "testRider",
            "gender": 0,
            "mobile": "15000000002",
            "address": "广东省深圳市龙岗区×××镇×××街道×××号"
        },
        "assertStr":
        {
            "message": "success.",
            "code": 0,
            "data": null
        }
    }]
```

每个用例对应一份数据，并在执行前加载该文件内容，获取请求 URL 和 content，执行接口测试，对比系统返回结果与期待结果，完成该用例执行过程，减少重复代码。

而对于同一类用例，只有在数据变化的情况下可以考虑使用参数化测试，示例如下：

```
public class UserTest {
    @ParameterizedTest
    @ValueSource(strings = {
            "注册失败,提示用户名不能为空_提交注册请求_用户名为空",
            "注册失败,提示用户名长度超长_提交注册请求_用户名长度超过20",
            "注册失败,提示用户名长度不能小于4_提交注册请求_用户名长度小于4",
            "注册失败,提示用户名不能包含特殊字段_提交注册请求_用户名包含特殊字符",

            "注册失败,提示用户性别不能为空_提交注册请求_用户性别为null",
            "注册失败,提示用户性别只能是0或者1_提交注册请求_用户性别为小于0",
            "注册失败,提示用户性别只能是0或者1_提交注册请求_用户性别为大于1",

            "注册失败,提示手机号不能为空_提交注册请求_手机号为空",
            "注册失败,提示手机号非11位整数_提交注册请求_手机号小于11位",
            "注册失败,提示手机号非11位整数_提交注册请求_手机号大于11位",
            "注册失败,提示手机号非11位整数_提交注册请求_手机号不是整数",

            "注册失败,提示地址不能为空_提交注册请求_地址为空",
            "注册失败,提示地址不能超过200_提交注册请求_地址超过200",
            "注册失败,提示地址不能包含特殊字符_提交注册请求_地址包含特殊字符"
    })
    public void T_注册失败_W_提交注册请求_G_用户参数非法(String caseName) throws
        Exception {
        GivenWhenThenVO givenWhenThenVo = new GivenWhenThenVO(caseName);
```

```
        given(givenWhenThenVo.getGivenInfo());
        TestDataVO testData = getTestData(dataList, givenWhenThenVo.
            getTestName());
        MockHttpServletRequestBuilder request = preparePost(testData);

        when(givenWhenThenVo.getWhenInfo());
        ResultActions res = mvc.perform(request);

        then(givenWhenThenVo.getThenInfo());
        assertBadRequestEquals(res, testData);
    }}
```

多个用例共用一套实现代码,可以提升代码的可读性、降低冗余。数据驱动测试用例开发的方法,能很大程度上提升测试用例编写效率,降低 TDD 实践的成本。

9.4.5 关键字封装

关键字是指在某个特定的领域中被赋予了特殊含义的单词或短语,常常具有特定的语法规则和语义。在不同的领域中,关键字的含义和用法也会有所不同。在编程语言中,关键字是指被编程语言所规定的一些具有特定含义的保留字,如 if、else、while、for 等。这些关键字不能被用作变量名或函数名等标识符,因为它们已经被编程语言占用。

在测试领域中,关键字封装是指将测试用例中的重复代码和流程封装成一个可复用的关键字,从而提高测试代码的复用性和可维护性,同时降低代码的复杂度和维护成本。常见的测试框架,如 JUnit、TestNG 等都封装了常用关键字,如 assertEqual、assertTrue、assertFalse 等。

封装关键字的方法根据具体的测试框架和编程语言而有所不同,一般需要定义关键字的名称、参数列表、返回值类型等,并编写对应的代码实现。关键字封装的好处是可以使测试代码更加简洁、易于维护和扩展。没有关键字做支撑,测试代码会变得臃肿而烦琐,所以为了方便开发,需要自定义一些关键字。

在关键字驱动的测试开发过程中,将测试数据与测试代码分离是一种最佳实践,这样做有助于提高管理的效率和清晰度。由于大多数 Web 项目的开发工作集中在接口上,而编写的测试用例也主要针对这些接口,因此,精心设计和封装与接口相关的关键字变得尤为关键。

针对一个接口的测试,通常需要考虑以下几个要素:**请求的 URL**、**请求参数**以及**请求的返回结果**。结合测试用例的需求,还可能包括**测试用例的名称**。基于此,我们可以定义一个测试用例数据实体对象,示例如下:

```
@Datapublic class TestDataVO {

    /**
     * 用例名称
```

```java
     */
    private String name;

    /**
     * 请求 URL
     */
    private String url;

    /**
     * 请求参数
     */
    private JsonObject content;

    /**
     * 用例断言比对字符串
     */
    private JsonObject assertStr;
}
```

为了方便管理用例数据，做到测试数据与代码分离，以及方便新增和维护，可以定义一个测试数据文件。示例如下：

```
[
    {
        "name": "registerUserNormal",
        "uri": "/api/v1/register/owner",
        "content":
        {
            "userName": "testNormalUser",
            "gender": 0,
            "mobile": "15000000001",
            "address": "广东省深圳市龙岗区×××镇×××街道×××号"
        },
        "assertStr":
        {
            "message": "success.",
            "code": 0,
            "data": null
        }
    },
    {
        "name": "registerRiderNormal",
        "uri": "/api/v1/register/rider",
        "content":
        {
            "userName": "testRider",
            "gender": 0,
            "mobile": "15000000002",
            "address": "广东省深圳市龙岗区×××镇×××街道×××号"
        },
```

```
            "assertStr":
            {
                "message": "success.",
                "code": 0,
                "data": null
            }
        }
    ]
```

提前读取测试数据：

```
private final String TEST_DATA_FILE = "UserTest.json";

private List<TestDataVO> dataList;

@BeforeAll
public void Init(){
dataList = getTestJson(this, TEST_DATA_FILE);
}
```

结合自定义断言关键字，简化测试代码：

```
@Test
public void T_注册成功_W_提交注册请求_G_货主正常注册信息() throws Exception {
    given("货主正常注册信息");
    TestDataVO testData = getTestData(dataList, "registerUserNormal");
    MockHttpServletRequestBuilder request = preparePost(testData);

    when("提交注册请求");
    ResultActions res = mvc.perform(request);

    then("注册成功");
    assertEquals(res, testData);
}
```

为了验证 MVC 框架的响应是否符合预期，我们使用 assertEquals 方法来比较 mvc.perform(request) 的实际返回结果与预设的期望值。这些期望值通常来源于一个名为 UserTest.json 的文件，其中包含了关键字 assertStr 对应的信息。具体实现如下：

```
/**
* 断言
*
* @param res   调用接口返回结果
* @param data  断言比对数据，根据关键字 assertStr 获取断言信息
* @return
*/
public static ResultActions assertEquals(ResultActions res, TestDataVO
    data) throws Exception {
return assertEquals(res, data.getAssertStr().toString());
}
```

```java
/**
 * 断言
 *
 * @param res        调用接口返回结果
 * @param assertStr  断言比对字符串
 * @return
 */
public static ResultActions assertEquals(ResultActions res, String
        assertStr) throws Exception {
    return res.andExpect(MockMvcResultMatchers.status().isOk())
    .andExpect(MockMvcResultMatchers.content().json(assertStr));
}
```

工程化篇

- 第 10 章 推动 TDD 规模化落地
- 第 11 章 TDD 规模化落地的方案

第 10 章

推动 TDD 规模化落地

本章将讨论推动 TDD 规模化落地的价值，并探讨在实践中实现 TDD 规模化所面临的难点以及相应的解决方案。

10.1 TDD 规模化落地的价值

规模化效应通常是指企业或组织随规模扩大而产生的经济效益。这种效应在各种产业和活动中都有可能出现，尤其是在生产和服务领域。下面详细阐述 TDD 的规模化落地主要有哪些方面的价值。

10.1.1 显著提升软件产品的整体质量

相对于少数人员的 TDD 实践带来的局部质量提升，规模化实施 TDD 能够在整个组织范围内显著提升软件产品的整体质量。这不单是一次方法论的推广，更是一场深刻的质量革命，对组织的长期发展和竞争力提升具有重要价值。

1. 局部实践的局限性

当仅有少数人员在某些模块实践 TDD 时，尽管这些模块的质量有所提升，但整个系统的稳定性和可靠性仍受未采用 TDD 的模块的制约。这如同在杂草丛生的土地上仅种植了几棵茁壮的树木，虽然这几棵树木长势良好，但整体生态环境并未改善。

2. 规模化实施的优势

当规模化实施 TDD 时，整个组织都应融入这一开发文化。从项目管理者到一线开发人员，每个人都理解并践行 TDD 的理念。此时 TDD 不只作为一种工具或技术，更成为组织文化的一部分，深植于日常工作中。

在这种环境中，每个模块、每个功能、每个系统都严格按照 TDD 的原则进行开发和测试。先写测试再写代码的做法确保了代码的质量和稳定性，而持续集成和自动化测试则确保了问题能被及时发现和解决。这种全面而深入的质量保障，使得整个软件产品的质量得到了根本性的提升。

总之，规模化实施 TDD 能够从根本上显著提升软件产品的质量，使整个系统更加稳定和可靠。通过将 TDD 融入组织文化，每个成员都能贡献于这场质量革命，为组织的长期发展和竞争力提升打下坚实基础。

10.1.2 打造紧密"抱团"的社区生态

随着越来越多的开发者投身于 TDD 实践，一个积极向上的技术社区逐渐形成，为团队成员营造出支持与鼓励持续学习和改进的文化环境。这样的社区就像一块磁石，吸引着更多开发者加入，形成强大的团队凝聚力，我们称之为"抱团"。

在"抱团"的文化氛围中，每位成员都是 TDD 的积极传播者和实践者，也会乐于分享自己的经验和心得。无论是成功的案例还是遇到的挑战，都会被拿出来共同探讨和学习。这种开放与包容的氛围，使每个人都能从他人身上学到新的知识与技能，从而不断提升自己的 TDD 实践水平。

10.1.3 提升软件开发链路的整体协同效率

如前所述，TDD 能有效促进不同职能团队成员之间的协作与交流。从规模化的角度来看，TDD 的实施能够显著提升软件开发的整体效率。

1. 促进不同团队的跨职能协作效率

在 TDD 实践中，开发人员、QA 团队、PM（产品经理）、UX（用户体验）设计师等角色需要紧密合作，共同定义功能需求和测试标准。这种跨职能的合作模式本身就是一种知识共享和传递机制，对提升软件开发的整体效率至关重要。

传统的软件开发流程中，不同团队成员可能在项目的不同阶段各自推进工作，导致信息割裂、知识难以流通。而 TDD 通过提前编写测试，促使团队成员在开发早期就进行沟通与协商，从而打破信息孤岛。

- 开发人员：通过提前编写测试用例了解功能需求，确保代码实现符合预期。
- QA 团队：确保测试覆盖所有关键业务场景，保证软件质量。
- PM：验证功能是否满足业务目标，确保产品方向正确。
- UX 设计师：确保产品的用户体验符合设计预期，提升用户满意度。

2. 提升团队内部成员的协作水平

TDD 要求团队成员通过测试用例持续沟通需求和功能。这种持续的互动可以提升团队内部的信任和协作精神。随着项目的进行，团队协作变得更加频繁和紧密，有助于形成正面的网络效应。

当团队成员间的连接性增强时，每个成员的贡献都会提升整个项目的整体价值。这种网络效应显著提高了团队的沟通效率，减少了误解与返工，加速了问题的发现与解决，使整个软件开发流程更加高效流畅。

总之，通过规模化实施 TDD，团队能够在开发过程中打破信息孤岛，促进跨职能的紧密合作。这种持续的互动和协作不仅提升了各个团队的工作效率，还显著加速了项目的进展。最终，TDD 规模化实践能够从根本上提升软件开发的整体效率，使整个开发过程更加高效和流畅。

10.2 TDD 规模化落地的难点

尽管 TDD 已在许多团队和项目中取得成功，但要在整个组织或大型项目中规模化落地并不容易。根据调查，TDD 实践的难点涉及多个层面，下面进行具体分析。

10.2.1 个人层面的实践难点

1. 技术难度

TDD 要求开发人员掌握以下核心技术：
- 测试框架：熟练使用各种测试框架。
- 测试代码：能够有效编写高质量的测试代码。
- 自动化集成测试：掌握自动化集成测试的技术和工具。

为了达成这些技术要求，开发人员往往需要投入更多时间和精力去学习与实践。一些开发人员可能会在初期感到力不从心，因为他们需要在完成现有工作任务的同时，额外掌握新的技能。

2. 时间成本

在 TDD 开发流程中，开发人员通常需要执行以下步骤：
- 编写 Todolist：列出所有待完成的任务。
- 拆分和梳理需求：将复杂需求拆分为更小、更易于管理的部分。

然而，在紧急或复杂需求场景，或需求变更频繁的情况下，这些步骤可能会增加额外的时间，从而影响开发周期。此外，TDD 强调"先写测试，再写代码"，这可能会在开发初期拉长进度，因为开发人员需要投入更多时间来编写和调试测试用例。

3. 开发模式的转变

TDD 要求开发人员改变传统的开发模式，从"先写代码，再写测试"转变为"先写测试，再写代码"。这种转变需要开发人员进行较长时间的刻意练习才能真正适应，并且需要他们内心真正认可这种开发模式。然而，由于惯性思维和习惯的影响，一些开发人员可能难以接受这种转变。组织需要通过系统性的培训和实践引导，使团队逐步适应并认可 TDD 开发。

4. 不同团队/项目的差异

在不同项目和团队中，TDD 实践的难点各有差别。表 10-1 是在 TDD 实践过程中收集的一些常见问题及挑战。

表 10-1 TDD 实践的常见问题及挑战

序号	分类	问题及挑战
1	TDD 开发流程和模式	• 如何划分团队各成员的核心关注点？ • 测试人员如何参与 TDD？ • TDD 的用例是由开发和测试人员共同设计评审，还是各自独立进行？
2	改变开发思维习惯	如何改变开发人员的思维习惯，从而提升 TDD 技能和经验？
3	度量评估 TDD 效果	如何评估 TDD 实践的效果，包括质量提升和能力提升？
4	前后端功能的 TDD 实践	如何针对包含前后端功能的需求进行 TDD 开发？
5	外部依赖的 TDD 实践	• 在没有测试桩（解耦外部依赖）的情况下如何进行 TDD 开发？ • Mock 过多且烦琐、用例不稳定且难维护，如何处理？
6	AI 业务场景的 TDD 实践	在相同数据下，采用的 AI 模型及其输出可能不同，如何开展 TDD？
7	应用层、业务层和持久化层的 TDD 实践	是通过 Mock 或者 Fake 方法提供外部依赖，还是只对业务层编写用例即可？
8	需求讨论和方案阶段的 TDD 实践	在已有设计初步思路（如接口、基类）的情况下，是否应逐步编写用例，并在最终重构时再提炼为接口或基类？
9	用例设计原则	TDD 用例的设计是否应完全基于用户视角，即按用户看到的功能角度来进行？需求和用例拆分的粒度应如何把控？对此是否有通用原则？
10	重构门槛	重构代码的门槛较高，需要丰富的实践经验
11	SQL 算法开发的 TDD 实践	如何在 SQL 算法开发中应用 TDD？
12	交付压力	TDD 实践需要较多投入，可能影响进度，且短期效果不明显，那么如何在团队内落地 TDD？
13	需求/设计变更的 TDD 实践	在研发中、维护时、外部验收、紧急需求等各个场景下如何开展 TDD 实践？
14	老代码重构	老代码逻辑复杂混乱，是否适合引入 TDD？如果确定引入，那么要如何做

总的来说，TDD 实践难以落地的原因涉及技术难度、时间成本、开发模式的转变等多个方面。此外，每个团队和项目可能面临不同的挑战，需要持续思考和实践，找到适合自身的方法来克服这些困难，实现 TDD 的落地并获得成效。

10.2.2 组织层面的推广难点

虽然有诸多难点，但 TDD 在个人层面的实践相对容易实施，因为开发者可以完全掌控自己的开发流程。然而，在组织层面规模化推广 TDD 往往需要付出更多的努力，以克服文化、技术、资源等多方面的阻力。

- **文化转变**：组织需要从传统的开发流程转变为测试先导的文化，这可能需要时间和培训，让团队成员逐步接受和适应 TDD 的理念。
- **培训成本**：组织内的成员可能对 TDD 不够熟悉，因此组织需要投入时间和资源进行系统培训，以确保团队成员具备必要的技能。
- **流程重构**：现有的开发流程可能需要调整，以更好地适应 TDD 实践，例如优化项目管理方式、调整代码审查流程、完善部署策略等。
- **工具和环境配置**：团队成员需要合适的工具和环境来编写、运行测试，组织可能需要提供额外的技术支持和环境配置，以降低实施门槛。
- **质量标准统一**：在组织层面，需要制定统一的测试标准及提供最佳实践，以确保所有团队成员都能遵循相同的质量标准。
- **性能和资源管理**：随着测试用例的增加，测试运行可能需要更多的时间和计算资源，组织可能要对现有的硬件和软件基础设施进行升级。
- **度量评估**：为了有效衡量 TDD 实践的效果，组织需要定义并跟踪一系列关键指标，包括测试覆盖率、缺陷密度和开发周期等。
- **团队协作**：TDD 强调跨职能团队的协作，需要确保团队之间能够有效地沟通和协调工作。
- **团队成员认可**：部分习惯于传统开发模式的开发者可能会对 TDD 持怀疑态度，甚至抵触变更。组织需要通过培训、案例分享和实践引导，逐步消除这种阻力。
- **管理层支持**：成功的规模化推广需要管理层的支持和承诺，包括为 TDD 实践提供必要的资源和时间窗口。部分管理者可能对 TDD 的价值缺乏认知，因此需要通过数据和实践效果来争取支持。

10.3 如何应对规模化落地的难点

虽然 TDD 推广过程中存在诸多挑战，但是我们可以从以下几个方面入手，实现 TDD 价值的最大化：

- 尽量缩短 TDD 落地的过程。
- 尽量扩大 TDD 实践的人群。
- 尽量避免 TDD 动作变形。

以下总结了一些业界常见的普及 TDD 的做法，并结合我们的实践经验供参考。当然，任何举措最难的是落地,落地的关键在于决心,而决心的背后是认知,尤其是管理者的认知水平,这直接决定了TDD推广的支持力度。

1. 业界常见的做法

TDD作为一种软件开发方法,其学习过程并不复杂,但要熟练掌握并应用,通常需要数个月的学习和实践。目前,常见的TDD学习与推广方式包括课堂培训和在线学习以及一对一辅导等,但这些方法各有优势,也存在一定的局限性。

(1)课堂培训和在线学习
- 优点:提供了系统的知识框架和理论基础,适合初学者快速入门。
- 缺点:往往使用过于简单的例子,难以覆盖实际工作中的复杂场景;实际操作和练习的机会较少,不利于技能的巩固和应用。

(2)一对一辅导
- 优点:可以提供针对性很强的指导,有助于快速解决具体问题。
- 缺点:成本较高,难以大规模推广;在大型企业中专家资源有限,难以满足所有需要帮助的开发者。

(3)自学(阅读书籍等)
- 优点:灵活性高,可以按个人节奏学习。
- 缺点:缺乏实际操作和互动,学习效率可能较低;并非所有开发者都喜欢或适合通过阅读书籍学习技术。

另外,在现实的软件开发环境中,遗留代码的复杂性和高度耦合性给TDD的实施带来了额外的挑战。开发者常常面临为遗留代码编写测试的难题,此时需要更高层次的TDD技能和经验。

因此,推广和实施TDD并非一项简单的任务,而是一个系统性的工程。一个完整的TDD实践推广解决方案应包含多个关键要素,这些要素相互关联,共同构成推动TDD在组织内部有效实施的综合策略,如表10-2所示。

表10-2 TDD推广的综合策略

序号	策略	操作
1	多种学习模式	• 读书分享:讨论理论知识 • 课堂培训:让开发人员对TDD有基本理解 • 案例学习:展示TDD开发的效果和优点 • 在线培训:加深对TDD概念的理解 • 团队合作:加强内部沟通交流,举办分享活动
2	渐进式推广	• 不追求一步到位,而是逐步推进、标杆先行 • 引导团队成员在实际项目中体会TDD价值 • 给予充分的学习时间和耐心
3	度量反馈机制	• 使用代码覆盖率、质量等指标评估TDD效果 • 让数据说明TDD实践的价值,激励开发人员

（续）

序号	策略	操作
4	培养文化意识	• 培养开发人员对高质量代码的自豪感 • 获得管理层的大力支持和重视 • 结对编程，相互促进 • 建立 TDD 社区，分享经验
5	其他辅助实践活动	• 组织编程道场，协作解决问题 • 教练定期走访，提供实践指导

2. 打造 TDD 实践的文化氛围

成功采用 TDD 是一个由多个层面共同努力的过程。首先，它需要管理层的认知转变和坚定支持，包括提供必要的资源和培训机会。其次，团队成员需要耐心和持续的实践才能逐步深化对 TDD 的理解。此外，结合其他软件开发方法和实践有助于更好地集成 TDD。最后，团队内部的相互帮助与交流对于知识共享和技术提升非常重要。这些因素共同作用，形成了一个促进 TDD 成功落地的良好环境。

TDD 实践的文化氛围具体包括：

- 决心与认知：决心是实施任何新举措的关键，而决心背后则是认知的转变，特别是管理层的认知对于 TDD 的落地至关重要。管理层必须深刻理解 TDD 带来的长远益处，如代码质量的提升、维护成本的降低以及团队协作的改善等，从而提供坚定的支持。
- 管理层的支持：管理层的支持不只体现在口头上的肯定，更重要的是在实际行动上给予资源（如时间和资金）和制度的支持。管理层需要确保团队有足够的时间去适应 TDD 的节奏，并提供必要的培训资源。
- 耐心、实践与深度：TDD 是一种需要时间去学习和掌握的技术实践，团队成员需要有耐心，通过不断实践来深化对 TDD 的理解。这一过程可能伴随着初期的挫折和效率暂时下降，但长期来看会带来积极的结果。
- 采用多种方法：成功采用 TDD 可能需要结合其他的软件开发实践和方法，如持续集成、代码重构和结对编程等。使用多样化的方法可以帮助团队更好地开展 TDD 实践，同时也能提升整体的软件开发流程的效率。
- 开发者之间的相互帮助：团队内部应该鼓励开发者之间的协作和知识共享。创造交流机会，比如定期的代码审查会议和技术分享会，可以促进团队成员之间的互相学习。同时，开发者之间的互助也有助于新手更快地掌握 TDD 的精髓。

以上是关于 TDD 规模化落地的基本认知，接下来我们将具体介绍 TDD 落地的可借鉴的方案。

第 11 章 Chapter 11

TDD 规模化落地的方案

本章将深入探讨 TDD 规模化落地的实现方案，涵盖范式思维、成熟度评估、效果衡量，以及以点带面推进、刻意练习、结对编程等关键实践方法。

11.1 TDD 落地范式

"范式"（Paradigm）是一个应用广泛的哲学和科学术语，在不同的语境中有不同的含义，它通常指一个学科或领域内的基本观念、原则、方法、理论框架和解决问题的标准模型。在科学哲学领域中，托马斯·库恩在其作品《科学革命的结构》中使用了"科学范式"的概念，表示科学社区在某个时期内所接受的理论和实践框架。

通俗来说，所谓范式，通常是指一套共享的理论框架、观念、方法论、典范、规则和标准。范式对于专业实践和应用至关重要，因为它可以指导如何在实际环境中应用某些理论和技术。范式的形成通常是一个渐进的过程，涉及知识、实践和信念的积累，以及这些元素在特定社群中的共识的达成。

TDD 落地范式是基于我们的实践经验而提炼出的一套策略和方法，旨在帮助组织和个人推广和应用 TDD。下面从两个层面来整理 TDD 落地范式，一个是组织层面，讨论如何推进 TDD 快速落地，即 TDD 推进策略；另一个是实践层面，探讨 TDD 实践落地的关键举措和最佳实践有哪些。

11.1.1 组织层面的 TDD 推进策略

在商业管理和战略规划中，"道、谋、断、人、阵、信"常常被用来概括企业成功运营的关键要素，它们分别代表了不同层次的战略思考和执行要点。

- 道：在企业文化层面上，道指的是企业的核心价值观、经营理念、愿景和使命。它是企业的灵魂，决定了企业的发展方向和行事原则，是决策和行动背后的指导思想。
- 谋：谋是战略层面的思考，意味着企业在制定长期发展战略时所体现的规划与决策能力。它涵盖了市场分析、竞争态势把握、商业模式设计和战略目标设定等环节。
- 断：断代表决策力，强调在关键时刻做出明智、果断且符合企业长远利益的重大决策。领导者卓越的决策能力和高效的决策机制是企业发展的重要驱动力。
- 人：人力资源管理，表明人才是企业最重要的资源之一。在"人"的层面，企业应重视人才招聘、选拔、培养和发展，构建高效能团队，并确保人力资源能够与企业战略相匹配。
- 阵：可理解为企业组织结构和团队布局，体现为如何合理配置内部资源，形成最佳的组织架构和工作流程，以便于战略实施和业务运作。良好的组织阵型有助于提高整体协同作战效能。
- 信：涵盖了诚信、信誉和信任三个维度。对企业而言，建立内外部的信任关系至关重要，包括员工对企业的信任、客户对品牌的信任、合作伙伴之间的互信等。诚信经营、保持良好的商誉对于企业的长期稳定发展有着不可替代的作用。

规划 TDD 的落地是一个系统性工程。如图 11-1 所示，TDD 推进策略框架参考上述"道谋断人阵信"的结构，尽量覆盖各个方面，形成合力。

11.1.2 实践层面的 TDD 落地举措

1. 关键角色相互协作、共同发力、持续推进

如图 11-2 所示，TDD 落地的实践要抓住两个关键点。

（1）降低 UT/FT 开发及维护成本

- 从长期来看，能否控制用例的开发和维护成本是 TDD 得以坚持的关键。
- 通过开发 Fake 框架和关键字封装，可以有效降低用例开发成本。
- 坚守黑盒用例驱动，并使用 Fake 替代 Mock，确保用例稳定性是控制维护成本的关键。
- 提高需求分析和测试设计能力，是确保 Todolist 和用例拆分合理性的关键。
- 如果用例过长、层次过深，导致黑盒用例覆盖率低，则需要考虑拆分微服务。
- 通过关键字封装提升用例的可读性，从而降低用例开发和维护成本。

（2）持续高效推进与精准帮扶指导

- 识别并培养标杆团队和人员。
- 用 TDD 实践目标来牵引项目、团队、个人的发展。
- 每周进行 TDD Showcase 活动，提升团队氛围和个人成就感。
- TDD 专家委员会提供指导，包括手册、结对编程、战训营等方式。

图 11-1 TDD 推进策略框架

推进策略

- **决策和行动背后的指导思想**（道）
  - 技术管理层的要求
  - 对TDD的本质思考

- **战略层面的思考**（谋）
  - 保持各级组织的目标规划一致性，避免走偏
  - 拉通对齐各级组织的认知和实践，避免遗漏和重复，形成合力
  - 及时掌握业界优秀实践，具备高效的学习和引入机制，避免落后

- **决策能力和决策机制**（断）
  - 一把手工程　各级组织的一把手牵头推进，保持持续推进的动力
  - 决策机制　围绕如何达成目标，针对关键举措的选择进行高效决策

- **人才培养和团队建设**（人）
  - 能力培养
    - 制定"角色-能力"匹配模型
    - 快速提升TDD实践能力
  - 打造标杆
    - 如何打造优秀个人标杆
    - 如何打造优秀团队标杆
  - 团队建设
    - 实现人员能力拉齐，支撑规模化落地
    - 进行全TDD团队建设，强化要求，打造氛围

- **组织架构和工作流程**（阵）
  - 组织架构
    - 中心+部门+项目+团队，如何形成合力
    - 成立专家团队，负责赋能和技术支持
    - 成立推进组，负责整体推进TDD落地工作
  - 推进策略
    - 目标牵引，实效优先，标杆先行，专家支撑，以点带面，持续推进
  - 推进路线
    - 提效阶段/里程碑划分　点火→标杆→沉淀→推广→成熟→文化
  - 日常运作
    - 例会，周报，Showcase，Gosee，评优

- **建立互信和激励机制**（信）
  - 度量模型
    - TDD能力成熟度模型
    - 团队TDD成熟度模型
  - 激励机制
    - 优秀个人选拔机制
    - 优秀团队选拔机制
    - 优秀实践选拔机制
    - 优秀个人、团队激励办法
  - 协作机制
    - 内外部交流机制
    - 内外部共创机制

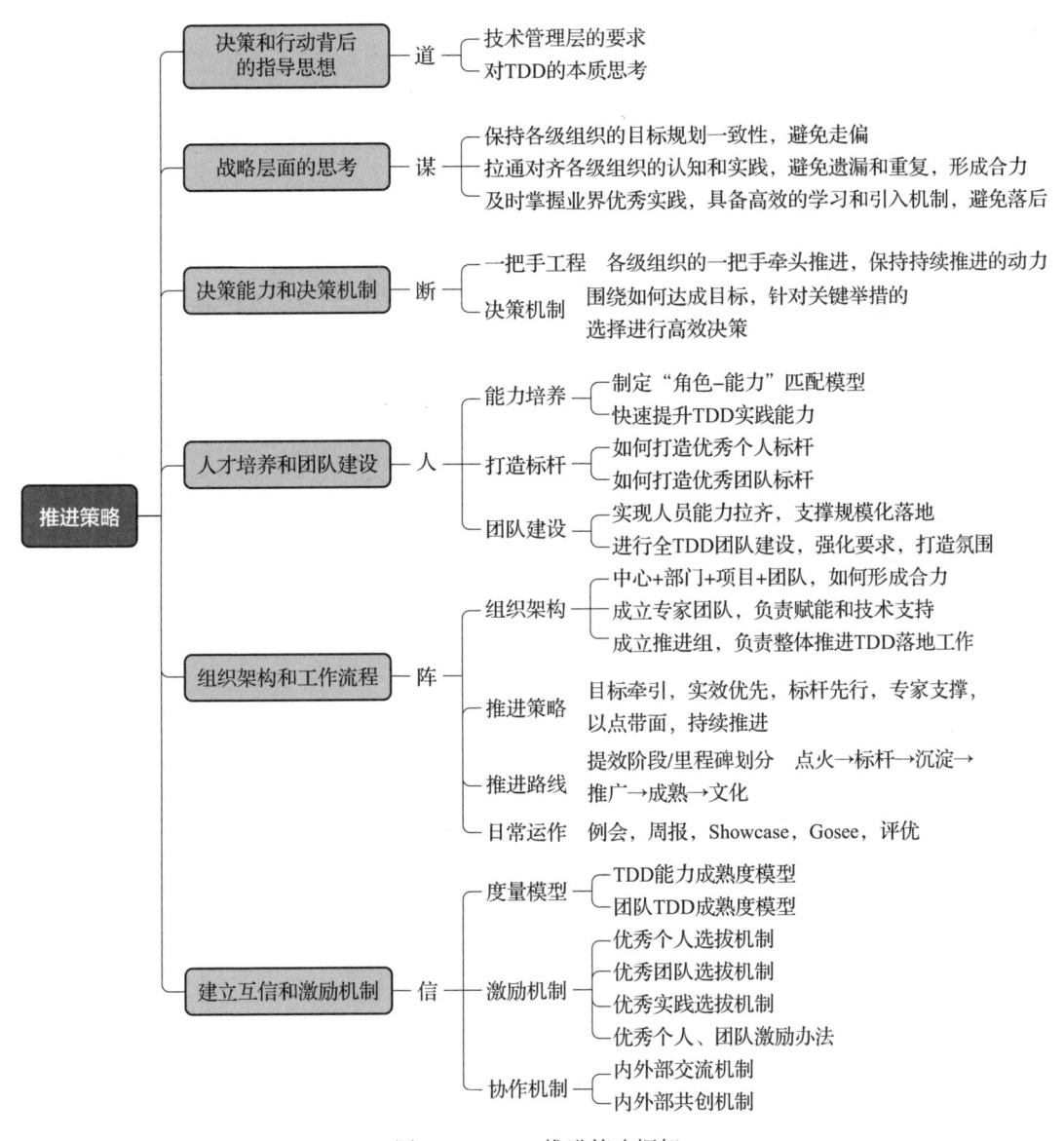

图 11-1　TDD 推进策略框架

- 通过 TDD 成熟度评估（季度评估），精准定位不足之处，并提供改进指导。
- 定期进行 TDD 实践总结（如个人按需求总结、团队按月度总结），全面深度观察分析，识别痛点，持续改进。

上述 TDD 实践范式中的关键人员角色及其活动如图 11-3 所示。识别出关键人员角色，使其相互协作，共同发力。其中每一项举措的展开都是一个系统化工程，都需要更详细的一系列举措来支撑（后面会详细说明）。

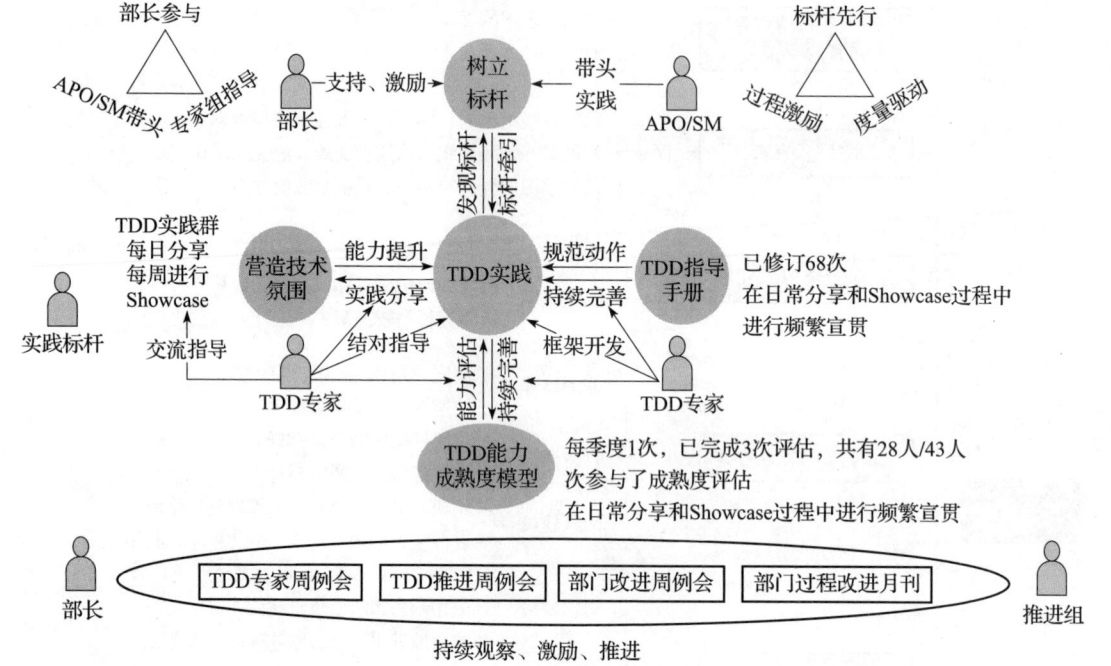

图 11-2　TDD 实践落地范式

APO：Application Product Owner，应用产品负责人。
SM：Scrum Master，敏捷教练。

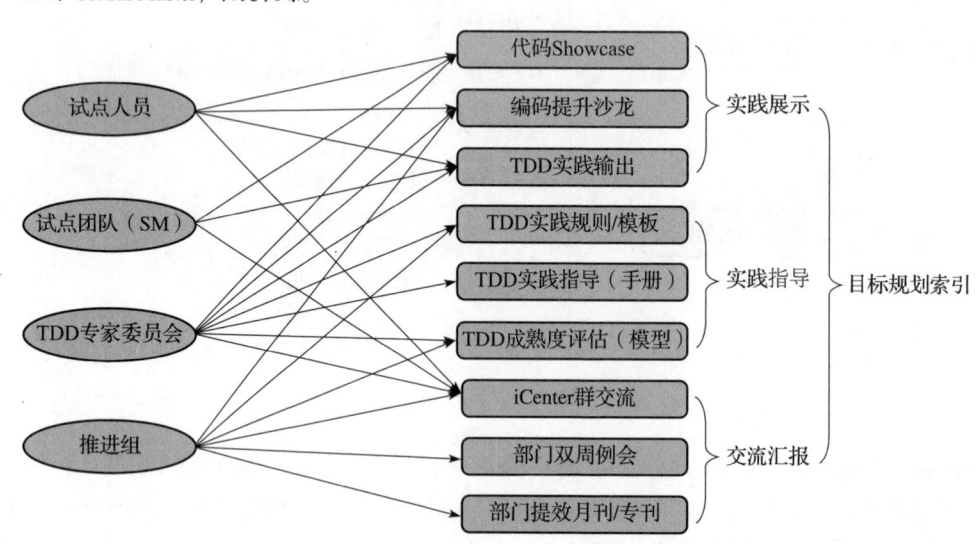

图 11-3　TDD 实践落地范式的关键角色及其活动

2. 达成共识，多级目标牵引，持续发力

如图 11-4 所示，目标规划应该基于 TDD 能力成熟度模型（个人）和 TDD 度量模型（团队），通过"部门＋项目＋团队＋个人"的多层次目标牵引 TDD 实践水平持续提升。

图 11-4 基于共识的多层次目标牵引

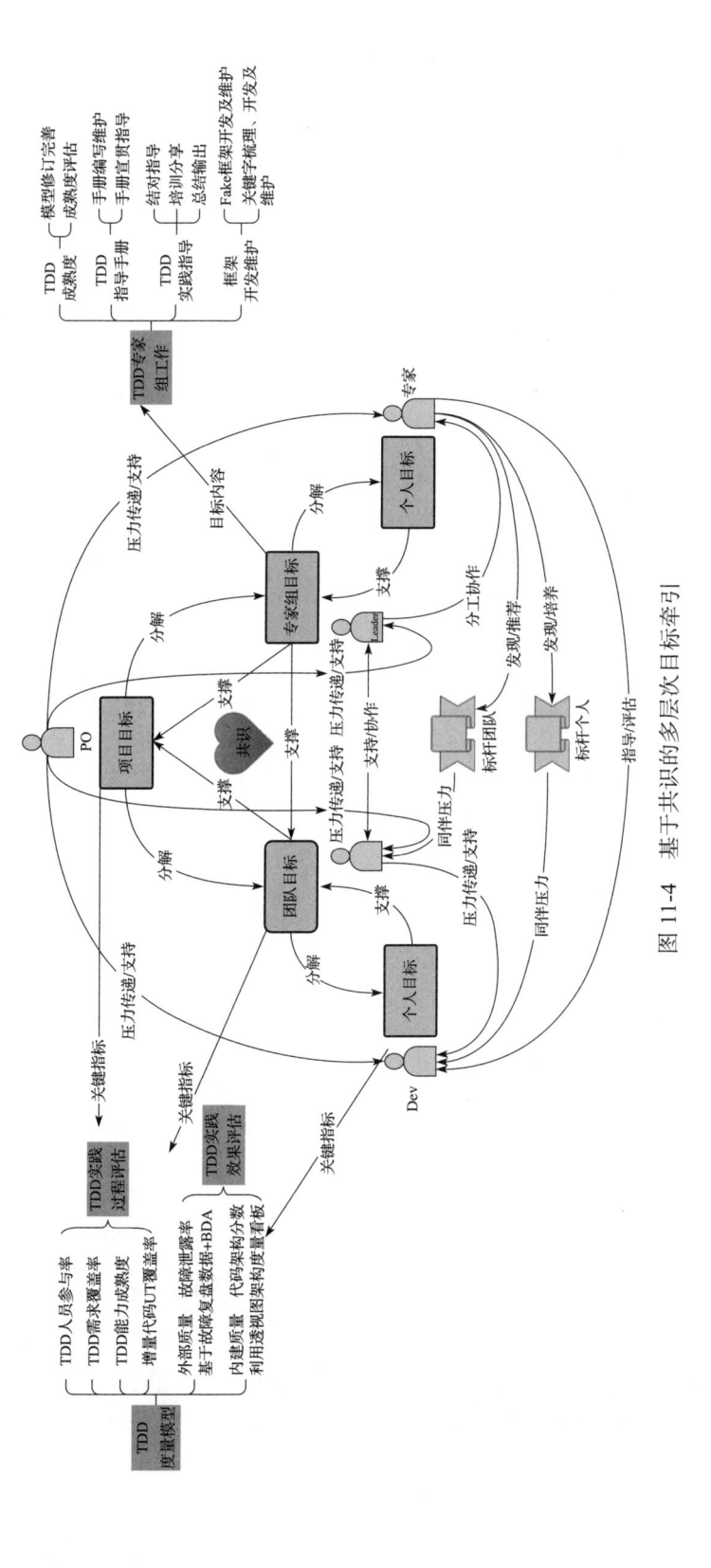

11.2 TDD 成熟度评估

11.2.1 为何要进行 TDD 成熟度评估

我目前的 TDD 实践水平如何？如何评估？有哪些不足？如何改进？

在 TDD 实践落地的过程中，一个关键难点是如何准确评估大家的实践水平。通常，我们只是浏览一下实践过程、查看用例或代码的质量，进行大致估计。但这种评估方式并不精确，且无法针对不足之处提供详细和精准的指导。简而言之，我们缺少一个能力模型的对照指引。

在此背景下，我们参考敏捷能力成熟度模型，输出了一个 TDD 能力成熟度模型，如图 11-5 所示。该模型总体分为四个级别，主要从用例、代码两个输出对象以及测试驱动的过程进行考虑：

- 用例，包括用例设计、用例实现。
- 代码，包括代码可维护性、代码可测性。
- 过程，强调测试先行与 TDD 三部曲。

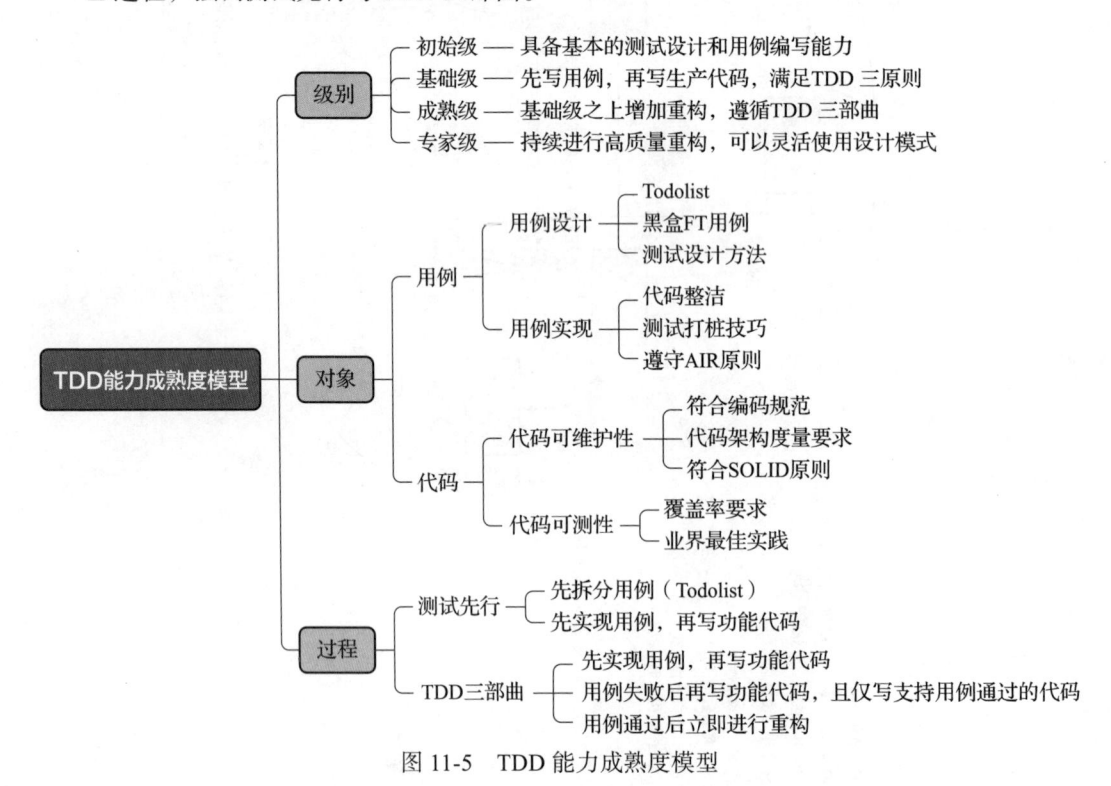

```
TDD能力成熟度模型
├─ 级别
│   ├─ 初始级 —— 具备基本的测试设计和用例编写能力
│   ├─ 基础级 —— 先写用例，再写生产代码，满足TDD 三原则
│   ├─ 成熟级 —— 基础级之上增加重构，遵循TDD 三部曲
│   └─ 专家级 —— 持续进行高质量重构，可以灵活使用设计模式
├─ 对象
│   ├─ 用例
│   │   ├─ 用例设计
│   │   │   ├─ Todolist
│   │   │   ├─ 黑盒FT用例
│   │   │   └─ 测试设计方法
│   │   └─ 用例实现
│   │       ├─ 代码整洁
│   │       ├─ 测试打桩技巧
│   │       └─ 遵守AIR原则
│   └─ 代码
│       ├─ 代码可维护性
│       │   ├─ 符合编码规范
│       │   ├─ 代码架构度量要求
│       │   └─ 符合SOLID原则
│       └─ 代码可测性
│           ├─ 覆盖率要求
│           └─ 业界最佳实践
└─ 过程
    ├─ 测试先行
    │   ├─ 先拆分用例（Todolist）
    │   └─ 先实现用例，再写功能代码
    └─ TDD三部曲
        ├─ 先实现用例，再写功能代码
        ├─ 用例失败后再写功能代码，且仅写支持用例通过的代码
        └─ 用例通过后立即进行重构
```

图 11-5 TDD 能力成熟度模型

上述能力模型主要针对个人能力（11.2.2 节详细讲解这一模型），而要实现 TDD 的规模化落地，还需要一个团队维度的度量模型，相关指标及说明参考图 11-6。

第 11 章　TDD 规模化落地的方案　❖　165

```
                  ┌─ TDD人员参与率 ─┬─ 含义 ── 参与TDD的开发人员占所有开发人员的比例              ┐
                  │                 └─ 价值 ── 衡量实践人员范围，如果没有足够比例人员的参与就无法保持氛围   │
                  │                                                                            │
                  │─ TDD需求覆盖率 ─┬─ 含义 ── TDD开发需求占所有需求的比例                       │
                  │                 │          衡量实践落地的核心指标，但并非越高越好，需要探索最佳数值。是否可推进TDD，应以价值  │ T
                  │                 └─ 价值 ── （成本/收益）分析为导向。需求类型和场景多种多样，要依赖TDD专家的正确识别       │ D
                  │                                                                            │ D
                  │─ TDD代码覆盖率 ─┬─ 含义 ── TDD开发产生的代码占所有提交代码的比例               │ 实
                  │                 └─ 价值 ── 衡量实践落地的最准确指标，有些场景不适合TDD            │ 践
  T               │                                                                            │ 过
  D               │─ TDD需求实施率 ─┬─ 含义 ── TDD开发需求占所有可推进TDD的需求的比例              │ 程
  D               │                 └─ 价值 ── 衡量实践TDD的力度和决心，理论上越高越好，争取达到100%，即便在紧急交付情况下    │ 评
  度               │                                                                            │ 估
  量               │─ TDD能力成熟度 ─┬─ 含义 ── 基于TDD能力成熟度模型，每个季度对TDD实践人员进行评估，共分为4个级别           │
  模               │                 │          衡量TDD实践人员的能力水平，指导改进方向，每个人都应该达到基础级才算真正掌握    │
  型               │                 └─ 价值 ── TDD技能，少数人可以达到更高级别（架构师/教练专家）                    ┘
                  │
                  │─ 外部质量 ── 故障泄露率 ─┬─ 含义 ── 开发阶段泄露的故障数量占比，基于故障（系统测试+外场）复盘数据进行统计    ┐
                  │                          └─ 价值 ── 代码质量的提升最终应该体现在故障泄露上面，但是两者的因果关系需复盘确认    │
                  │                                                                            │ T
                  │─ 内部质量 ── 代码架构分数 ─┬─ 含义 ── 主要包括扩展性和可维护性，通过工具自动采集，可利用透视图架构度量看板       │ D
                  │                            └─ 价值 ── 通过TDD可以从根本上提升代码质量，包括代码可读性、可维护性（设计合理）    │ D
                  │                                                                            │ 实
                  │─ 内建质量 ── 变更代码UT覆盖率 ─┬─ 含义 ── 行覆盖率+分支覆盖率：通过CI自动采集上报，参考质量部底线质量看板中的数据  │ 践
                  │                                └─ 价值 ── 评估UT防护网覆盖情况，避免作为考核指标，切忌为了追求覆盖率而忽视用例质量  │ 效
                  │                                                                            │ 果
                  │                   ┌─ 人均交付需求数量 ─┬─ 含义 ── 人均研发市场需求数量（需求状态：可交付）             │ 评
                  │                   │                    │          评估效率变化情况，TDD可以通过提升每次交付质量来提升长期研发效能，│ 估
                  └─ 开发效率 ────────┤                    └─ 价值 ── 具体提升效果与框架、能力成熟度及实践落地是否到位有关系       │
                                      │                                                        │
                                      └─ 人均提交代码行数 ─┬─ 含义 ── 人均代码提交行数                                │
                                                           └─ 价值 ── 用于辅助人均交付需求来评估效率变化情况，因为不同需求的粒度和   │
                                                                     复杂度有差异                                ┘
```

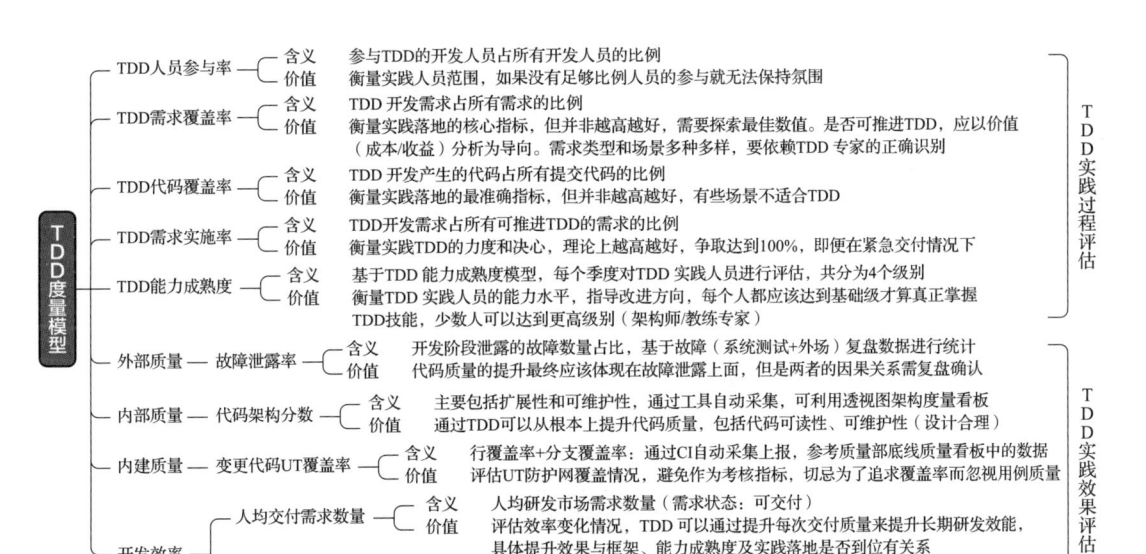

图 11-6　团队维度的 TDD 度量模型

11.2.2　TDD 能力成熟度模型

当进行了一段时间的 TDD 实践后，如何辨别自己的实践方向是否正确？如何对实践者的 TDD 水平进行评估？

针对这些问题，我们根据实战经验总结出一套 TDD 能力成熟度模型，如表 11-1 所示。

表 11-1　TDD 能力成熟度模型

级别	用例		过程	代码		影响力
	用例设计	用例实现	动作规范	代码可维护性	代码可测性	Fake 贡献 TDD 指导教练
初始级	能够根据方案编 Todolist，通过 Todolist 来编写用例	1. 代码整洁，可读性好，符合 TDD 指导规范 2. 覆盖率满足：行覆盖率 ≥ 85%	测试先行： 1. 输出 Todolist 2. 根据 Todolist 逐条实现用例，用例失败后再写功能代码且仅写支持用例通过的代码	一、可读性： 1. 命名：意义明确，可读性好，类名和对象名应该是名词或名词短语，方法名应是动词或动词短语 2. 注释：不存在废弃注释、误导性注释、无意义注释 3. 不存在当前不使用的代码，不存在已注释的代码 4. 格式：代码的宽度应遵循无须拖动滚动条到右边的原则，代码缩进层次分明 5. 异常：使用异常报错机制而非返回码，抛出异常时要传递清晰的错误信息 6. 不存在魔术字：应使用常量命名替代魔术字 7. 消除完全重复代码 二、可扩展性：无 三、健壮性：不要返回 null，不要传入 null，容易导致空指针异常	N/A	N/A

（续）

级别	用例		过程	代码		影响力
	用例设计	用例实现	动作规范	代码可维护性	代码可测性	Fake 贡献 TDD 指导教练
基础级	在初始级的基础上，用例拆分会使用测试设计方法，比如正交法、边界值、等价类等	在初始级的基础上：桩的构造能用 Fake 就不用 Mock	重构优化：用例通过后立即进行重构，符合 TDD 三部曲	（在初始级的基础上） 一、可读性：每个函数不超过 20 行，参数避免使用 3 个以上 二、可扩展性： 1. 满足函数单一职责，一个函数只做一件事，无副作用 2. 尽量消除逻辑重复代码 三、健壮性：保持变量和函数的私有性	1. 不直接依赖具体实现 2. 尽量避免使用全局变量/静态方法/单例	N/A
成熟级	在基础级的基础上： 1. Todolist 拆分基本满足全场景覆盖，不遗漏 2. 用例设计符合 FT 与 UT 的分层：通用代码、场景全面	在基础级的基础上： 1. 遵守 AIR 原则：自动化、独立性、可重复 2. 关键字封装：用例通用性代码的封装	N/A	（在基础级的基础上） 一、可读性：满足整洁代码的简单设计要求（测试用例通过，表达清晰，避免重复，最少元素） 二、可扩展性： 1. 满足依赖倒置原则（DIP），抽象不应依赖细节，细节应该依赖于抽象（针对接口编程，不针对实现编程） 2. 满足里氏代换原则（LSP），子类型必须能够替换它们的父类型 3. 满足接口隔离原则（ISP），客户端不应该依赖它不需要的接口，类间的依赖关系应该建立在最小的接口上	在基础级的基础上，隔离未决行为	N/A
专家级	N/A	N/A	N/A	（在成熟级的基础上） 一、可读性：无 二、可扩展性： 1. 满足单一权责原则（SRP），类只应有一个权责（只有一条修改的理由） 2. 满足开放闭合原则（OCP），类应该对扩展开放，对修改封闭 3. 满足迪米特法则（LOD），一个对象应当对其他对象尽可能少得了解 三、健壮性：无	在成熟级的基础上，无复杂继承等高耦合代码	包括但不限于： 1. 对测试框架存在贡献 2. 指导或推动团队 TDD 实践落地 3. 参与编写 TDD 指导教材和课程

1. 初始级

初始级是对 TDD 入门者的要求，这一级别主要目的是培养实践者的 TDD 思维。与以往根据方案直接写功能代码的思路不同，在写功能代码前，需根据方案输出 Todolist，梳理出正常和异常场景的用例，并参与评审。Todolist 评审通过后，再根据 Todolist 进行代码开发。

（1）用例

用例设计方面，能够借助经验使用 Todolist 来编写用例。用例实现方面，要求代码整洁，可读性好，整体符合 TDD 指导规范。此外，从测试代码的有效性考虑，对测试覆盖率提出要求：新提交的代码行覆盖率需达到 85% 及以上。

（2）过程

在 TDD 的动作规范方面，要求"测试先行"，即要求实践者先按要求输出 Todolist，然后根据 Todolist 逐条实现用例，用例失败后再写功能代码且仅写支持用例通过的代码。

（3）代码

这一级别对实践者的代码质量有一定要求。从代码可维护性角度出发，需满足可读性和健壮性两方面的条件。

① 可读性：
- 命名：意义明确，可读性好，类名和对象名应该是名词或名词短语，方法名应是动词或动词短语。
- 注释：不存在废弃注释、误导性注释、无意义注释。
- 不存在当前不使用的代码，不存在已注释的代码。
- 格式：代码的宽度应遵循无须拖动滚动条到右边的原则，代码缩进层次分明。
- 异常：使用异常报错机制而非返回码，抛出异常时要传递清晰的错误信息。
- 不存在魔术字：应使用常量命名替代魔术字。
- 消除完全重复代码。

② 健壮性：不要返回 null，不要传入 null，容易导致空指针异常。

2. 基础级

相比于初始级，基础级对实践者提出了更高的要求，其中包含一些常用的测试设计方法的使用和对代码优化方面的要求。一般经过多次实践及刻意练习后可达到此级，与初始级的区别在于是否采用科学的方法来规范开发流程。

（1）用例

用例设计方面，在初始级的基础上需采用常见的测试设计方法（如正交法、边界值、等价类等）来拆分用例，从理论的角度确保用例的完整性。用例实现方面，在写测试代码时难免会遇到需要打桩的时候，常用的打桩方式有 Mock 和 Fake。由于 Mock 只对局部代码负责，过多使用会引入"霰弹式"修改的风险。因此，为了减小后续对测试代码的维护成本，在打桩时能用 Fake 就不用 Mock。

（2）过程

在 TDD 的动作规范方面，要求重构优化。与初始级的区别在于，用例通过后立即进行重构，符合 TDD 三部曲。

（3）代码

1）在代码可维护性层面，相较于初始级新增以下要求：

①可读性：每个函数不超过 20 行，参数避免使用 3 个以上。

②可扩展性：

☐ 满足函数单一职责：一个函数只做一件事，无副作用。

☐ 尽量消除逻辑重复代码。

③健壮性：保持变量和函数的私有性。

2）在代码可测性层面，相较于初始级新增以下要求：

☐ 不直接依赖具体实现。若代码直接依赖具体实现，则容易造成无法进行 Fake 仿真的情况，影响代码可测性，所以应当采取从外部传入具体实现或者通过依赖注入的方式。在测试时，通过注入 Fake 对象进行解依赖操作，可以达到代码可测试的目的。

☐ 尽量避免使用全局变量、静态方法和单例。全局变量是一种面向过程的编程风格，在多线程中的处理逻辑复杂，同时也不具备可测试性。单例模式实际上也是一种全局变量，也可能出现上述问题。静态方法本身不容易实现 Fake，因为静态方法本身并非面向对象而是面向过程的，本身跟全局变量类似。因此，应尽量避免使用全局变量、静态方法和单例。

3. 成熟级

与强调开发流程规范性的基础级不同，成熟级更加注重实践输出的结果。作为一位成熟的 TDD 实践者，使用 TDD 的方式驱动开发的代码应当是可靠的、稳定的、高效的。

（1）用例

用例设计方面，一个成熟的 TDD 实践者，在设计用例的时候应该考虑到所有场景，不出现遗漏的情况，并且针对不同场景，用例设计符合 FT 与 UT 的分层（例如，对于业务逻辑代码从用例的稳定性考虑优先采用 FT，而对于本身较稳定的通用逻辑代码则可采用 UT）。用例实现方面，应当遵循 AIR 原则：

☐ 自动化：单元测试必须是自动化执行的，能够自动判定执行结果，执行过程无须人工参与。

☐ 独立性：为了保证用例稳定且易于维护，用例之间不应该存在耦合，每一个用例都能独立运行。

☐ 可重复：用例能够可重复执行，不应当受外界环境干扰。另外，测试用例中的重复代码和流程可以封装成一个能够重复使用的关键字，从而提高测试代码的复用性和可维护性，同时也降低了代码的复杂度和维护成本。

（2）过程

经过基础级的刻意练习，实践者应当已具备良好的开发习惯。因此，在 TDD 的动作规范方面，成熟级仍使用基础级的评估标准。

(3) 代码

1) 在代码可维护性层面，相较于基础级新增以下要求：

①可读性：满足整洁代码的简单设计要求，即测试用例通过、表达清晰、避免重复、最少元素。

②可扩展性：

- 满足依赖倒置原则（DIP）：抽象不应依赖细节，细节应该依赖于抽象（针对接口编程，不针对实现编程）。
- 满足里氏代换原则（LSP）：子类型必须能够替换它们的父类型。
- 满足接口隔离原则（ISP）：客户端不应该依赖它不需要的接口，类间的依赖关系应该建立在最小的接口上。

2) 在代码可测性方面相较于基础级新增隔离未决行为的要求。未决行为是指代码的输出是随机或者不确定的，比如跟时间、随机数有关的代码。这样我们无法验证程序运行的结果是否符合预期，也就无法进行测试。因此，为了使代码可测，需隔离未决行为。

4. 专家级

对于达到专家级水平的实践者而言，其用例设计与实现以及动作规范方面的能力想必已经炉火纯青了，因此不进行这些方面的考量。专家级主要是对代码高级特性和影响力方面进行评估。

(1) 代码

1) 在代码可维护性层面，专家级在可扩展性方面需满足以下要求：

- 满足单一职责原则（SRP）：类只应有一个职责（即只有一条修改的理由）。
- 满足开放闭合原则（OCP）：类应该对扩展开放，对修改封闭。
- 满足迪米特法则（LOD）：一个对象应当对其他对象尽可能少得了解。

2) 在代码可测性层面，应该满足无复杂继承等高耦合代码。

(2) 影响力

作为一名 TDD 实践专家，应当肩负起传播 TDD 火种的职责。因此，除了自身拥有强大的技术能力外，还需在团队或项目中具备一定的影响力。具体评估内容包括但不限于以下方面：

- 对测试框架存在贡献。
- 指导或推动团队 TDD 实践落地。
- 参与编写 TDD 指导教材和课程。

5. 评估结果

如图 11-7、图 11-8 所示，这是对某项目 TDD 能力成熟度的评估结果示例。可以参考该样式呈现最终的 TDD 能力成熟度。

图 11-7　评估结果

图 11-8　评估记录

11.3　TDD 实践效果评估

11.3.1　TDD 实践评估模型

　　TDD 实践的直接收益包括**效率**和**质量**两个方面，最终起到整体提升研发效能的效果。这具体是通过**度量数据**、**自我评估**、**外部观察**三种手段来评估的。

　　❑ 度量数据：包括外部质量、内部质量、内建质量、开发效率等指标，如图 11-9 所示。

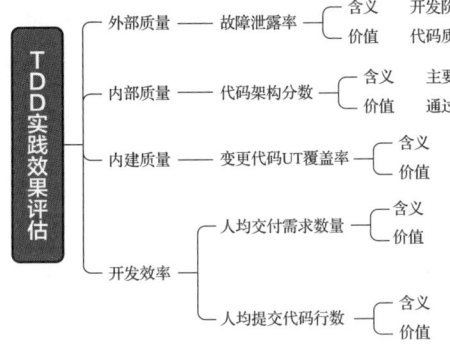

```
                           ┌ 含义  开发阶段泄露的故障数量占比，基于故障（系统测试+外场）复盘数据进行统计
        ┌ 外部质量 ─ 故障泄露率 ┤
        │                  └ 价值  代码质量的提升最终应该体现在故障泄露上面，但是两者的因果关系需复盘确认
        │                    ┌ 含义  主要包括扩展性和可维护性，通过工具自动采集，可利用透视图架构度量看板
 TDD    ├ 内部质量 ─ 代码架构分数 ┤
 实践                         └ 价值  通过TDD可以从根本上提升代码质量，包括代码可读性、可维护性（设计合理）
 效果                           ┌ 含义  行覆盖率+分支覆盖率：通过CI自动采集上报，参考质量部底线质量看板中的数据
 评估   ├ 内建质量 ─ 变更代码UT覆盖率 ┤
        │                        └ 价值  评估UT防护网覆盖情况，避免作为考核指标，切忌为了追求覆盖率而忽视用例质量
        │                    ┌ 含义  人均研发市场需求数量（需求状态：可交付）
        │       ┌ 人均交付需求数量 ┤
        │       │            └ 价值  评估效率变化情况，TDD可以通过提升每次代码质量来提升长期研发效能，具体提升
        └ 开发效率 ┤                   效果与框架、能力成熟度及实践落地是否到位有关系
                │            ┌ 含义  人均代码提交行数
                └ 人均提交代码行数 ┤
                             └ 价值  用于辅助人均交付需求来评估效率变化情况，因为不同需求的粒度和复杂度有差异
```

图 11-9　TDD 实践的度量数据

❑ **自我评估**：包括质量意识是否有所提升，质量举措落地是否到位，效率是否提升。
❑ **外部观察**：包括协作团队及同事的感知、部门和项目领导的评价。

其中，对于度量数据的使用需要慎重，一方面需要确保数据的真实性，另一方面不要过于依赖度量数据，而要从多个角度进行全面分析，以客观的度量数据为主，以主观评价为辅。

11.3.2　对于质量的评估

通过 TDD 需求实施率、TDD 需求覆盖率以及每需求平均故障泄露数量等，我们可以进行数据相关性分析。为了更精确地评估 TDD 实践的质量效果，识别其潜在不足，建立需求与故障之间的关联关系至关重要。在此基础上，对故障进行详尽的复盘分析是必不可少的步骤，例如：

❑ 确认是否采用 TDD 开发方法。
❑ 探讨采用 TDD 开发是否能够预防故障的泄露。
❑ 识别问题发生的特定环节。
❑ 分析导致问题的具体原因，如 Todolist 的质量不佳、测试用例的质量不高、未严格遵守 TDD 的开发纪律。

通过这样的分析，我们可以更深入地理解 TDD 实践的效果，发现并改进实践中的不足之处，从而提升软件开发的整体质量和效率。

如图 11-10 所示，统计某年 4 ～ 10 月 ×× 团队在某项目的已交付需求、提交代码及泄露故障的数据，并以此进行质量评估。

（1）指标说明

❑ **TDD 需求覆盖率**：TDD 开发需求占所有需求的比例。该指标是衡量实践落地的核心指标，但并非越高越好，需要探索最佳数值。是否可推进 TDD，应以价值（即成本/收益）分析为导向。需求类型和场景多种多样，要依赖 TDD 专家的正确识别。

- **每需求平均泄露故障数**：统计周期内平均每个需求开发完成后泄露的故障数。该指标与需求的粒度、难度等有较大关系，所以短时间内可能存在较大波动，从长期看会更加可靠。

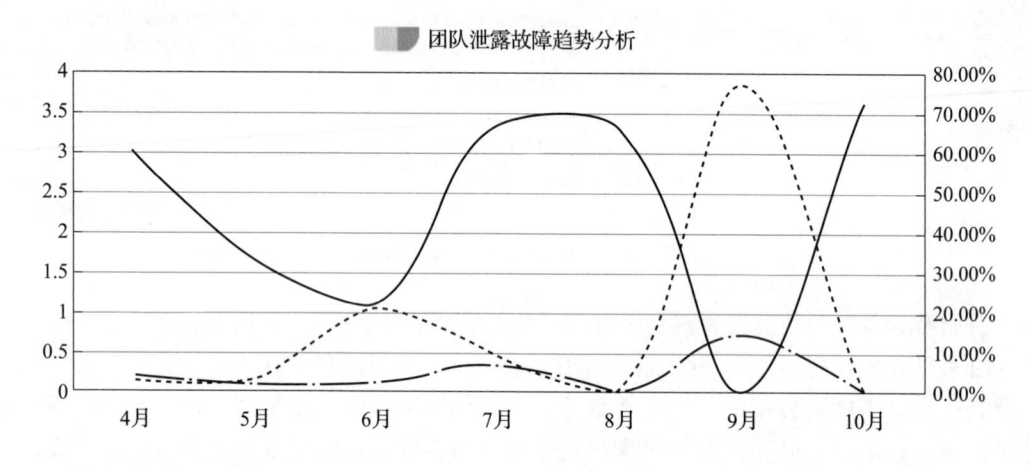

团队泄露故障趋势分析

—— 千行代码泄露故障数　----- 每需求平均泄露故障数　—·— TDD需求覆盖率

9月需求开发阶段故障泄露原因	数量	TDD是否可防护
代码合入问题	1	否
需求场景遗漏	5	是（Todolist）
未充分自测	2	是（UT）
外部依赖的变更未及时通知	2	否

4~8月TDD需求开发阶段故障泄露原因	数量	如何改进
方案未考虑异常场景，Todolist未覆盖	4	加强Todolist评审

故障人员分布（6~10月）	开发需求数量	人均开发需求数量	人均泄露故障数量
团队总体（共16人）	72	4.5个	1.78个
TDD标杆个人（　）	6	6个	0个

图 11-10　TDD 实践评估示例

（2）分析方法

TDD 需求覆盖率 = TDD 开发需求数量 / 所有开发需求数量

还可以通过 TDD 需求和非 TDD 需求进行对比观察故障泄露情况。但是需要注意两类需求类型可能存在较大的差异。比如，非 TDD 需求可能是不可推进 TDD 的需求，往往是前端代码或脚本之类。

（3）结论

- 每需求平均泄露故障数和 TDD 需求覆盖率基本呈负相关关系，尤其是 9 月因为紧急交付所有需求而未采用 TDD 开发，故障数量大幅上升，10 月恢复 TDD 开发后故障数量大幅下降。
- 借助于 TDD 的良好纪律约束，TDD 的质量防护效果明显，特别是 Todolist 起到关键作用，可反推方案质量提升。其中，如何提升 Todolist 质量是主要痛点。作为 TDD 标杆个人，某开发人员严格按照 TDD 开发，能力级别达到成熟级，开发的需求基本无故障泄露。
- TDD 对质量提升作用的大小，依赖于 TDD 实践水平的高低。

11.3.3　对于效率的评估

在对效率进行评估之前，我们先了解一下工程中常用的价值流框架，如图 11-11 所示。该框架包含各项流动指标，其关系如图 11-12 所示。

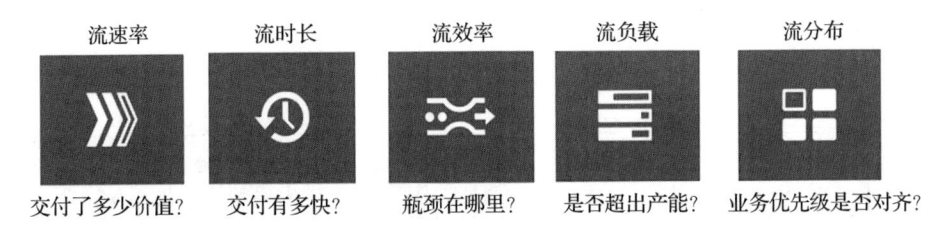

图 11-11　价值流框架

①流速率：在特定时长内交付的价值项的数量，反映了价值流管道的吞吐能力。

②流时长：价值项从进入管道到离开管道所经历的周期，反映了价值流管道对客户的响应能力。

③流分布：价值流管道内处于活跃的流动状态的价值项的分类占比。例如：价值项包括 50% 的市场需求，10% 的研发技术债，5% 的故障。如果将研发看作一种投资活动的话，流分布使得我们可以监控研发资源的分类投资占比，通过调整流分布可以获得资源的投资收益最大化。

④流效率：价值项在管道流动期间，处于活跃工作状态的时间占总流动时间的比例。流效率也叫占空比，可以衡量价值管道中停滞和等待的程度。

⑤流负载：价值流管道中正在进行的活跃流动项的数量，反映了在制品 WIP（Work In Progress，进行中的工作）的数量，直接影响价值流的顺畅程度。

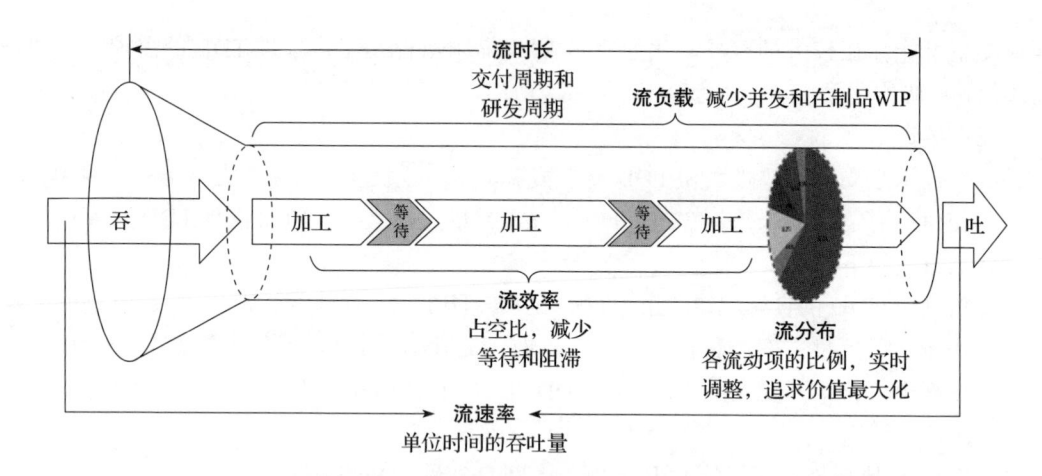

图 11-12 价值流管道中的流动指标

回到所谓"效率"，具体是指人均交付需求数量。从价值流角度看，效率主要与流速率相关。具体到 TDD 实践中，流速率是指在特定时间内完成的流动项（如需求、缺陷或其他类型的工作）数量，如图 11-13 所示。跟踪流速率，可以有效评估并预测团队能够交付多少工作。

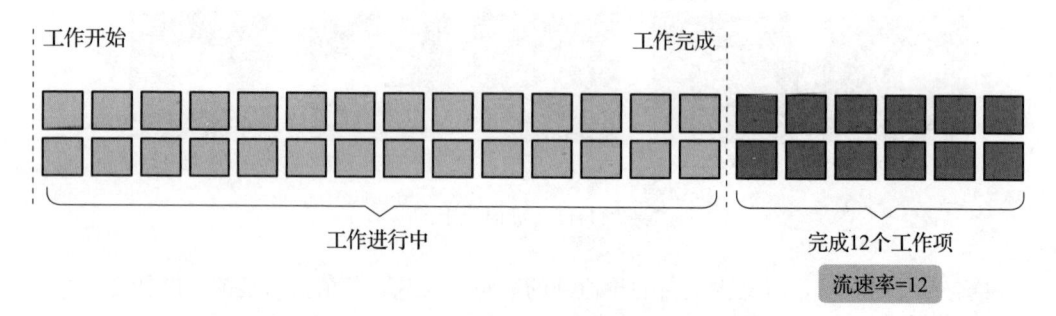

图 11-13 流速率

- 流速率数值升高：一般表明价值交付正在加速。
- 流速率数值降低，且流动时间很长：一般表明交付存在阻塞、依赖或在制品过多导致的工作切换浪费。当流速率过低时，需要及时调查原因，可能存在资源短缺、架构或基础设施限制等问题，也可能存在大规模任务等待导致的流动停滞。

人均交付需求数量只是一个结果指标，用于评估效率水平，但对于效率的变化原因需要补充一些关联指标进一步分析。整个度量分析过程是一个系统性工程，参考图 11-14。效率的提升是否与 TDD 相关，需要通过度量数据结合复盘来分析确认。其中，人均交付需求数量、TDD 能力级别、TDD 能力分布、ATDD 与 TDD 的融合实践与效率强相关，是分析复盘的重点内容。

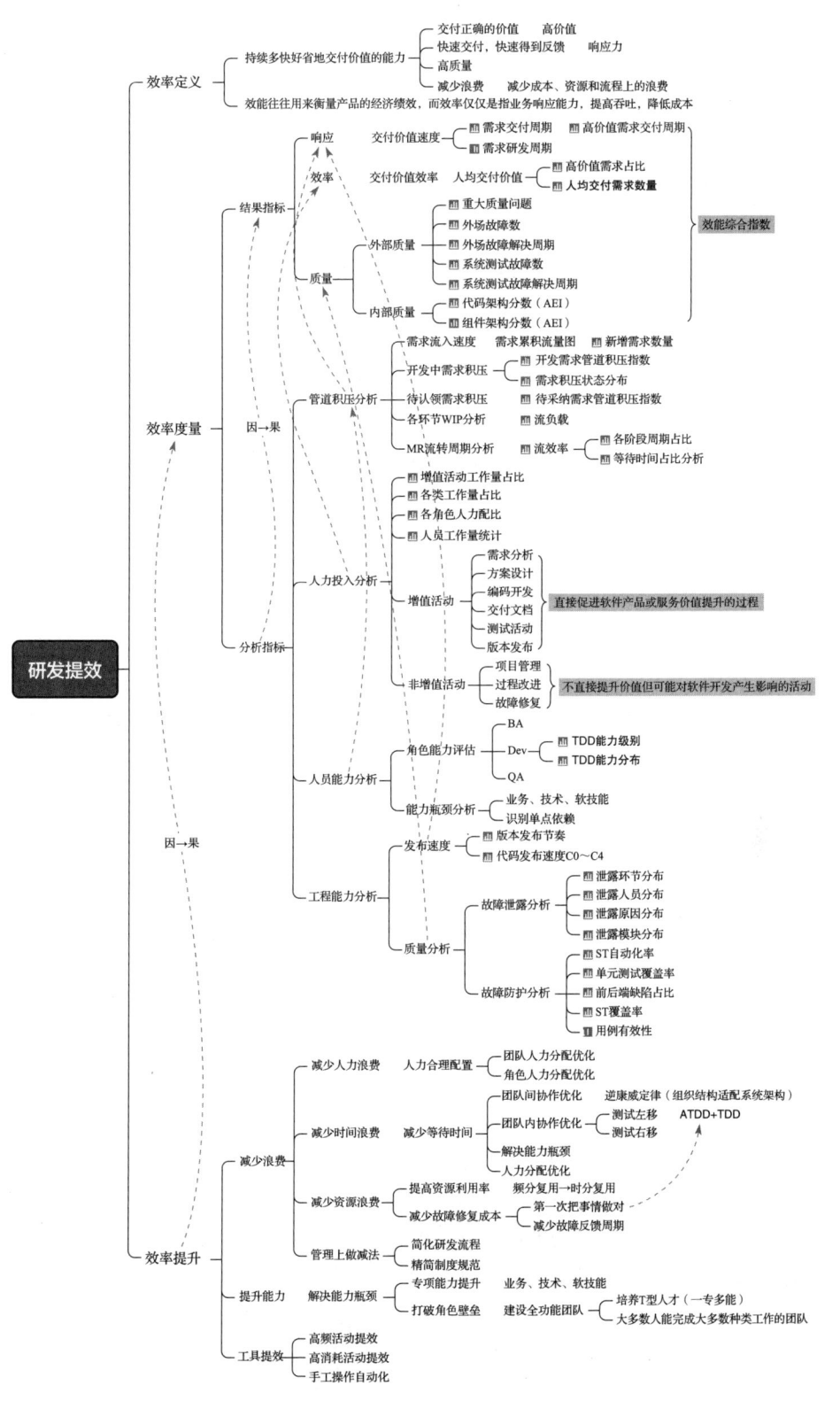

图 11-14　效能度量分析过程

11.4 TDD 推广的最佳实践

11.4.1 以点带面

所谓"以点带面",简单理解就是通过树立标杆来带动整体发展。具体来说,这种方法是通过树立典型激发团队内部的自发性和积极性,进而推动整个团队乃至组织范围内的 TDD 实践变得普遍化和标准化。

1. 稻盛和夫的启示:员工类型与 TDD 实践

稻盛和夫关于员工类型划分的观点为我们提供了深刻的启示。他将员工分为三种类型:自燃型、可燃型和不燃型(如表 11-2 所示)。这一分类不仅适用于对员工的性格和态度加深理解,还为我们以点带面地推进 TDD 实践提供了宝贵的思路。

表 11-2 不同类型员工在 TDD 实践中的作用

员工类型	定位	特点	在 TDD 实践中的作用
自燃型	TDD 实践落地的关键力量	• 内在热情和动力:他们具有强烈的内在驱动力,能够自我激励,不断追求进步和创新 • 积极学习和应用:他们不仅积极学习和掌握 TDD 相关知识,还能主动将其应用于实际工作中,推动 TDD 实践的深入发展	自燃型人的成功实践能为团队树立榜样,激发其他团队成员的参与热情,起到标杆先行的作用
可燃型	TDD 实践落地的重要力量	• 最初的怀疑和观望:他们可能起初对 TDD 持怀疑或观望态度 • 受自燃型人影响:在自燃型人的影响和带动下,逐渐被点燃热情,参与到实践中来 • 逐渐理解和认同:通过不断的实践和学习,他们逐渐理解和认同 TDD 的价值,成为推动实践发展的重要力量	在推进 TDD 实践的过程中,我们应注重激发可燃型人的潜力,帮助他们跨越心理障碍,成为实践的积极参与者
不燃型	需要经历长期而复杂的转变过程	• 持续沟通和引导:通过持续的沟通和引导以及实践成果的展示,可以逐渐改变他们的观念 • 逐步转变类型:使他们从不燃型转变为可燃型甚至自燃型	不燃型的人虽然可能暂时对 TDD 实践持保留或反对态度,但并不意味着他们永远无法改变 这是一个长期而复杂的过程,需要足够的耐心和信心

2. 以点带面的推进策略

在推进 TDD 实践落地的过程中,我们应采取以下策略:

- 发挥自燃型人的标杆作用:充分利用自燃型人的正面影响力。
- 引导和激发可燃型人的潜力:通过培训和实践帮助可燃型人转变态度。
- 耐心转化不燃型人的态度:对不燃型人进行持续的沟通和引导,展示实践成果,逐步改变他们的观念。

通过这种以点带面的方式,逐步扩大 TDD 实践人群,形成良好的实践氛围和文化,推动 TDD 实践在团队中的深入发展和广泛应用,从而产生显著的规模化效应。

11.4.2 标杆先行

1. 标杆先行的优势

实践表明，标杆先行的推进方式具有以下几方面优势：

- **激发兴趣**：通过找出自燃型员工，即那些自愿尝试 TDD 的人，可以点燃可燃者的兴趣。这些标杆成为其他人的榜样，激发了更多人参与 TDD 实践。
- **分享经验**：这些标杆个人可以分享他们的经验、挑战和成功故事。这有助于其他人理解 TDD 的价值，并为实践提供指导。
- **建立信任**：标杆个人的成功案例有助于建立其他人对 TDD 的信任，使其他人更愿意尝试这一开发模式，因为他们已经看到了实际效果。

2. 标杆先行的实施方法

（1）识别标杆

通过观察团队中谁首先采用 TDD，我们可以找到标杆个人。这些人可能是技术领袖、热衷于学习的人或者对质量有高度要求的人。

（2）支持标杆

给予标杆个人以足够的支持，如提供培训、资源和时间。他们需要成为 TDD 的积极倡导者。

同时，标杆个人应该分享他们的成功案例，包括质量改善、缺陷减少和开发效率提高等方面的成果。

（3）点燃可燃者

通过自燃型员工的示范和推广，激励和影响那些对 TDD 持开放态度但尚未开始实践的开发者。这一阶段，组织可以采取多种措施，如举办 TDD 工作坊、分享会，提供 TDD 相关的培训和资源，以及设置 TDD 实践的激励机制等。通过这些方法，可以将 TDD 的实践从少数人扩展到更广泛的群体，形成"从星星之火到燎原之势"的推广效应。

（4）逐步扩大 TDD 实践人群

随着越来越多的开发者开始尝试和接受 TDD，组织应该进一步加强对 TDD 实践的支持和规范化管理。这包括制定 TDD 相关的开发规范、在项目管理中集成 TDD 流程、定期评估 TDD 实践的效果等措施。这一阶段的目标是将 TDD 深入到开发文化和流程中，使之成为组织开发工作的一个重要部分。

（5）产生规模化效应

当 TDD 实践在组织中广泛推广并形成规范化管理后，将产生规模化效应。这一效应不仅表现在代码质量的整体提升和开发效率的增加，还产生开发文化的改变，如更加重视质量、更加开放于新方法的尝试等。此外，规模化效应还有助于吸引和留住那些重视开发质量与现代开发实践的优秀人才。

总之，以点带面地推进 TDD 实践的落地是一个渐进式、系统性的过程。通过标杆先行找出自燃型员工，利用这些先行者的实践和经验来点燃可燃型员工，进而逐步扩大 TDD 实践的人群。借此，组织可以有效地推动 TDD 的广泛采用和深入实践。最终，这将带来软件开发过程的质量提升、效率增加以及开发文化的积极变化，产生深远的规模化效应。

11.4.3 刻意练习

安德斯·艾利克森和罗伯特·普尔在其著作《刻意练习》中打破了关于"天才"的传统神话。他们指出，世界上并不存在天生的天才，任何领域的杰出人物都是通过反复的摸索和练习才取得成功的。所谓的"天才"，实际上是通过大量而专注的刻意练习，充分利用大脑的潜在适应能力，最终变得卓越。因此，即使我们已经成年，仍然可以通过坚持刻意练习，提升大脑的适应能力，在某个行业中脱颖而出。

1. 刻意练习的要点

首先，《刻意练习》揭示了一个重要事实：任何一个领域并不存在"天才"或具有"天生的才华"的人，取得成功的人士，都是通过孜孜不倦的练习得来的。

其次，心理表征是指在大脑中针对某一领域技能所建立的生理结构。人们通过这一结构来掌握相应的技能。心理表征与技能之间存在良性循环：技能越娴熟，心理表征越完善；心理表征越强大，技能提升越显著。通过刻意练习，可以不断完善心理表征，从而提升技能水平。

具体而言，在 TDD 实践中，刻意练习的理念尤为重要。通过刻意练习，开发人员可以不断提升自己的 TDD 技能，实现高效开发和高质量代码。

（1）重复练习

大量重复练习是掌握技能的关键。在 TDD 中，我们需要不断练习以下步骤：

①编写测试用例：根据需求编写测试用例，确保代码满足预期功能。

②编写实现代码：在测试用例的驱动下，编写实现代码。

③代码重构：对实现代码进行重构，提升代码质量和可维护性。

（2）学习区

刻意练习需要在学习区中进行，即在能力边界之内进行挑战。在 TDD 中，这意味着：

❏ 挑战自我：不断尝试新的测试方法和工具，提升测试覆盖率和测试质量。

❏ 走出舒适区：不满足于现有的技能水平，主动学习和实践新的 TDD 技巧。

❏ 合理的挑战：设定合理的目标，确保练习具有挑战性，但又不至于过于困难。

（3）及时反馈

刻意练习强调每次练习后应及时获得反馈，这对于 TDD 实践尤为重要。在 TDD 实践过程中，可以通过以下手段获得及时反馈：

❏ 代码评审：通过同事或导师的代码评审，获得具体的改进建议。

❏ 自动化测试：利用自动化测试工具，及时发现代码中的问题。

❑ 自我反思：通过自我反思，总结练习中的得失，持续改进。

总之，刻意练习强调通过重复练习、在学习区中进行挑战以及及时获得反馈来提升技能水平。在 TDD 实践中，应用刻意练习的原则，可以有效提升开发人员的测试和开发能力，推动高质量软件的开发，从而实现个人和团队的共同进步。

2. 通过刻意练习实践 TDD

利用刻意练习方法来实践 TDD，具体过程参考图 11-15。

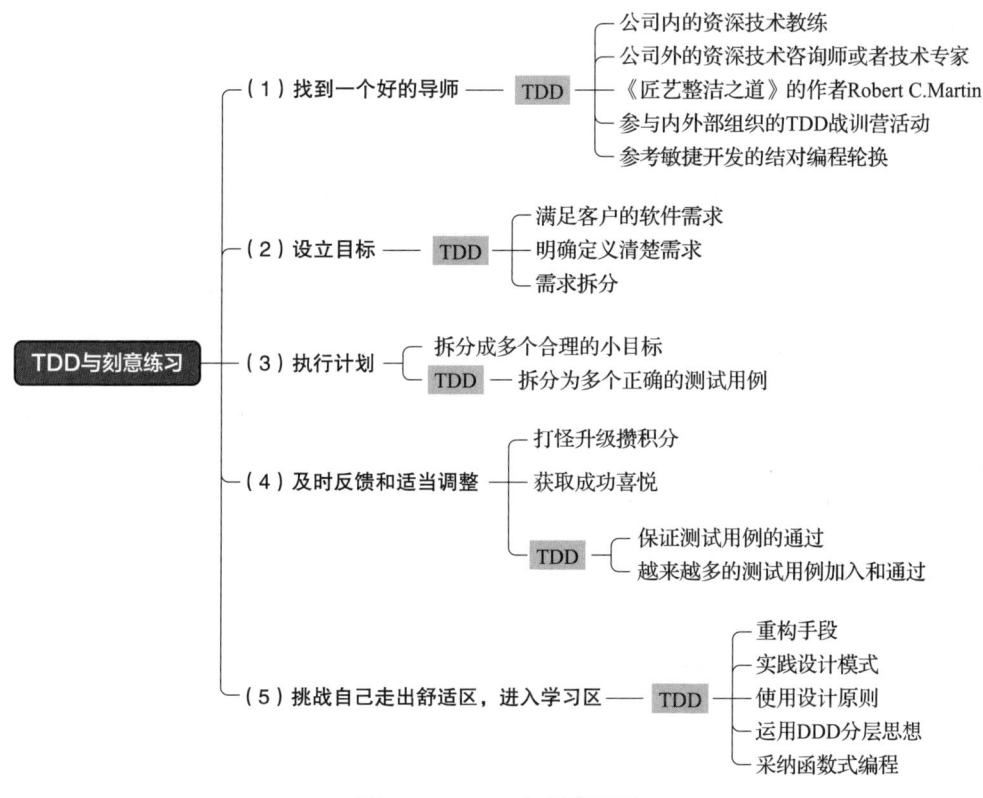

```
TDD与刻意练习
├─ （1）找到一个好的导师 ── TDD ┬─ 公司内的资深技术教练
│                              ├─ 公司外的资深技术咨询师或者技术专家
│                              ├─ 《匠艺整洁之道》的作者Robert C.Martin
│                              ├─ 参与内外部组织的TDD战训营活动
│                              └─ 参考敏捷开发的结对编程轮换
├─ （2）设立目标 ── TDD ┬─ 满足客户的软件需求
│                       ├─ 明确定义清楚需求
│                       └─ 需求拆分
├─ （3）执行计划 ┬─ 拆分成多个合理的小目标
│                └─ TDD ── 拆分为多个正确的测试用例
├─ （4）及时反馈和适当调整 ┬─ 打怪升级攒积分
│                          ├─ 获取成功喜悦
│                          └─ TDD ┬─ 保证测试用例的通过
│                                  └─ 越来越多的测试用例加入和通过
└─ （5）挑战自己走出舒适区，进入学习区 ── TDD ┬─ 重构手段
                                              ├─ 实践设计模式
                                              ├─ 使用设计原则
                                              ├─ 运用DDD分层思想
                                              └─ 采纳函数式编程
```

图 11-15　TDD 与刻意练习

将刻意练习这一方法融入 TDD 实践的具体路径如下。

① 在开始实践 TDD 之前，找到一位经验丰富的导师至关重要：

❑ 在公司内部寻找资深技术教练，为 TDD 实践提供指导。

❑ 在公司外部寻求资深技术咨询师或技术专家的帮助，例如《匠艺整洁之道》的作者 Robert C.Martin。

❑ 可以积极参与内外部组织的 TDD 战训营，在专家指导下进行实践，提高实战能力。

❑ 如果团队采用敏捷开发模式，则可以尝试结对编程轮换的方式，例如两人一组，每人开发 1h 后轮换角色。

②在正式实践 TDD 时，明确目标至关重要。首先选择项目，可从简单到复杂逐步深入，如 FizzBuzz 游戏、"镶金玫瑰"游戏或者复杂的 DDD 设计案例（如货物运输系统）；然后定义需求，核心是明确客户需求，确保开发出的软件能够真正满足需求。

③围绕设定的目标，首先拆分需求，将整体需求拆解为多个小目标，降低开发难度；然后设计测试用例，针对每个小目标编写测试用例。

④实现每个小目标（即测试用例），过程中需要注意：
- 记录问题：及时记录开发过程中遇到的问题，积累经验。
- 快速反馈与解决：及时修复问题，获得阶段性成就感，增强自信心。

⑤持续学习与提升，从而不断提升 TDD 技能。这需要有意识地走出舒适区，进行有目的的练习。一方面，学习新工具和方法：探索不同的 TDD 工具、测试框架及开发思路，拓宽技术视野。另一方面，尝试不同的设计原则：在 TDD 重构过程中，应用不同的设计原则和设计模式、DDD（领域驱动设计）分层思想，甚至探索函数式编程，以提升代码质量和架构能力。

⑥通过长期的 TDD 实践，逐步建立测试优先的思维习惯，并在大脑中形成稳定的 TDD 心理表征，从而实现技能提升与固化。这样自己就能在更高的技术层次上保持稳定，持续优化开发能力。

如上所述，通过系统化的 TDD 学习和实践，从寻找导师到设定目标，再到拆分需求和实现小目标，通过持续学习提升自我，最终形成 TDD 的心理表征。这一过程不仅能提高个人的技术水平，还有助于在团队中推广 TDD 的实践，推动整体开发质量的提升。

11.4.4 结对编程

结对编程（Pair Programming）是一种敏捷软件开发技术，两名开发者在同一台电脑上共同工作，其中一个人（驾驶者）编写代码，另一个人（观察者或导航员）审查每一行代码并考虑大局。两角色会定期交换，以保持活力和参与度。

1. 以结对编程促进 TDD 实践

（1）确保理解和执行 TDD 纪律

结对时，两个开发者可以相互监督，确保遵循 TDD 的三个基本步骤：编写失败的测试，编写通过测试的代码，重构代码。这种互相监督的过程有助于坚持 TDD 的原则。

（2）提升测试质量

在结对编程中，导航员可以专注于测试的质量，包括测试覆盖率、边界情况以及潜在的错误场景。这有助于创建更全面的测试套件，加强 TDD 的效果。

（3）交流和共享最佳实践

结对编程促进了知识共享，两位开发者可以交流各自对 TDD 的理解和经验，共同探索更有效的 TDD 方法和实践。

（4）驱动更快的反馈循环

在结对编程中，代码的即时审查可以快速识别问题并进行修正，这为 TDD 提供了快速的反馈循环，有助于及时调整测试和实现策略。

（5）增强团队内的 TDD 技能

通过结对编程，经验较少的开发者可以从经验丰富的开发者那里学习 TDD 技能。这种技能传递可以提升整个团队的 TDD 能力。

（6）提高代码的可读性和可维护性

结对编程中的持续代码审查和重构有助于保持代码的清晰及整洁，这与 TDD 的目标一致，使得最终的代码质量更高。

（7）构建更强团队动力

结对编程可以在团队成员之间建立更强的工作联系和信任，有助于形成支持 TDD 文化的团队环境。

（8）促进技术和方法的一致性

在结对编程时，开发者可以就测试命名约定、代码结构和设计模式等达成一致，有助于维护整个项目代码的一致性。

2. 结对编程的实践建议

（1）定期轮换配对

定期轮换配对有助于传播 TDD 的实践技巧，同时保持团队成员的参与度和新鲜感。通过不同的配对组合，开发者可以相互学习不同的 TDD 方法和思路。

（2）实时代码审查

在结对编程的过程中进行代码审查，可以即时发现并解决问题。这种实时的代码审查方式不仅提高了代码质量，还能让开发者及时获取反馈，改进自己的编程习惯和技巧。

（3）持续对代码和测试进行重构

重构不仅涉及实现代码，还包括测试代码。结对编程时，两位开发者可以一起讨论如何改进测试，确保测试代码的可读性和有效性。持续的重构有助于保持代码库的整洁和可维护性。

（4）编写清晰的测试代码

测试代码应当可读且清晰。结对编程有助于确保测试的表达力，两位开发者可以相互审查测试代码，确保测试用例简洁明了、易于理解。

（5）共同解决问题

当遇到难题时，两个大脑往往比一个更容易找到解决方案。结对编程提供了一个平台，让开发者可以即时讨论、交换思路，共同克服技术难题。

（6）保持交流

定期交流对于团队内同步理解和维持 TDD 实践至关重要。结对编程要求开发者持续沟通，确保双方理解一致，协作顺畅。

（7）尊重和支持

结对编程的过程中，两位开发者应该相互尊重和支持，创造一个积极的工作环境。相互尊重和支持不仅能提高工作效率，还能增强团队凝聚力和士气。

如上所述，结对编程与 TDD 相结合可以显著提高软件开发的效率和质量。两者的结合强调了沟通、协作和持续改进的重要性，有助于团队更好地落实 TDD，从而开发出更可靠、更易维护的软件产品。通过定期轮换配对、实时代码审查、持续对代码和测试进行重构、编写清晰的测试代码、共同解决问题、保持交流，以及相互尊重和支持，团队可以充分发挥结对编程在 TDD 实践中的优势，推动整体开发水平的提升。

拓 展 篇

- 第 12 章 大模型对软件开发的影响
- 第 13 章 大模型辅助 TDD 开发

第 12 章

大模型对软件开发的影响

本章将介绍人工智能（AI）大模型对软件行业造成的影响，以及程序员应如何积极地面对这种冲击和变革。

12.1 大模型将改变软件工程范式

12.1.1 软件工程范式的发展

软件工程范式是指导软件开发与管理的模型或方法论，是软件开发的核心思想、原则、方法论以及最佳实践的集合。它不仅涵盖编程，还涉及项目管理、软件设计、测试、维护等整个软件生命周期。

软件工程范式的发展经历了很长一段时期，具体来说，可分为以下几个阶段。

（1）初始阶段（20世纪50年代～60年代）

在计算机发展早期，软件开发尚无成熟的模型或方法论。开发通常由一两个程序员或小团队完成，采用工艺式方法。这一时期的软件大多是针对特定硬件或任务定制的，缺乏通用性和可维护性。

（2）瀑布模型阶段（20世纪70年代）

1968年和1969年，美国和德国分别召开了一次重要会议，标志着软件工程学科的诞生。此时，瀑布模型被提出，成为首个受到广泛认可的软件开发生命周期模型。该模型将软件开发流程划分为严格的阶段，包括需求分析、设计、实现、测试、部署和维护。

（3）结构化开发阶段（20世纪70年代末期～80年代）

随着对软件开发过程的深入理解，结构化编程和设计方法逐渐兴起。结构化设计

（SD）、结构化分析（SA）和快速应用开发（RAD）等方法被广泛采用，以提升软件设计质量和可维护性。

（4）面向对象和迭代开发阶段（20世纪90年代）

20世纪90年代，面向对象编程（OOP）逐步流行，其封装、继承、多态等概念帮助开发者更好地管理软件复杂性。同时，迭代与增量开发方法也逐步兴起，如Rational Unified Process（RUP，理性统一过程）。

（5）敏捷开发方法论阶段（21世纪初）

2001年，《敏捷宣言》的发布标志着敏捷开发方法论的诞生。敏捷开发方法论强调适应性、客户协作和频繁交付软件版本。极限编程（XP）、Scrum和Kanban等敏捷实践随之流行。

（6）CI和DevOps阶段（21世纪10年代至今）

随着自动化与云计算的发展，CI/CD成为软件开发的重要组成部分。DevOps文化和实践兴起，强调Dev（开发）与Ops（运维）的协同，以加快迭代并提高产品稳定性。

每个阶段的软件工程范式都旨在解决当时软件开发中的关键问题。新的范式并未完全取代旧有的范式，应当根据项目需求、组织结构和团队偏好选择范式或将多个范式进行融合，无论新旧。软件工程范式的发展是一个持续演进的过程，随着技术的进步和市场需求的变化，新的范式和实践方法将不断涌现。

12.1.2　AI时代的软件工程范式

在大模型（如DeepSeek、GPT）引领的AI技术浪潮下，软件工程正经历一场革命性的转型。这场变革不仅影响了软件开发的技术层面，还对开发流程、团队协作以及产品管理等多个维度带来了深远影响，如代码生成的自动化、测试过程的智能化、技术文档的革新等。种种变化表明软件开发正在向更加智能化、自动化的方向发展。

随着大模型技术的不断进步，可以预见，未来的软件开发将更加依赖AI的辅助，而人类开发者的角色也将随之转变，更多地聚焦于创新和战略决策。

1. 大模型带来生产力的提高

大模型时代，我们见证了软件开发向更智能化、更自动化的方向发展，并在这一过程中极大提升了生产力，例如：

- **代码自动生成**：大模型可以根据简单的描述生成代码，减少人工编写代码的时间。
- **bug检测与修复**：通过分析代码库，大模型能够识别潜在的错误并提供修复建议。
- **文档生成和维护**：大模型能够自动生成文档，减少开发者在文档编写上的工作量。
- **代码复用**：基于大量现有的代码样本，大模型能够提供代码复用的建议，从而提高代码质量和开发效率。
- **需求理解和转化**：大模型能够将用户需求直接转换为开发任务，减少需求分析的时间。

总的来说，大模型的普及主要会导致以下几个方面的变化：
- **自动化开发流程**：从需求分析到设计、编程、测试和部署的整个软件开发流程将更加自动化。
- **减少重复性工作**：重复性、模式化的工作将被 AI 工具所替代，开发者将专注于更加有创造性和复杂的任务。
- **提高工作效率**：大模型的辅助将让开发者能够处理更复杂的问题，提高工作效率。

在这种情况下，生产力的提高不是仅仅依赖自动化日常任务，而是通过根本性地改变软件开发的过程和结构实现的。

2. 大模型带来生产关系的变化

生产力的变化通常会导致生产关系的调整。在软件研发领域，这可能表现为以下几个方面：
- **角色转变**：某些传统角色，如初级开发者、测试员、技术文档编写者可能会减少，因为这些工作可以部分或完全由大模型承担。
- **新角色出现**：新的角色可能会出现，如 AI 模型训练师、AI 交互设计师等，他们负责管理和优化大模型的使用。
- **团队结构调整**：团队可能会变得更小、更加精简，因为许多重复性任务都可以由大模型来处理。
- **决策过程改变**：开发者可能会更多地依赖大模型提供的数据分析来做决策。

3. 人类仍然需要担任关键角色

尽管大模型能够自动完成许多任务，但人类仍然在以下关键领域不可或缺：
- **AI 监督者**：监控 AI 模型的输出，确保其准确性和可靠性。
- **复杂问题解决者**：处理 AI 难以解决的复杂问题，进行创新和创造性的工作。
- **伦理和合规专家**：确保软件开发遵循伦理标准和法律法规。

4. 软件工程 3.0

自 2023 年起，业界开始讨论"**软件工程 3.0**"（SE 3.0）的概念。朱少民教授曾发布《软件工程 3.0 宣言》，其核心理念如图 12-1 所示。在软件工程 3.0 时代，AI 与软件工程的深度融合将进一步重塑开发流程和开发者角色，使软件开发迈向更高效、更智能化、更自动化的未来。

> 人机交互智能胜于研发人员个体能力
> 业务和研发过程数据胜于流程和工具
> 可产生代码的模型胜于程序代码
> 提出好的问题胜于解决问题
>
> 右边各项有价值，只是左边更有价值

图 12-1　软件工程 3.0 的核心理念

（1）智能化和自动化的实现

软件工程 3.0 首先强调软件开发向智能化和自动化的方向演进。在这一过程中，机器学习和人工智能技术将大幅驱动软件开发。这意味着未来的软件开发将更加注重数据分析和利用，以实现更智能化、更自动化的开发流程。

- 智能化：通过引入机器学习算法，软件能够具备自我优化和改进的能力。
- 自动化：利用自动化工具和流程，可以在软件开发过程中减少人为错误，提高开发效率。

（2）软件即模型

Software as a Model（SaaM，软件即模型）是软件工程 3.0 的核心概念之一。这个概念指出，软件不仅是一种实现特定功能的工具，还可以作为一种描述和模拟、预测和优化现实世界的模型。

- 描述和模拟：通过软件模型精确描述和模拟现实世界的各种场景。
- 预测和优化：利用软件模型分析未来趋势并提出优化方案。

12.1.3 大模型应用于软件工程的限制

1. 从系统 1 到系统 2 的挑战

Meta 首席人工智能科学家、深度学习先驱、图灵奖得主 Yann LeCun 指出，当前的 AI 系统虽然接受了语言训练，能够通过律师资格考试，但在执行诸如"将盘子放进洗碗机"这样简单的任务时，仍显得力不从心——这些任务甚至是 10 岁孩子都能轻松完成的。

首先，这些系统的能力仍然非常有限，因为它们对现实世界缺乏根本性的理解。当前的大模型主要依赖大规模文本训练，而很多人类知识与语言无关，大模型无法捕捉到人类的这部分经验，因此对现实世界的许多方面一无所知。

进一步来说，当前的语言模型（大模型）通过固定的计算量生成每个 token。它们无法投入更多的"时间和精力"来解决复杂问题，这类似于人类快速、潜意识的"系统 1"决策过程。而真正的推理和计划需要系统具备主动搜索和迭代推理的能力，这更类似于人类有意识的"系统 2"。正是系统 2 使人类和许多动物能够在新情境下找到新问题的解决方案。

为了实现更通用的规划能力，AI 系统需要具备一个世界模型——一个能够预测行动序列后果的子系统。具体而言，给定 t 时刻的世界状态以及可以采取的假想行动，这个模型应该能够预测在 $t+1$ 时刻的合理状态。通过建立和利用这种世界模型，系统可以计划一系列行动以实现特定目标。

然而，如何建立和训练这样的世界模型仍然是一个未解难题。更复杂的问题在于，如何将复杂目标分解为一系列子目标。这种分层规划是人类和许多动物可以毫不费力完成的任务，但对于当前的 AI 系统来说仍然是一个巨大挑战。

总之，从系统 1 向系统 2 过渡对于 AI 的发展至关重要。要实现这一点，AI 系统不仅需要理解和预测现实世界的动态变化，还必须具备分层规划能力。尽管这一目标目前面临诸多技术挑战，但一旦实现，它将标志着 AI 技术向着 AGI（Artificial General Intelligence，通用人工智能）迈出重要一步。

2. 从大模型到 AGI 的差距

从人类工作的角度来看，只有未来真正的 AGI 才能完全替代人类。AGI 是指能够达到或超过人类智力水平，具备自主学习、自然语言理解、逻辑推理、知识迁移和规划等通用智能的 AI 系统。目前的大模型与 AGI 之间仍存在显著差距，具体表现见表 12-1。

表 12-1 当前大模型与 AGI 的能力对比

能力项	当前大模型的表现	AGI 应有的表现
感知与认知能力	侧重于语言建模能力，主要处理文本数据	需要具备多模式感知与认知能力，能够理解和处理视觉、听觉等多种感官信息
对深层语义和抽象概念的理解能力	对深层语义和抽象概念的理解有限，主要通过模式匹配和统计方法进行处理	需要将概念实体与低层感知连接起来，具有更深层次的理解能力
逻辑演绎与数学推理能力	在复杂逻辑演绎与数学推理方面表现欠佳	需要具备进行复杂逻辑演绎与数学推理的能力，以解决更复杂的问题
因果关系建模能力	对因果关系的建模仍较弱，难以准确理解事件之间的因果关系	需要对时间和事件进行深度理解，能够准确建模因果关系
常识储备与迁移学习能力	缺乏常识，难以像人类那样进行迁移学习	需要具备建立世界模型的能力，能够将学到的知识迁移到新的情境中
价值观与稳定性	容易被误导，价值观可能偏向训练数据，缺乏稳定性	需要形成稳定一致的价值取向，能够自主判断和决策
自主性与设计依赖	仍然依赖人类进行设计、训练与判断	目标是实现超越人类的自主性，能够独立进行学习和决策

需要注意的是，目前大模型可能会提供一些看似合理但实际不准确的结果。在训练过程中，大模型接收了人类积累的所有成果，包括最优质的知识和最糟糕的信息，它得到的是一种"平均的智慧"。尽管这种能力在许多情况下已足够实用，但它仍然存在局限性。

在当前的研发过程中，由于软件工程的复杂性以及领域知识的局限性，大模型的效率提升尚未达到理想水平。然而，随着大模型技术的不断成熟以及领域知识的积累，它在软件开发中的效率提升作用将变得更加显著。

3. 在软件工程领域，大模型不是"银弹"

（1）软件的四大特性

在软件工程领域，小弗雷德里克·布鲁克斯在其著作《人月神话》中阐述了软件的四大特性：**复杂性**、**一致性**、**可变性**和**不可见性**。尽管软件工程一直致力于解决这些固有问题，但它们依然存在并持续影响软件开发。

- **复杂性**：通过结构化方法、面向对象的方法、SOA（面向服务的架构）、微服务架构等方式来解决软件的复杂性问题。
- **一致性**：通过制定需求、设计、代码规范，实施研发流程标准和使用文档模板等方法来解决软件的一致性问题。
- **可变性**：通过迭代开发，特别是敏捷的快速迭代和 CI/CD，利用软件的可变性来适应业务的变化。

- 不可见性：通过代码规范（例如可读性）、可测试性和可观测性等方式来解决软件的不可见性问题。

在软件工程 2.0 时代，SaaS（软件即服务）、敏捷开发和 DevOps 显著提升了生产力。而在软件工程 3.0 时代，SaaM 和 ML-DevOps 进一步推动了生产力的发展。然而，生产关系依然存在，研发人员的角色也在不断变化，例如：在软件工程 3.0 中，产品经理负责解决业务的复杂性问题，架构师则帮助解决软件系统的复杂性问题。

尽管软件工程已经发展到 3.0 时代，但是这些固有特性的问题在一定程度上依然存在。例如，即使使用 SaaM，软件依然面临复杂性和一致性的问题。如果这些特性不存在，那么软件工程自然就失去了存在的意义。

（2）软件工程中大模型的局限性

虽然大模型在某些方面展示了强大的能力，但它们并不是解决所有问题的"银弹"。大模型在应对软件工程的四大特性时，依然存在许多局限性。

- 复杂性：大模型无法完全解决软件系统的复杂性，尤其是当涉及多个模块和服务之间的复杂交互时。
- 一致性：虽然大模型可以生成代码和文档，但它们无法确保持续的一致性，特别是在长时间的开发和维护过程中。
- 可变性：大模型可以辅助快速迭代，但它们无法完全替代人类的判断和决策，特别是在应对业务需求变化时。
- 不可见性：大模型生成代码和决策的过程往往是黑箱操作，加深了软件的不可见性，反而可能会使问题更加复杂。

综上所述，大模型虽然在某些领域展示了强大的能力，但并不是万能的解决方案。软件工程的复杂性、一致性、可变性和不可见性是其固有特性，需要通过多种方法和工具来应对。即使在软件工程 3.0 时代，随着工具和方法的进步，研发人员的角色和职责也在不断演变，但这些基本问题依然需要依靠人类的智慧和经验来解决。因此，大模型并不是解决软件工程问题的"银弹"，需要与其他方法和工具相结合，才能真正提升软件开发的效率和质量。

12.2 程序员如何拥抱大模型

12.2.1 大模型对程序员工作方式的冲击

随着大模型的迅猛发展，智力工作者的工作方式正受到深刻影响，而程序员作为智力工作者的重要组成部分，其岗位和职能自然也不可避免地受到冲击。这场变革不只改变了程序员的日常工作，更在根本上转变了他们的角色定位。

1. 程序员角色的转变

在大模型技术逐渐向细分领域的智能体方向发展的过程中，程序员的角色正在从传统的"码农"向更高阶的"创新者"过渡。大模型工具的引入并非单纯为了减轻工作负担，而是调整工作重点，使程序员能够摆脱重复性任务，专注于更具创造性和战略性的工作。

2. 基础代码生成的自动化

过去，许多程序员虽然能够编写功能正确的程序，但代码结构往往混乱，难以理解和维护，因为他们的工作主要集中在基础性的代码编写任务上。然而，随着大模型的引入，这类基础代码的自动生成已成为现实，极大压缩了这部分程序员的生存空间。那些仅能编写低质量代码的程序员可能会面临职业危机，而不得不提升自身技能，以适应新的技术环境。

3. 对专业能力的高要求

尽管大模型在处理重复性高、机械性的任务方面表现出色，但它无法替代程序员的思考和决策能力。程序员仍需掌握"辅助驾驶的方向盘"，在利用大模型工具的同时，确保代码质量和项目方向的正确性。大模型能够帮助程序员聚焦于高价值任务，提升专业能力，但这一切的前提是程序员自身具备足够强的专业素养和创新思维。

4. 研发效率与工作产出质量的提升

大模型的引入将显著提升研发效率，减少程序员在重复性工作上的时间投入，使他们有更多时间进行深入思考和创新。这不仅提高了工作产出的质量，还为程序员提供了更多的发展空间和机会。

综上所述，大模型虽然在一定程度上改变了程序员的工作方式，但它们并不是万能的"银弹"。程序员仍需在大模型的辅助下，发挥自身的创造力和专业判断力，才能在这个快速变革的时代中保持竞争力。通过提升自身能力，程序员可以更好地利用大模型工具，专注于更具价值的工作领域，从而实现个人和职业的双重提升。在这场技术革命中，程序员需要不断学习和适应，才能在新环境中茁壮成长。

12.2.2 与大模型共生

我们正处于一个人类与 AI 关系发展的关键时刻。在这个时代，人类的智慧与机器的能力必须在充分理解和尊重彼此的基础上找到共生的方式。在软件工程领域，要实现这一目标，需要从以下几个方面进行思考和实践。

1. AI-First

在当今的技术环境中，模型的价值愈发凸显。与传统的编程方法不同，当前的开发思路更倾向于 AI-First（模型优先）。这意味着，当我们面对一个问题或任务时，首先应考虑是否可以利用现有的模型来解决它，而不是立刻着手编写代码。

代码是固定的，而模型具有巨大的发展空间。随着时间的推移，模型凭借其强大的学习和适应能力，能够在不断的迭代中实现自我优化和进步。因此，我们的首要任务是发掘模型的潜力，让它成为我们解决问题的利器。

2. AI-Native

原生适应大模型技术的个体更能高效利用这一工具。他们能够自然地与大模型交互，理解其潜力与局限性，并充分利用大模型来提升效率、推动创新、解决问题。

这种 AI-Native 思维不仅适用于个人，还适用于企业和组织。能够自然整合大模型技术的组织往往更加灵活、高效，并且具备更强的创新能力。

3. 从主导者到协作者

面对大模型，我们必须调整心态。过去，人类在工作中扮演决策者和执行者的主导角色，而大模型的加入使我们需要适应成为协作者和监督者。这意味着，我们需要学会放开一部分控制权，信任大模型的决策，并专注于机器难以替代的领域。这种心态的转变不仅能提高工作效率，还能带来更多创新的可能性。

与大模型共生并不意味着完全依赖大模型，而是要找到人与大模型之间协同的平衡点。与大模型共生，可能需要通过以下路径：

- 理解与信任：深入了解大模型的工作原理和局限性，建立对其决策的信任。
- 协同工作：在人类擅长的领域（如创造力、情感理解和复杂决策）与大模型擅长的领域（如数据处理和模式识别）之间找到协同的平衡点。
- 持续学习：不断提升自身技能，学习如何有效地与大模型合作，并保持对新技术的敏感度。
- 创新与优化：利用大模型的强大算力和学习能力，推动创新和优化现有工作流程。

总之，在这个人类与 AI 共生的时代，我们需要进行深刻的心态转变和技能提升。采用 AI-First 的思维方式，发展 AI-Native 的适应能力，以更好地利用大模型的潜力，实现与大模型的协同工作。最终，我们将能够在这个快速变革的技术环境中找到平衡，实现人类与 AI 的共生共赢。

12.2.3 与 AI 分工协作

在我们心中，完美的软件开发团队应该是各类人员各司其职，拥有匹配的成熟技能，并能够高效沟通协作的团队。然而，如果其中某些人员被大模型替代，那会发生什么呢？

1. 大模型在软件开发中的应用

目前，大模型已能够胜任部分相对固定的物料生成任务。人工工作的核心主要集中在 Prompt 的输入和产出物的审核上。现有技术已展现出大模型在这一领域的强大能力。例如，大量的大模型社会模拟项目正在涌现，这些项目可以设定特定环境，并为每个大模型赋予特定的"人设"，使其成为独立的智能体。各个智能体通过不断模拟彼此的互动关系进行迭代，从而在特定环境中实现高效的分工协作。

我们完全可以将这种模拟环境设定为一个理想的软件开发团队，为每个角色赋予特定的职能，并通过特化的小模型进行赋能。当我们在模拟环境中按下"加速键"时，在算力充足的情况下，这种模式将展现出前所未有的效率和创新能力。

这种模拟不仅是理论上的设想，实际上已经在现实中逐步落地。例如，一些前沿科技公司已经开始使用大模型自动生成代码片段、优化算法，甚至进行初步的代码审核。这种AI与人类协作的模式极大提升了开发效率，使人类开发者能够将更多精力投入到创造性和战略性的工作中。

2. AI 与人类的分工协作模式

AI 与人类的分工协作模式为我们展示了一种未来软件开发团队的新形态，AI 和人类各自发挥着独特的优势。

- ❏ 固定任务的自动化：大模型擅长处理重复性高、规则明确的任务，如代码生成、测试用例编写等。通过自动化这些任务，开发团队可以显著提高工作效率。
- ❏ 创造性任务的专注：人类开发者专注于需要创造力、复杂决策和战略思维的任务，如系统设计、架构决策和创新性解决方案的提出。
- ❏ 高效沟通与协作：大模型可以充当团队中的虚拟成员，通过自然语言处理和生成技术，与人类开发者进行高效沟通，提供即时的技术支持和建议。
- ❏ 迭代与优化：通过不断的模拟和迭代，大模型可以持续提升自身的输出质量，使得整个开发过程更加高效。

AI 与人类的分工协作模式正在塑造软件开发的新形态。在这一模式下，大模型负责自动化和固定任务，而人类开发者则专注于更高阶的创造性工作。这种协作方式不仅能够显著提升开发效率，还能推动技术的持续创新和突破。随着技术的不断发展，"西部世界"般的智能协作景象将不再是科幻，而是逐步成为我们的现实。

根据 Thoughtworks 的报告，"AI+人"的分工协作过程大致分为三个阶段，如图 12-2 所示。

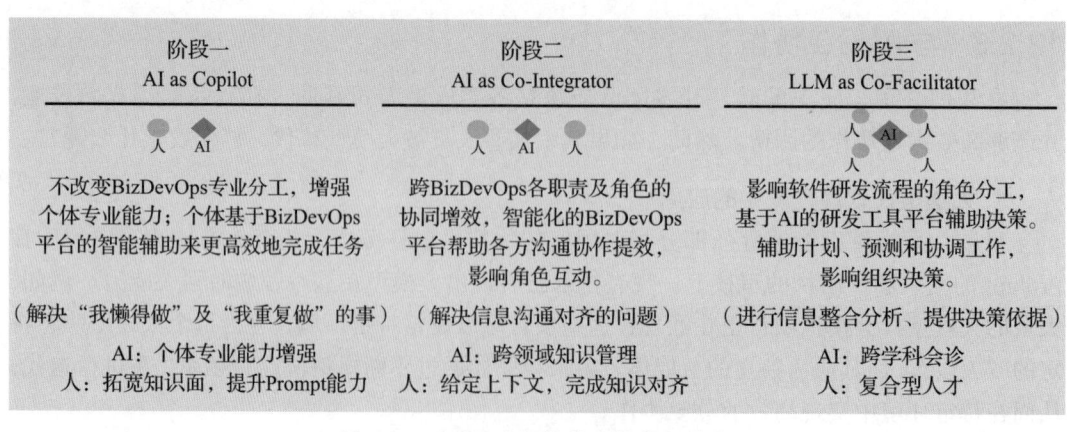

阶段一 AI as Copilot	阶段二 AI as Co-Integrator	阶段三 LLM as Co-Facilitator
人 AI	人 AI 人	人 AI 人
不改变BizDevOps专业分工，增强个体专业能力；个体基于BizDevOps平台的智能辅助来更高效地完成任务	跨BizDevOps各职责及角色的协同增效，智能化的BizDevOps平台帮助各方沟通协作提效，影响角色互动。	影响软件研发流程的角色分工，基于AI的研发工具平台辅助决策。辅助计划、预测和协调工作，影响组织决策。
（解决"我懒得做"及"我重复做"的事）	（解决信息沟通对齐的问题）	（进行信息整合分析、提供决策依据）
AI：个体专业能力增强 人：拓宽知识面，提升Prompt能力	AI：跨领域知识管理 人：给定上下文，完成知识对齐	AI：跨学科会诊 人：复合型人才

图 12-2 "AI+人"的分工协作三阶段

注：BizDevOps 是一种整合业务（Biz）、开发（Dev）和运维（Ops）全流程的协作方法论，旨在通过跨职能协同实现技术与业务目标的高度对齐。

(1)阶段一：AI 作为副驾驶员（AI as Copilot）

在这个阶段，AI 主要扮演辅助角色，帮助人类开发者处理一些重复性工作和基础任务。

- 角色特点：AI 具备专业能力模型，能够处理特定领域的任务；人类负责问题识别和 Prompt 的输入，确保 AI 的任务指令准确无误。
- 应用场景：AI 帮助解决具体业务领域的重复性问题，如代码生成、简单数据处理等。

(2)阶段二：AI 作为联合集成者（AI as Co-Integrator）

在这一阶段，AI 的角色从单纯的辅助者转变为联合集成者，与人类合作完成更复杂的任务。

- 角色特点：AI 能够胜任跨领域的复杂任务，具有较强的整合与分析能力；人类从上至下进行监督和控制，确保整体项目的协调性和一致性。
- 应用场景：AI 与人类共同负责多个领域的任务整合，如复杂系统的架构设计、跨团队的项目协作等。

(3)阶段三：大模型作为联合促成者（LLM as Co-Facilitator）

在这个高级阶段，大模型成为团队中的联合促成者，深度参与到各个环节的决策和执行过程中。

- 角色特点：AI 具备高级综合分析和决策支持能力，能够辅助人类进行复杂的技术判断；人类以基础人才为主，负责高层次的战略决策和创新。
- 应用场景：AI 在团队中扮演重要角色，参与从需求分析到解决方案实施的全流程，帮助团队实现更高效的协作和创新。

如上所述，AI 与人类的分工协作模式正随着技术的发展逐步深化。从最初的辅助角色，到成为联合集成者，再到深度参与决策的联合促成者，AI 在软件开发中的作用越来越重要。这种协作模式不仅提高了工作效率，还促进了创新和复杂问题的解决。通过合理的分工与协作，AI 与人类可以共同推动软件开发领域的不断进步和突破。

12.2.4 提升关键的大模型能力

随着大模型技术的发展，程序员的角色也在不断变化。为了适应这种变化，程序员需要在多个方面加强能力培养。以下是一些关键的大模型能力，其他研发角色也可以参考这些建议。

1. 问题解决能力和创新思维

尽管大模型可以自动生成代码，但程序员仍然需要具备出色的问题解决能力和创新思维，以设计和实现复杂的系统。其中，深入理解业务需求是程序员不可替代的核心能力。如果程序员能够准确理解需求，并以领域模型等方式清晰表达，那么后续的技术实现将更具针对性和更高效。

2. 与大模型交互的能力

程序员需要学习如何有效地与大模型交互，以获取最大的效益。这包括以下几个方面：

- 提出问题：能够准确地向大模型提问。
- 解释回答：能够理解和解释大模型的回答。
- 指导生成：能够指导大模型生成高质量的代码。

此外，掌握基础的数据科学和机器学习概念，将有助于程序员更好地理解大模型的工作原理，并充分利用其能力来解决问题。

3. 熟练使用和快速学习大模型工具的能力

大模型工具的有效使用是提升工作效率的关键。例如，大模型的一个特点是"只有提出好问题，才能得到好答案"，提出好问题以得到好答案的过程被称为提示工程（Prompt Engineering）。程序员需要学习如何构建有效的提示词，以充分发挥大模型的潜力。

此外，利用大模型进行快速学习也是一项重要技能。就像搜索引擎改变了我们的学习方式一样，大模型也将进一步革新知识获取的方式，使程序员能够更高效地掌握新技术。

4. 评审和验证大模型生成代码的能力

大模型生成的代码并不总是最优的，有时甚至可能是"垃圾代码"。因此，程序员需要具备以下能力：

- 代码评审：判断生成代码的质量，并进行优化。
- 验证正确性：确保生成代码的正确性，可以逐行分析代码，或编写自动化测试来反向验证代码。

尽管自动化测试代码也可以由大模型辅助生成，但最终的验证和优化仍需由程序员完成。

5. 掌握软件开发技术的基本原理

程序员应注重掌握软件开发技术的基本原理，而不是仅仅记住技术细节。例如，如果程序员了解 Vue.js 的基本原理，那么他即使忘记了具体的语法细节，也可以在大模型的帮助下进行开发。但如果他对基本原理一无所知，那么即使有大模型的帮助也难以达成目标。因此，在学习新技术时，应把重点放在对原理的理解上。

6. 持续学习的能力

大模型和机器学习领域发展迅速，新技术和模型不断涌现。程序员需要具备持续学习的能力，以跟上这一领域的动态。虽然短期内大模型可能不会对开发效率带来突破性的提升，但其渐进式的提升效果也不容忽视。人与人之间的差距往往很小，但这些微小的差距有时是决定性的。

如上所述，面对大模型技术带来的变革，程序员需要在多个方面提升自己的能力。从问题解决能力和创新思维，到与大模型的有效交互，再到代码评审和验证，每一项技能都至关重要。此外，理解技术原理和持续学习的能力也是程序员保持竞争力的关键。这些能力的综合提升将帮助程序员更好地适应和利用大模型技术，推动个人和团队的持续进步。

12.2.5 在组织中推广 AI 文化

1. AI 时代的行为准则

通过在公司中推行 AI 文化的八项准则，我们可以在 AI 时代更好地发挥个人和团队的潜力，实现持续创新和发展。

以拥抱变革为荣，以故步自封为耻。

解释：AI 时代要积极拥抱技术变革，不能守着原始习惯毫不改变。

以追求价值为荣，以画蛇添足为耻。

解释：利用 AI 工具要以创造实际价值为目标。

以高效研发为荣，以繁复劳作为耻。

解释：使用 AI 工具的最根本目的是提升研发效率。

以驾驭 AI 为荣，以附会 AI 为耻。

解释：AI 只是工具，我们要保留人的主观能动性，而不是成为 AI 的奴隶。

以洞察秋毫为荣，以一知半解为耻。

解释：使用 AI 要做到了解其原理，这样才能更好地利用这一工具。

以安全可靠为荣，以漏洞百出为耻。

解释：虽然 AI 能提升效率，但时刻不能忽视代码质量问题。

以重视隐私为荣，以泄露机密为耻。

解释：时刻保持安全合规意识。

以开源分享为荣，以封闭自私为耻。

解释：推崇开源。

2. AI 成熟度评估模型

AI 成熟度评估模型旨在帮助研发项目识别现状，制定 AI 落地策略，推动 AI 规模化应用，并大幅提升研发交付效能和质量，逐步向数智化研发模式演进。

AI 成熟度评估模型的优点在于，通过评估现状并根据评估结果采取相应的改进措施，项目团队能够建立和提升其研发 AI 化能力，从而更好地应对 AI 时代生产力所面临的挑战和机遇。并且，进行评估有助于明确 AI 提效的达成路径和核心思路，避免仅在单点场景或单一模式中探索 AI 提效，或将提效的重点完全依赖于模型和训练。

在进行 AI 成熟度评估的过程中，应以效率为导向，从而避免将 AI 作为替代人的工具，确保我们的实践能够在交付上切实取得效果。

评估的重点在于价值和交付两个维度：

❏ **价值维度**：从客户和外部视角感受到的收益。
❏ **交付维度**：包括整体的 AI 产出占比和 AI 化后人工工作量的占比两个重要指标。

业务价值和产能的变化反映了 AI 化的最终效果。AI 产出占比体现了 AI 化的规模和深度，人工工作量占比则反映了 AI 带来的收益，前者的优先级高于后者。

AI 成熟度评估模型的主要内容如表 12-2 所示，根据该表对 AI 成熟度进行分级评估即可。

表 12-2　AI 成熟度评估模型

等级	智能化粒度	智能化形态	说明	主要特点
L1 辅助智能	信息辅助（Action）	AI 问答助手	人类完成绝大部分工作，AI 用于信息级的辅助。人类通过 AI 问答助手，进行工作关联信息的查询检索，用于对部分研发动作的支撑和增强	• 交付：最终交付物如版本或需求，AI 产出占比在 5% 左右，即 $30\% > x \geq 5\%$ • 活动：各类操作均以人工为主、AI 为辅，人工工作量占比在 90% 以上 • 组织人员能力：处于探索阶段，有一些 AI 实践、AI 应用的试点
L2 部分智能	步骤智能（Step）	Copilot 类助手	人类完成大部分工作。AI 开始在任务的步骤中直接介入，类似于 Copilot 工具，提供实时同步辅助。AI 辅助输出的内容被人类部分采纳	• 价值：业务价值（交付规模/技术竞争力/成本/质量/产品满意度）超越目标 5% 或同比提升 5%，AI 助力产能同比提升 5% 以上或达到研究院重点项目基线水平 • 交付：最终交付物如版本或需求，AI 产出占比在 30% 以上，即 $50\% > x \geq 30\%$ • 活动：对应智能化业务活动步骤中的人工工作量下降到 70% 及以下 • 组织人员能力：处于规模实践阶段，部分角色的实践在项目内得到推广应用
L3 成熟智能	任务智能（Task）	Workspace 类助手	人类和 AI 协作。AI 可以在任务中介入，由 Workspace 类助手中的 Agent 来串接任务的各个步骤。AI 承接任务的主要内容产出工作，过程中人工介入调整。AI 各个 Agent 输出的内容被人类部分采纳	• 价值：研发业务价值超越目标 15% 或同比提升 15% 及以上，AI 助力产能同比提升 15% 以上或超越研究院前 50% 重点项目基线水平 • 交付：最终交付物如版本或需求，AI 产出占比在 50% 以上，即 $80\% > x \geq 50\%$ • 活动：主要的业务活动中有一半左右的任务由 Workspace 助手完成，人工工作量下降到 50% 及以下 • 组织人员能力：处于成熟运作阶段，各类角色都已经具备 AI 技能，AI 实践在各类角色工作中都已经得到推广应用

（续）

等级	智能化粒度	智能化形态	说明	主要特点
L4 高度智能	活动智能（Activity）	数字 BA/ 数字 DEV 助手等	AI 完成绝大部分工作。AI 可以在活动（多个任务）中介入，通过类似于数字 BA 助手中的多智能体协同独立完成活动（实现多任务及任务上下游的协同）。人类负责设定目标、提供资源和监督结果	• 价值：研发业务价值超越目标 30% 或同比提升 30% 及以上，AI 助力产能同比提升 30% 以上或超越行业主要竞争对手 • 交付：最终交付物如版本或需求，AI 产出占比在 80% 以上，即 95% > x ≥ 80% • 活动：所有研发业务活动主要通过智能体完成，智能体具备上下游协同、反馈闭环的能力，人工工作量降低到 10% 及以下，人工工作重点转向知识生产 • 组织人员能力：处于持续优化阶段，AI 技能水平在组织中持续提升，接手人类角色的 AI 智能体开始具备自我学习能力
L5 完全智能	流程智能（Process）	自主学习数字 BA/ 数字 DEV 工具等	完全无须人类监督。基于可自主学习的数字 BA 工具能够自主拆解目标、自主寻找资源、选择并使用工具、完成全部价值交付流程，人类只需给出目标	• 价值：AI 提效以外部赋能等方式给产品经营和公司运作创造直接经济收益，AI 助力产能持续保持在行业前列，且产品交付能力被第三方机构纳入行业领导者象限 • 交付：最终交付物如版本或需求，AI 产出占比在 95% 以上，即 x ≥ 95% • 活动：全流程的交付活动已经基本上不需要人工介入，智能体具备对未来的预测能力 • 组织人员能力：处于创新与演进阶段，人员与 AI 智能体都具备自我演进能力

注：整体的 AI 产出占比 = AI 应用人员的覆盖率 × AI 输入的覆盖率 × AI 输出的生成率（采纳率）
人工工作量占比 = AI 化后人工工作量 / AI 化前人工工作量

第 13 章

大模型辅助 TDD 开发

13.1 TDD 的"双轮驱动"思路

笔者所在部门已经持续实施 TDD 三年，做过 TDD 的人都知道它具有一定的门槛。为了降低 TDD 开发的门槛，这几年我们一直在开发一个易于使用的 TDD 框架——ZFake（在前面章节中已有介绍）。借助这个框架，TDD 的开发成本确实大幅降低，但是否还有挖掘空间呢？在向其他部门推广 TDD 时，是否能进一步提升实践效果呢？

随着大模型时代的到来，大家都在使用大模型辅助编程以提高效率。与此同时，我们也发现 TDD 可以与大模型很好地结合。大模型编写的代码可以通过 TDD 用例进行守护，而 TDD 用例又可以通过大模型生成。TDD 天然契合大模型的编程范式，这便形成了 TDD 的双轮驱动。

下面结合图 13-1 来详细说明 TDD 双轮驱动是如何运转的。

（1）测试生成轮，从需求到测试

自然语言需求通过测试生成模型输出测试用例。当有新增需求时，可以基于旧的测试用例和新的需求，迭代生成新的测试用例，最终输出完整的测试用例。

（2）代码生成轮，从测试到实现

在测试用例的守护下，我们可以基于代码生成模型来生成产品代码。如果生成的代码导致用例执行失败，那么可以继续通过代码生成模型进行修改和验证，直到用例执行通过，再进行下一个产品代码的生成。最终，确保生成的产品代码能够通过所有测试用例。

> **注意** 笔者的上述实践都是基于中兴通讯公司自研的大模型实现的，读者朋友们还可以在实践过程中使用 DeepSeek R1 或 V3 来替代，也会有比较好的效果。

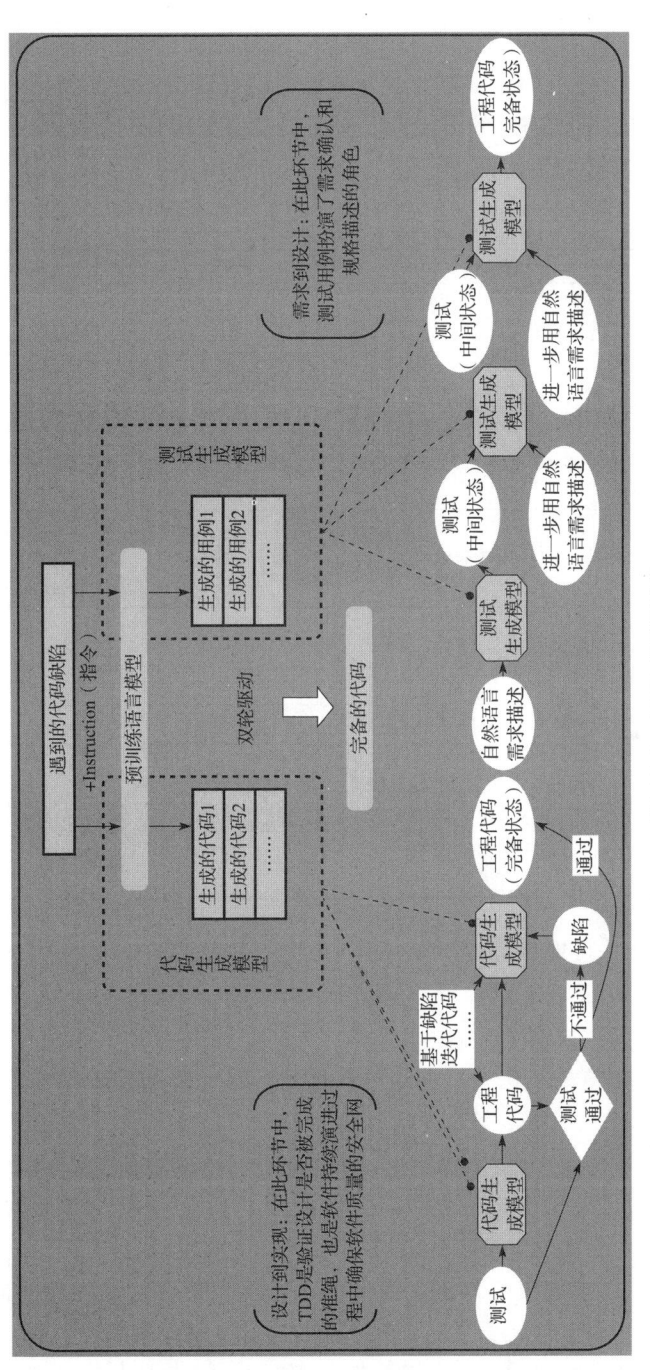

图 13-1 TDD 双轮驱动

13.2 Prompt 技巧与模板

Prompt（提示词）是与大模型交互的关键，它的好坏直接影响模型的输出质量和用户的工作效率。设计有效的提示词非常重要，好的提示词可以帮助大模型更好地理解用户的需求，减少生成错误或不准确信息的可能性，从而提升模型回答的效率和质量。表 13-1 是笔者总结的经实践检验有效的提示词技巧。

表 13-1 提示词技巧

Prompt	元素	描述	技巧	示例
zero-shot 提示	指令词	想要模型执行的特定任务或指令	清晰、明确、具体、不模糊	• 简述…… • 解析……翻译…… • 总结…… • 生成代码
	背景	包含外部信息或额外的上下文信息，引导语言模型更好地响应	角色扮演	• 我是一名小学生…… • 你是一位专业的健身教练…… • 你是一位资深的程序员……
	输入	输入的内容或者问题	使用 ### 或者 """	• 总结时提供的文本…… • 编写 SQL 代码时提供的数据库表结构信息……
	输出要求	指定输出的类型或格式		• 50 字 • 4 句话 • 以 JSON 格式输出
few-shot 提示	举例	通过举例启用上下文学习，让模型可以举一反三 在 Prompt 中提供几个样本示例，告诉 ChatGPT 如何思考 / 分析，以解决类似的问题 引导模型进行思维链推理	举例 1、举例 2…… （例子越多越好）	• 背景：××××××× • 示例 1：yyyyyy • 示例 2：hhhhhh • 示例 3：zzzzzz • Let's think step by step

在表格中，一个关键的要素是 few-shot（小样本）提示的应用。与 zero-shot（零样本）提示——直接向 ChatGPT 说明其任务不同，few-shot 提示不仅告诉 ChatGPT 需要完成的任务，还提供完成任务的方法。

- ❑ few-shot 提供丰富的示例：示例的数量越多，越有助于 ChatGPT 理解任务，但这也意味着更高的投入成本。
- ❑ few-shot 引导 ChatGPT 逐步思考：在示例之后，可以添加"Let's think step by step"的提示，鼓励 ChatGPT 进行更深入的思考，以利用更多的计算资源来尽可能准确地输出结果。

在公司培训中，许多同事经常询问一个问题：是否可以总结出一些通用的 Prompt 句式，以便在相似情况下重复使用，从而提升工作效率并确保结果的一致性？

表面来看，这样做不仅有助于标准化问题解决的流程，还能让团队成员迅速获取所需信息。但是笔者认为简单地复制 Prompt 似乎并不可行。从实际操作经验来看，即便在 ChatGPT

的同一对话中，相同的提问也可能得到不同的回答。这是因为 ChatGPT 作为一个大型语言模型，其生成的文本实际上是基于概率分布的采样，因此相同的输入也可能导致不同的输出。

然而，随着 few-shot 提示技术的引入，我们可以显著提高结果的可复制性。通过向 ChatGPT 提供具体的示例，我们可以引导它按照我们提供的样本进行思考，从而更容易获得一致的结果。这种方法使得在特定情境下复用 Prompt 成为可能，进一步提高了交流的效率和准确性。

为了提升沟通效率和确保信息的一致性，我们将实践经验和提示词技巧整合成一个全面的提问公式：

①上下文（背景）：提供详尽的背景信息，包括需求描述、现有用例和代码状况，以确保充分理解。

②角色定位（你是谁）：明确 AI 工具的身份，如一个拥有 10 年经验的资深程序员、TDD 专家或测试设计专家等。这一点至关重要。比如，在一次编程过程中，有的开发人员通过明确角色，成功引导 ChatGPT 生成一次通过的代码，而其他人的代码则存在不同程度的问题。

③任务描述（做什么）：清晰、明确、具体地描述 AI 工具的目标任务，避免任何模糊不清的表述。

④执行步骤（怎么做）：提供示例或详细说明思考过程，以引导 ChatGPT。例如，生成错误代码时，明确错误代码与描述的对应关系；在生成代码时，指出你期望的分层结构和架构设计。

⑤限制条件（不要做）：鉴于 ChatGPT 有时会对不熟悉的领域进行信息编造，为了得到准确的答案，我们应明确限制条件。

⑥输出格式：指定期望的输出格式，如 JSON、列表、表格、XML、纯文本或 Markdown 等，以确保结果的可用性。

综上，最终得到提问公式：

$$\text{Prompt} = 背景 + 你是谁 + 做什么 + 怎么做 + 不要做 + 输出格式$$

使用这一公式，我们几乎能得到所有所需的答案。

13.3 双轮驱动工具 AutoTDD

AutoTDD 是中兴自研的将 TDD 与大模型相结合的研发提效工具。使用 AutoTDD 工具，用户只需要提供需求描述，AutoTDD 工具就会基于大模型完成端到端的开发。

13.3.1 AutoTDD 业务流程

AutoTDD 通过端到端的需求交付流程自动生成测试代码和业务代码。在代码变更时，它能自动转换出增量代码，存入本地知识库，实时响应用户的新需求。如图 13-2 所示，AutoTDD 业务流程主要包括需求澄清、方案设计、单元测试代码生成、业务代码生成。

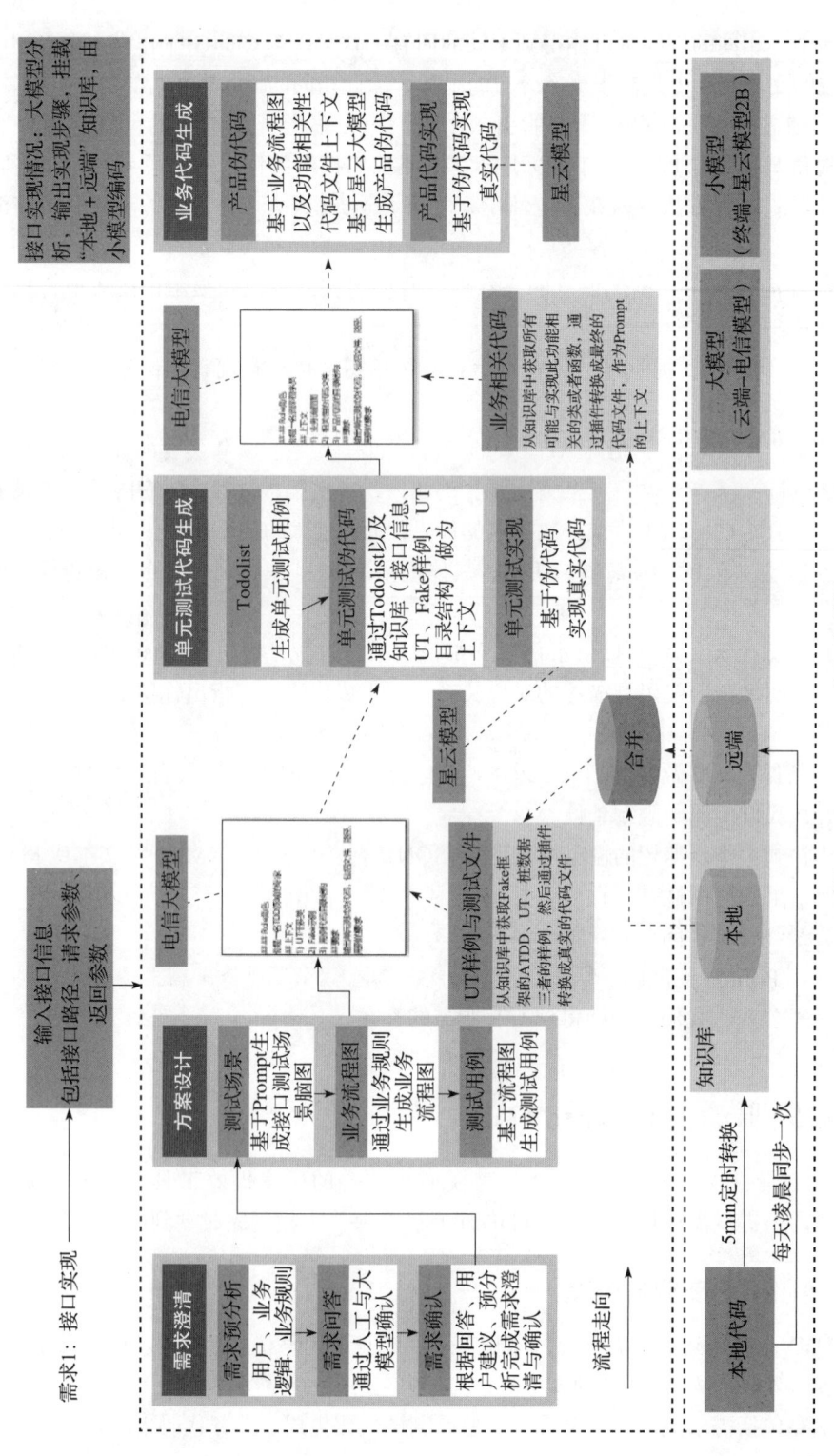

图 13-2 AutoTDD 业务流程图

AutoTDD 的核心工作流程如下：

①**需求入口**：用户输入接口需求，接口需求需要提供接口路径、请求参数以及返回参数。

②**需求澄清**：工具接收需求后，需要了解需求的业务流程。需求预分析包括用户、业务逻辑、业务规则等信息。大模型根据输入的接口需求内容和预分析，结合需求问答，完成需求的澄清与确认。

③**方案设计**：以需求澄清环节的结果为输入，基于电信大模型完成需求的场景脑图，并通过业务规则生成业务流程图，最终生成测试用例。

④**单元测试代码生成**：第一步是输出 Todolist，以方案设计环节的输出作为输入，采用中兴通讯电信大模型，基于知识库信息（包括单元测试样例和单元测试路径），通过插件获取真实的用例代码，完成伪代码设计。最后，基于伪代码要求，采用星云代码模型完成单元测试用例的编写。

⑤**业务代码生成**：生成过程与单元测试代码生成类似，只是产品伪代码的输入不是来自 UT 样例，而是基于需求功能，通过知识库匹配找到相关代码文件，作为大模型的上下文，生成伪代码，最后基于伪代码生成实际的业务代码。

13.3.2 AutoTDD 知识库

知识库主要解决 AutoTDD 如何感知已有代码工程的问题，通过解析已有代码生成 AST（抽象语法树），找出函数及其归属类，然后按类与函数的粒度分块，再通过大模型为类的函数增加描述，形成 Q&A 向量知识库。示例如下：

```
Q:【函数描述】该函数的作用是根据记录 ID 查询记录的摘要信息，包括查询记录的基本信息和前 20 条故
    障单元的信息，并根据记录 ID 生成一个缓存键，根据该键在缓存中查询记录的辅助状态，然后返回查
    询的记录摘要信息。
A:【函数文件】RecordUseCase
【函数名称】queryByRecordId
【函数归属类】com.zte.fra.kpi.application.RecordUseCase
【调用方式】public SummaryDO queryByRecordId(int recordId)
【函数参数】- recordId: int
【函数结果】com.zte.fra.kpi.domain.model.summary.dto.SummaryDO
【函数源码】{
    SummaryDO summary = summaryDao.queryByRecordId(recordId);
    Optional.ofNullable(summary).orElseThrow(() -> new FraRuntimeException
        (FraCode.RECORD_NOT_FOUND));
    List<CellDO> cellDOS = cellDao.queryCellByRecordIdLimit(recordId, 20);
    summary.setTopFaultCell(cellDOS);
    // set auxiliary state
    String key = AuxiliaryCache.generateKey(recordId, "summary", 0);
    summary.getAuxiliary().setAuxiliaryState(AuxiliaryCache.containsKey(key) ?
        "running" : "idle");
```

```
    return summary;
}
```

在生成业务代码时，AutoTDD 的开发 Agent 需要拆解业务流程图的具体步骤，通过知识库的向量相似度找出所有与此功能相关的函数，再通过插件提取函数所在类的源码，作为生成业务代码的上下文，最终拼成 Prompt 并输入大模型生成代码。

关于知识库，有一个要点需要考虑：如何实现即时更新？知识库每天同步一次显然不够，因为程序员每天都会有代码更新，AutoTDD 的开发应基于最新代码进行增量更新。因此，我们设定了一个已有工程的本地知识库，基于代码变更进行实时同步。AutoTDD 的知识库匹配是通过远端与本地合并来完成的。

13.3.3 AutoTDD 的技术架构

AutoTDD 的底层依赖于中兴通讯公司自研的星云大模型，架构借鉴了开源框架 MetaGPT 多智能体系统的思想，涉及五大智能体，包括**需求 Agent**、**测试 Agent**、**UT 生成 Agent**、**开发 Agent** 和**执行 Agent**。

- 需求 Agent：对接需求与方案分析系统，完成需求的确认与澄清，输出测试场景与流程图。
- UT 生成 Agent：基于需求 Agent 输出的测试场景与流程图，完成 Todolist 用例的设计以及用例代码的编写。
- 开发 Agent：负责业务代码的编写。
- 执行 Agent：负责执行单元测试用例，对失败的用例进行自动修复，最终保证所有用例通过，完成需求的开发。

对于用户来说，AutoTDD 的产品形态是 IDEA 或 VS Code 的插件。插件与现有代码工程深度结合，采用 BS（Browser-Server，浏览器 – 服务器）架构。其前端通过插件通信模块嵌入到插件中，实现 Web 与插件的分离。所有在插件端触发的点击操作都会由客户端发送消息到服务端，由服务端的管理 Agent 调用执行 Agent 来达成目标。其后端对接了电信大模型与星云编程模型，电信大模型主要完成需求分析、方案设计和伪代码生成，星云编程模型则负责实际代码的编写，如图 13-3 所示。

13.3.4 AutoTDD 工具安装与使用

1. 离线安装

打开 IDEA，单击 File → Settings，选择 Plugins 菜单。在菜单窗口中单击齿轮图标，选择 Install Plugin from Disk，从本地选择 AutoTDD 插件包进行安装。安装完成后，单击 OK 并重启 IDEA，如图 13-4 所示。

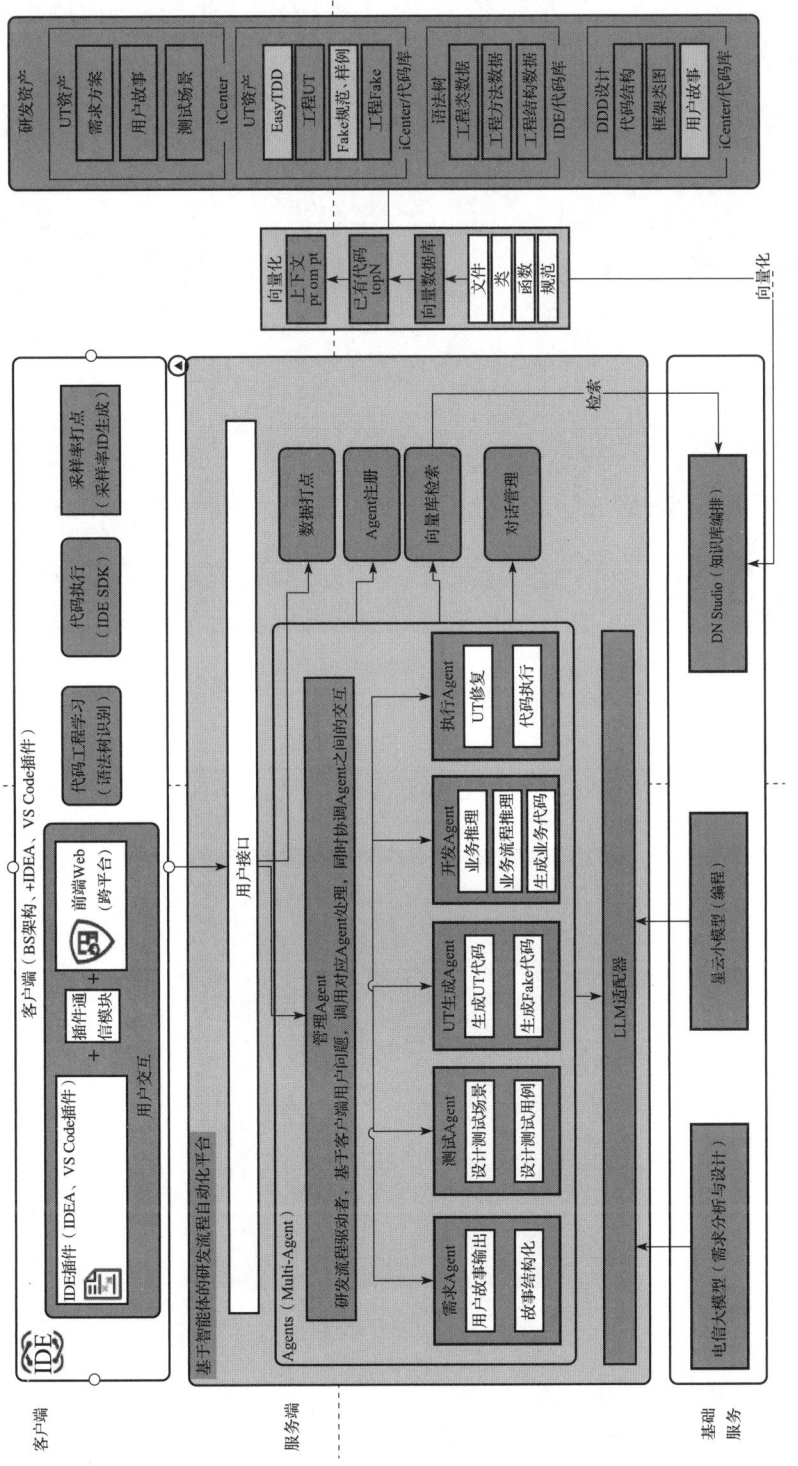

图 13-3　AutoTDD 技术架构图

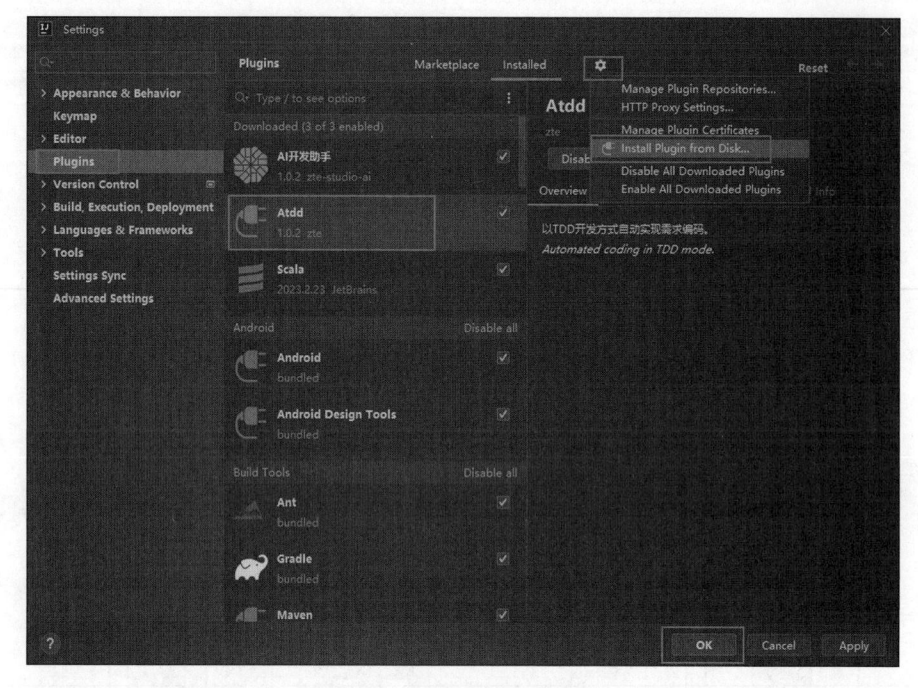

图 13-4　离线安装

2. 使用说明

①选择 View → Tool Windows → ZTE AutoTdd，打开 AutoTDD 窗口，如图 13-5 所示。

图 13-5　菜单选择

②输入需求描述，如图 13-6 所示。
③确认需求目标和需求思路，如图 13-7 所示。

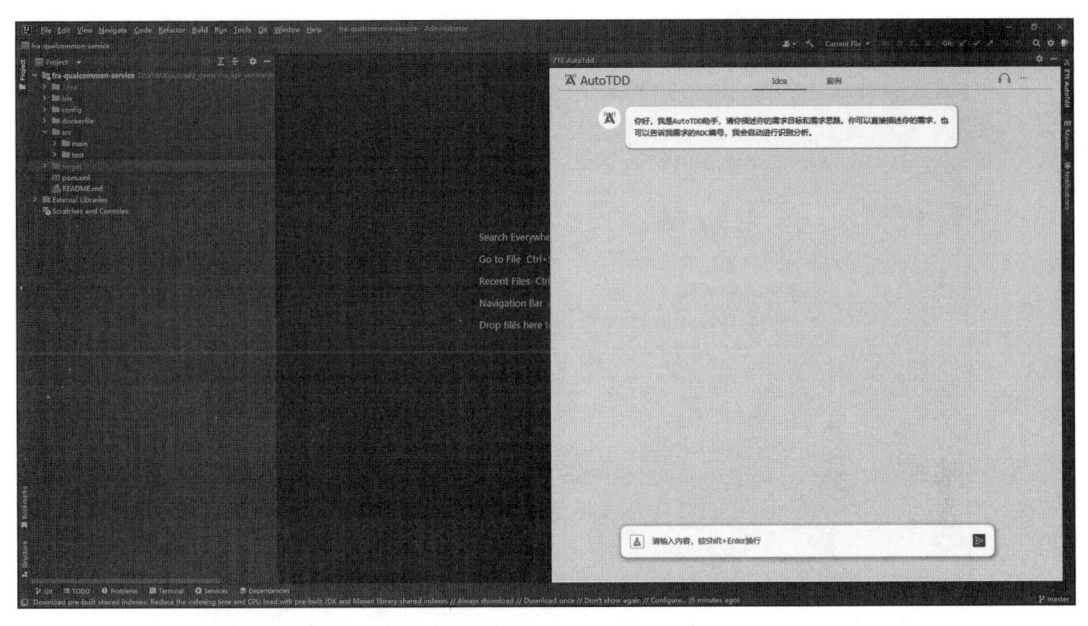

图 13-6　输入需求描述

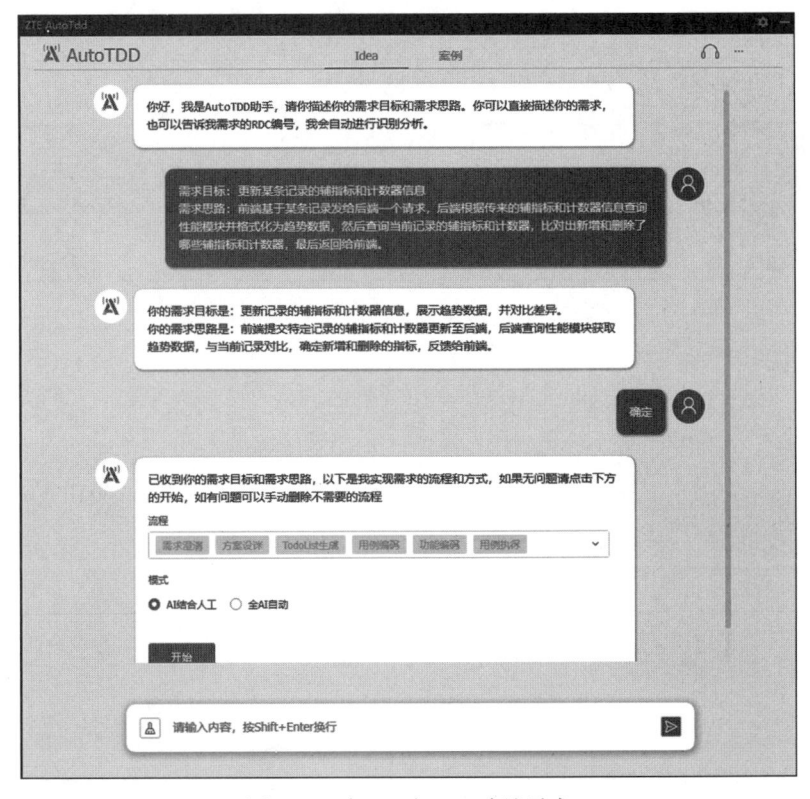

图 13-7　与 AI 交互，确认需求

④单击"开始",AutoTDD 自动完成 TDD 开发流程,如图 13-8 所示。

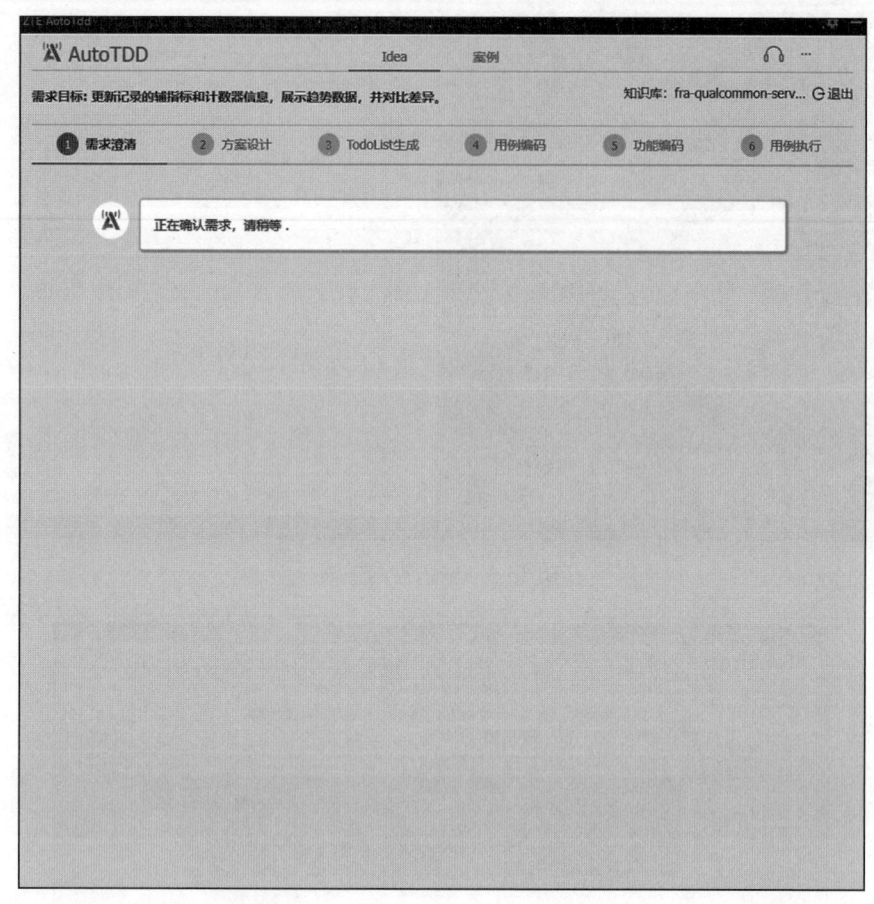

图 13-8　与 AI 交互,执行 TDD 开发

附录 Appendix

缩略语与术语

下列清单含有本书中使用的重要缩略词和术语，希望可以帮助读者更好地理解书中的内容。

表　本书使用的重要缩略语与术语

中文	英文	缩写	解释
测试驱动开发	Test-Driven Development	TDD	一种软件开发方法论，强调在编写实际的功能代码之前先编写测试用例，然后实现功能代码。这种方法的核心思想是通过测试来推动软件开发的流程，确保软件的高质量和稳定性
需求任务拆分清单	Todolist	/	一个任务清单，其中列出了开发之前需要完成的工作和任务，它代表着正确的事情，并通过与 BA、QA、TSE、TL 充分讨论，确保不会遗漏任何场景
领域驱动设计	Domain-Driven Design	DDD	一种软件开发方法，其核心思想是将领域模型作为开发的核心驱动力。领域模型驱动意味着将业务领域的知识和规则融入软件设计与实现中，通过深入理解和建模，更好地满足业务需求和解决复杂性问题。这种方法注重领域专家和开发团队之间的紧密合作，通过共同的语言和模型来推动软件开发流程
验收测试驱动开发	Acceptance Test-Driven Development	ATDD	这一方法的测试驱动思路主要体现在业务层次上，在设计、写代码之前的需求分析环节就明确系统功能特性的验收标准。它的重点是使开发人员、测试人员、业务人员、产品所有者和其他相关角色作为一体进行协作，并对需要实现的内容有清晰的理解
行为驱动开发	Behavior-Driven Development	BDD	从 ATDD 演化而来的一种具体落地的开发模式，使验收标准更加明确。该方法可以看作 ATDD 的实例化，即以 Given-When-Then 的格式列出用户故事中可能遇到的应用场景

（续）

中文	英文	缩写	解释
单元测试驱动开发	Unit Test-Driven Development	UTDD	其驱动思路主要体现在类、函数层面，即在编写实现类之前先写测试用例代码，然后通过测试来驱动类的实现
假设–当–那么	Given-When-Then	GWT	一种主要在行为驱动开发和测试驱动开发中使用的表达格式。它将测试场景分为Given（假设）、When（当）、Then（那么）三个部分，以帮助开发者和测试人员更清晰地描述和理解测试用例的前置条件、触发事件及预期结果 ● Given：在什么情况下，表示前置条件 ● When：在什么时候，表示触发事件 ● Then：结果如何，表示预期
极限编程	Extreme Programming	XP	一种敏捷软件开发方法，注重迭代开发、快速反馈和高度协作。它强调小团队合作、频繁交付可工作的软件、持续集成和测试驱动开发等实践，旨在提高软件开发的质量和客户满意度
/	ZTE Fake	ZFake	中兴通讯公司（ZTE）内部自研的一个测试框架，通过在单元测试中提供多种Fake仿真能力，帮助大家快捷开发测试用例，提升测试用例实现效率
敏捷教练	Scrum Master	SM	其职责是帮助团队遵循Scrum价值观、实践和规则，推动团队的敏捷开发过程。此外，还负责管理团队开发进度，协调与其他团队的交互，帮助团队持续改进
业务分析师	Business Analyst	BA	其职责主要是协助团队理解业务需求，并将其转化为可执行的任务
团队负责人	Team Leader	TL	指团队领导者或团队主管，通常是指在组织或项目中负责管理和指导团队成员的人员角色
软件开发工程师	Developer	Dev	主要负责编写、调试、优化和维护代码
测试系统工程师	Test System Engineer	TSE	其主要职责是负责设计、开发和维护测试系统，以确保产品或服务的质量和性能满足预定标准及要求。具体来说，TSE会进行以下工作： ● 制订并执行测试计划，以确保产品或服务满足客户的要求和期望 ● 设计并开发测试工具和框架，如自动化测试脚本、测试数据生成器等，以提高测试效率和准确性 ● 参与项目的需求分析、设计评审、代码审查等活动，以确保测试系统符合项目质量标准 ● 与开发团队紧密合作，共同解决测试过程中遇到的问题，确保测试系统高质量交付 ● 监控和维护测试系统，确保其持续稳定地运行，并根据需要进行更新和升级 ● 编写测试用例和测试报告，以记录测试结果和问题，帮助开发团队及时发现和修复问题 在技术层面上，TSE可能需要具备一定的编程技能，因为他们可能会参与到测试系统的设计和开发过程中。此外，TSE还需要具备良好的沟通能力，能够与开发团队、项目经理以及其他相关部门相关人员进行有效的沟通和协作

（续）

中文	英文	缩写	解释
质量保证	Quality Assurance	QA	其主要职责是负责产品或服务的质量控制，确保其满足预定的标准和要求。具体来说，QA 会进行以下工作： ● 制订并执行测试计划，以确保产品或服务满足客户的要求和期望 ● 执行功能测试、性能测试、安全测试等各种测试，以发现潜在的问题 ● 记录并报告测试结果，提出改进建议，帮助开发团队提高产品质量 ● 参与项目的需求分析、设计评审、代码审查等活动，以确保产品符合质量标准 ● 与开发团队紧密合作，共同解决测试过程中遇到的问题，确保产品高质量交付 在技术层面上，QA 可能需要具备一定的编程技能，因为他们可能会参与到产品的开发过程中，帮助识别和修复代码中的问题。此外，QA 还需要具备良好的沟通能力，能够与开发团队、项目经理以及其他相关部门人员进行有效的沟通和协作
开发运维一体化	Development Operations	DevOps	一种软件开发和运维方法论，通过自动化和协作，将开发团队和运维团队的工作紧密结合，以实现快速交付和高质量的软件产品
单元测试	Unit Testing	UT	一种软件测试方法，用于验证代码中最小单元的功能是否能按照预期工作，通常需要编写和运行独立的测试用例
功能测试	Functional Testing	FT	一种软件测试方法，用于验证整个软件系统的功能是否符合需求和规格说明，涵盖了用户使用软件时的各种功能场景
系统测试	System Testing	ST	一种软件测试方法，用于验证整个软件系统在真实环境中的性能、稳定性和可靠性，包括与其他系统的集成、并发访问、负载等方面
产品代码	production code/ source code	/	它是指用于实现软件系统功能的代码。它是一种由开发人员编写的代码，用于实现软件系统的各种功能、算法、逻辑和数据结构等。产品代码通常是软件系统中的核心代码，实现了软件系统的各种业务逻辑和功能，包括用户界面、数据访问、业务逻辑、算法等。产品代码通常需要经过测试、调试和优化等过程，以确保能够正确、高效地运行，并且能够满足用户的需求和期望
聊天通用预训练模型	ChatGPT	/	聊天型的 GPT 模型，一种基于深度学习的自然语言生成模型，可以用于生成文本内容，如代码
大语言模型	Large Language Model	LLM	具有大规模参数和强大能力的语言生成模型，如 GPT 系列
提示词	Prompt		在与大语言模型进行交互时，向模型提供的指令或问题，用于引导大模型生成相应的回答或文本
通用人工智能	Artificial General Intelligence	AGI	拥有与人类相媲美或超越人类的广泛智能的人工智能系统
软件即模型	Software as a Model	SaaM	一种软件架构模式，开发人员将模型作为一个独立的组件或服务进行构建和部署，用户可以通过 API 或其他方式向该模型发送请求，并获得模型生成的结果或输出。SaaM 的概念类似于 SaaS（Software as a Service，软件即服务），但重点在于提供模型功能而不仅仅是应用程序功能。这种架构模式在许多领域中得到应用，包括自然语言处理、图像识别和预测分析等

（续）

中文	英文	缩写	解释
整洁代码	Clean Code	/	一种代码风格，指在编程中遵循良好的代码规范，使代码清晰易读、结构简洁、可维护性高
双轮驱动	/	/	一种结合大模型生成测试用例和产品代码的 TDD 开发方式，其中一个轮子是测试生成轮，另一个轮子是代码生成轮
/	AutoTDD	/	中兴通讯公司基于大模型技术自研的一个自动完成 TDD 双轮驱动的工具。其底层依赖中兴通讯公司自研的星云大模型，上层应用框架借鉴了 MetaGPT 多智能体协同的思想，涉及五大智能体：需求 Agent、测试 Agent、UT 生成 Agent、开发 Agent 和执行 Agent。每个智能体都有自己的能力，通过 Action 体现，协同完成需求分析、Todolist 设计、单元测试用例代码和产品实现代码的编写，以及单元测试失败后的自动修复